高等职业教育系列教材

机械测量技术

第2版

主　编　卢志珍
副主编　毕艳茹　梁磊　舒希勇
参　编　殷红梅　张锦萍　刘永利
主　审　苏宏林

机 械 工 业 出 版 社

本书共7个单元，内容包括：测量基本知识、尺寸测量、几何误差测量、表面粗糙度测量、螺纹测量、齿轮测量和三坐标测量。

书中采用现行国家标准，讲解基本概念和标准的应用，强调“知识与技能融合、理论与实践一体”，理论知识精炼、浅显，测量实例突出“怎么做”。随书配有电子课件、微课、动画、测量实例等辅助资料，与本书结合，形成了有机、统一的立体化教材。本书邀请企业工程技术人员参与教材大纲的制订与编写工作，使教材的实用性更强。

本书可作为高职高专院校机械设计与制造、机电一体化技术、数控技术、模具设计与制造及汽车制造与试验技术等专业的专业基础课教材，也可供相关专业的工程技术人员参考。

需要配套资源的教师可登录机械工业出版社教育服务网 www.cmpedu.com免费注册后下载，或联系编辑索取（微信：15910938545，电话：010-88379739）。

图书在版编目（CIP）数据

机械测量技术/卢志珍主编．—2版．—北京：机械工业出版社，2021.7（2024.6重印）
高等职业教育系列教材
ISBN 978-7-111-67984-4

Ⅰ.①机… Ⅱ.①卢… Ⅲ.①技术测量—高等职业教育—教材 Ⅳ.①TG801

中国版本图书馆CIP数据核字（2021）第062564号

机械工业出版社（北京市百万庄大街22号 邮政编码100037）
策划编辑：曹帅鹏 责任编辑：曹帅鹏 赵小花
责任校对：李 杉 责任印制：任维东
河北鹏盛贤印刷有限公司印刷
2024年6月第2版第7次印刷
184mm×260mm · 13.25印张 · 326千字
标准书号：ISBN 978-7-111-67984-4
定价：55.00元

电话服务
客服电话：010-88361066
010-88379833
010-68326294

网络服务
机 工 官 网：www.cmpbook.com
机 工 官 博：weibo.com/cmp1952
金 书 网：www.golden-book.com
机工教育服务网：www.cmpedu.com

前言

本书由江苏电子信息职业学院组织专职教师、企业工程技术人员共同编写。

机械测量技术是高等职业教育机械设计与制造、机电一体化技术、数控技术、模具设计与制造及汽车制造与试验技术等专业的一门专业基础课，它包含几何公差与技术测量两方面的内容，与机械设计、机械制造及其质量控制密切相关，可作为各类职业院校、高等专科学校、成人高校机械类、近机类专业的教学用书，也可供有关工程技术人员参考。

本书按照“行业引领、企业主导、学校参与”的思路，与企业技术专家紧密协作，基于生产现场的机械测量工作流程，以源于企业、经过教学改造的典型测量任务为载体，形成测量基本知识、尺寸测量、几何误差测量、表面粗糙度测量、螺纹测量、齿轮测量和三坐标测量7个学习单元，融合知识与技能，使学生在实践中完成学习。

本书围绕“培养适应生产、建设、管理、服务第一线需要的高等技术应用性专门人才”这一目标进行组织，以培养技术应用能力为主线设计学生的知识、能力和素质结构。主要特色有：

1. 任务驱动，体现专业性、针对性。以装备制造类专业常见的测量“工作任务”引出专业知识，按照“教、学、做合一”的思路，以工作过程为导向，将职业素养融入教材内容中，坚持“以应用为目的，必须、够用为度”的原则，突出知识的专业性和针对性。

2. 理实一体化，体现实践性、应用性。每个单元都由“理论知识”“测量实例”“想一想、做一做”这三大部分构成。“理论知识”精炼、浅显，突出应用性；“测量实例”突出学生应该“怎么做”；“想一想、做一做”练习题有利于学生进行自我检测、全面巩固所学知识，培养分析和解决问题的能力，提高学习兴趣。

3. 采用现行国家标准，体现时代性、先进性。本书每个单元中的名词、术语等均采用国际单位制及现行的国家标准。

4. 配套立体化教学资源。一方面，本书集教材、实验指导书、习题集于一体，各部分内容完整，突出体现对学生基本知识、基本能力的训练和综合分析能力的培养；另一方面，与本书配套的多媒体课件、微课、测量案例、动画等辅助资料，与本书形成了有机统一的立体化教学资源。

5. 校企合作、“双师”参与。本书邀请企业工程技术人员参与教材大纲的制订与编写工作，使教材的实用性更强。

本书由卢志珍担任主编，毕艳茹、梁磊、舒希勇任副主编，参加编写的还有殷红梅、张锦萍、刘永利。全书由卢志珍统稿，苏宏林担任主审并给予悉心指导。

在本书的编写过程中，编者得到了王跃、张静、蒋继红、孙少东等教师和学院各级领导的大力支持与帮助，同时得到了海克斯康测量技术（青岛）有限公司的大力支持，在此对他们表示衷心感谢！

由于编者水平有限，书中不妥之处在所难免，恳请专家和广大读者批评指正。

编　者

二维码资源清单

目　录

第1单元　测量基本知识

1. 了解测量的定义及四要素。
2. 了解计量器具的分类和基本度量指标。
3. 了解测量方法的分类和特点。
4. 了解测量误差的含义、来源及类型。
5. 熟悉测量结果的数据处理。

1.1　测量及检验

1.1 测量定义及要素

1.1.1　测量

1. 定义

所谓测量，就是把被测量与具有计量单位的标准量进行比较，从而得到比值（即被测量值）的实验过程。若被测量为L，计量单位为E，确定的比值为q，则测量可表示为$q=L/E$或$L=qE$。

2. 测量要素

由测量的定义可知，任何一个完整的测量过程应包含被测对象、计量单位、测量方法（含测量器具）和测量精度四个要素，这又称为测量四要素。

（1）被测对象　指长度、角度、形状、相对位置、表面粗糙度及螺纹、齿轮等零件的几何参数。

（2）计量单位　简称单位，我国规定采用以国际单位制为基础的“法定计量单位制”。机械工程中的长度单位为“米”，还有“毫米”“微米”和“纳米”等单位。常用的角度单位是非国际单位制的“度”“分”“秒”和“弧度”等。

（3）测量方法　测量方法是根据一定的测量原理，运用计量器具和测量条件的实际操作的总称。在实施测量过程中，应该根据被测对象的特点（如材料硬度、外形尺寸、生产批量、制造精度、测量目的等）和被测参数的类型来拟定测量方案，选择合适的测量器具和测量条件进行测量，这样才能获得可靠的测量结果。

（4）测量精度　表征测量结果与被测量真值的一致程度。不考虑测量精度而得到的测量结果是没有任何意义的。

3. 长度基准

要保证测量的统一性、权威性、准确性，就必须建立国际长度基准。在国际单位制及我国法定计量单位制中，长度的基本单位名称是“米”，其单位符号为“m”。“米”的定义在18世纪末始于法国，当时规定，“米等于经过巴黎的地球子午线的四千万分之一”。19世纪，“米”逐渐成为国际通用的长度单位。1889年，在法国巴黎召开了第一届国际计量大会，从国际计量局订制的30根米尺中，选出了作为统一国际长度单位量值的一根米尺，称为“国际米原器”。1983年，第17届国际计量大会对米进行了重新定义，规定：1米是光在真空中在1/299792458s的时间间隔内所经路径的长度。我国采用碘吸收稳定的0.633μm氦氖激光辐射作为波长标准来复现“米”的定义。

1.1.2　检验

检验是指为确定被测量是否达到预期要求而进行的测量，从而判断被测对象是否合格。检验不一定得出具体的量值。

检验与测量是相似的概念，但它的含义比测量更广一些。例如，表面锈蚀的检验、金属内部缺陷的检验等，在这些场景下，就不能用测量的概念。

1.2　计量器具度量指标

1.2　常用计量器具

1.2.1　计量器具的分类

按照计量器具的原理、结构特点及用途可以分为量具、量规、量仪和测量装置四类。

（1）量具　它是以固定形式复现量值的计量器具。其特点是一般没有放大装置，如米尺、线纹尺等，较多用于校对或调整计量器具。作为标准尺寸进行相对测量的量具又称为基准量具，如基准米尺、量块、角度量块等。

（2）量规　它是没有刻度的专用计量器具，主要用来检验零件尺寸和几何误差的综合结果。它是一种检验工具，只能用来判定零件是否合格，而不能获得被测量的具体数值，如光滑极限量规、螺纹量规等。

（3）量仪　它是能将被测量转换成直接观察到的指示值或等效信息的计量器具。它与量具的最大区别在于它有指示、放大系统。根据被测量的转换原理和量仪的结构特点，量仪可以分为以下几种。

1）卡尺类量仪　如数显卡尺、数显高度尺、数显量角器、游标卡尺等。

2）微动螺旋副类量仪　如数显千分尺、数显内径千分尺、普通千分尺等。

3）机械类量仪　如百分表、杠杆比较仪、扭簧比较仪等。

4）光学类量仪　如光学计、工具显微镜、光学分度头、测长仪、投影仪、干涉仪、激光准直仪、激光干涉仪等。

5）气动类量仪　如压力式气动量仪、流量计式气动量仪等。

6）电学类量仪　如电感比较仪、电动轮廓仪等。

7）机电光综合类量仪　如三坐标测量机、齿轮测量中心等。

（4）测量装置　是指能够测量较多几何参数和较复杂零件的测量装置和辅助设备的总体，如连杆和滚动轴承测量所用的仪器就可称为测量装置。

1.2.2　计量器具的度量指标

计量器具的度量指标是选择、使用和研究计量器具的依据。主要有以下指标。

（1）分度值（刻度值）　指计量器具标尺或刻度盘上两相邻标记所代表的量值之差。如一外径千分尺的微分筒上相邻两标记所代表的量值之差为0.01mm，则该计量器具的分度值为0.01mm。分度值通常取1、2、5的倍数，如0.01mm、0.001mm、0.002mm、0.005mm等。分度值是计量器具所能直接读出的最小单位量值，它反映了读数精度的高低，也从一个侧面说明了该计量器具的测量精度高低。一般分度值越小，计量器具的精度越高。对于数显器具，其分度值称为分辨率。

（2）分度间距　指计量器具标尺或刻度盘上两相邻标记中心之间的距离。一般是等距离标记。为便于读数，一般分度间距为 1~2.5mm。

（3）示值范围　指计量器具所能显示或指示的最小值到最大值的范围，如立式光学比较仪的示值范围为-0.1~+0.1mm（或±0.1mm）。

（4）测量范围　在允许的误差限制内，计量器具所能测出的被测量的最小值到最大值的范围。例如，外径千分尺的测量范围有 0~25mm、25~50mm，机械式比较仪的测量范围为 0~180mm。某些计量器具的测量范围和示值范围是相同的，如游标卡尺、千分尺等。

（5）示值误差　指计量器具上的示值与被测量的真值之间的代数差值。它主要由计量器具误差和仪器调整误差引起，可以从说明书或检定规程中查得，也可用适当精度的量块或其他计量标准器来检定。

（6）示值变动　指在测量条件不变的情况下，对同一被测量进行多次（一般 5~10 次）重复测量、观察读数后，其示值变化的最大差异。

（7）灵敏度　指计量器具对被测量变化的反映能力。若被测量变化为 ΔL，所引起的计量器具的相应变化量为 Δx，则该计量器具的灵敏度为 $S=\Delta x/\Delta L$。当分子和分母为同一类量时，灵敏度又称为放大比或放大倍数，其值为常数。放大倍数可以表示为 $K=c/i$，c 为计量器具的刻度间距，i 为计量器具的分度值。

（8）灵敏阈（灵敏限）　指引起计量器具示值可察觉变化的被测量的最小变化值，它反映了计量器具对被测量微小变化的敏感能力。如百分表的灵敏阈为 3μm，表示被测量只要有 3μm 的变化，百分表就会有能用肉眼观察到的变化。

（9）回程误差　指在相同测量条件下，计量器具按正反行程对同一量值测量时，所得两示值之差的绝对值。它是由测量器具中测量系统的间隙、变形和摩擦等原因引起的。

（10）测量力　指在接触式测量过程中，计量器具测头与被测量表面间的接触压力。测量力太大会引起弹性变形，测量力太小会影响接触的稳定性。

（11）修正值（校正值）　指为消除系统误差，用代数法加到未修正的测量结果上的值。修正值与示值误差绝对值相等、符号相反。

（12）计量器具的不确定度　由于计量器具的误差导致对被测量的真值不能肯定的程度称为计量器具的不确定度。它是一个综合指标，反映了计量器具精度的高低，包括示值误差、回程误差等。如分度值为 0.01mm 的外径千分尺，在车间条件下测量一个尺寸小于 50mm 的零件时，其不确定度为±0.004mm。

1.3　测量方法与测量误差

1.3.1　测量方法

根据不同的测量目的，测量方法有各种不同的类型。

1. 直接测量和间接测量

（1）直接测量　直接量出被测量值的测量就是直接测量。如用外径千分尺直接测量圆柱体直径的测量就属于直接测量。

（2）间接测量　先测出与被测量值有关的几何参数，然后通过已知的函数关系经过计算得到被测量值。如用正弦规测量锥体的锥度偏差、用三针法测量螺纹的中径。

2. 绝对测量和相对测量

（1）绝对测量　被测量的全部数值从计量器具的读数装置直接读出。如用游标卡尺、千分尺直接读出零件的尺寸。

（2）相对测量　计量器具上的数值仅表示被测量相对于已知标准量（或基本量）的偏差，而被测量的量值是计量器具的数值与标准量的代数和。如用量块或标准环调整内径百分表，测量孔的直径，内径百分表读出的数据加上量块的数值，为孔的直径尺寸。

一般来说，相对测量的测量精度比绝对测量的测量精度要高。

3. 接触测量和非接触测量

（1）接触测量　被测零件表面与测量头机械接触，并存在机械作用的测量力。如用游标卡尺、千分尺测量零件。接触测量有测量力，会引起被测表面和计量器具的接触部分产生弹性变形，从而影响测量精度。

（2）非接触测量　测量零件表面与仪器测量头没有机械接触。如光学投影仪测齿形等。它不会影响测量精度。

4. 单项测量和综合测量

（1）单项测量　指对同一零件的多个参数测量时，逐一进行测量。如测量螺纹，分别测它的中径、牙型半角、螺距等。

（2）综合测量　指同时测量零件上的几个相关参数，综合判断零件是否合格的测量方法。其目的是保证被测零件在规定的极限轮廓内，以满足使用要求。如用螺纹量规检测螺纹参数。

5. 在线测量和离线测量

（1）在线测量　指在加工过程中对零件进行的测量。主要应用于自动化生产线上，测量结果可以直接用来控制零件的加工过程，便于及时调整，对于保证产品质量起到重要作用，因此是检测技术的一个发展方向。

（2）离线测量　指加工后对零件进行的测量。测量结果仅限于发现并剔除废品。

6. 静态测量和动态测量

（1）静态测量　测量时被测零件表面与测量器具测量头处于相对静止状态。例如，用外径千分尺测量轴径、用齿距仪测量齿轮齿距等。

（2）动态测量　测量时被测零件表面与测量器具测量头处于相对运动状态，或测量过程是模拟零件在工作或加工时的运动状态，它能反映生产过程中被测参数的变化过程。例如用激光比长仪测量精密线纹尺、用电动轮廓仪测量表面粗糙度等。

7. 等精度测量和不等精度测量

（1）等精度测量　在测量过程中，决定测量精度的全部因素或条件不变，如由同一个人，用同一台仪器，在同样的环境中，以同样的方法，测量同一个量。一般情况下，为了简化测量结果的处理，大多采用等精度测量。实际上，绝对的等精度测量是做不到的。可以认为，每一个测量结果的可靠度和精确度都是相同的。

（2）不等精度测量　在测量过程中，决定测量精度的全部因素或条件可能完全改变或部分改变，其测量结果的可靠度和精确度都各不相同。由于不等精度测量的数据处理比较麻烦，所以一般用于重要科研实验中的高精度测量。

对于一个具体的测量过程，可能同时兼有几种测量方法的特性。例如，用游标卡尺测量尺寸，它既属于直接测量、接触测量，又属于绝对测量、静态测量等。因此，测量方法不是孤立的，要根据被测对象的结构特点、精度要求、生产批量、技术条件和经济条件等来确定。

1.3.2　测量误差

1. 定义

在测量中，不管使用多么精确的计量器具，采用多么可靠的测量方法，都会不可避免地产生一些误差，也就是说，测量所得的值不可能是被测量的真值。人们把测得值与被测量的真值之间的差异称为测量误差。在实际测量时，被测量的真值是不知道的，常用相对真值或不存在系统误差情况下多次测量的算术平均值来代表真值。测量误差有绝对误差和相对误差之分。

（1）绝对误差 δ　是指测得值（示值）x 与其真值 x_0 之差，即

$$\delta = x - x_0 \tag{1-1}$$

由于测得值可能大于或小于真值，所以绝对误差可能是正值也可能是负值。绝对误差的绝对值越小，说明测得值越接近真值，测量精度越高，反之，测量精度就越低。这是对同一被测量而言的，如用一计量器具测量长度为 20mm 的零件，绝对误差为 0.002mm，用另一计量器具测量时，绝对误差为 0.003mm，则说明后一种测量精度低于前一种测量精度。但是，若用另一计量器具测量长度为 400 mm 的零件，绝对误差为 0.02mm，这时就不能说第一种测量绝对误差小，其测量精度就高；第二种测量绝对误差大，其测量精度就低。这是因为，二者的真值不相同，不能进行横向比较。此时，应用相对误差来评定。

（2）相对误差 ε　是指绝对误差 δ 的绝对值与被测量真值 x_0 之比，即

$$\varepsilon = \frac{|x - x_0|}{x_0} \times 100\% = \frac{|\delta|}{x_0} \times 100\% \tag{1-2}$$

要想比较测量精度的高低，对于相同的被测量，可用绝对误差；对于不同的被测量，要用相对误差来判断。

2. 测量误差的来源

产生误差的原因是多方面的，归纳起来有以下几个方面。

（1）计量器具误差　指计量器具本身存在的误差，包括在设计、制造、装配调整和使用过程中的误差。这些误差的综合反映可用计量器具的示值精度或不确定度来表示。

（2）基准件误差　指基准件或标准件本身的制造误差和检定误差。一般来说，基准件误差会直接影响测得值，因此，要保证一定的测量精度，必须选择一定精度的基准件。

（3）测量环境误差　指测量时的环境条件不符合标准条件所引起的误差。测量的环境条件包括温度、湿度、气压、振动等。其中温度对测量结果的影响最大。由于各种材料的线性膨胀系数不相同，所以产生的误差也不一样。图样上标注的各种尺寸公差和极限偏差都是以标准温度 20℃ 为依据的。由于温度变化引起的测量误差为

$$\Delta L = L[\alpha_2(t_2 - 20℃) - \alpha_1(t_1 - 20℃)] \tag{1-3}$$

式中　ΔL——测量误差（mm）；

L——被测尺寸（mm）；

t_1、t_2——计量器具和被测零件的温度（℃）；

α_1、α_2——计量器具和被测零件的线性膨胀系数（$℃^{-1}$）。

（4）测量方法误差　指由于测量方法不完善所引起的误差。如接触测量中测量力引起的计量器具和零件表面变形误差，间接测量中计算公式的不精确，测量过程中零件安装定位不合理等。

（5）人员误差　指由于测量人员的主观因素所引起的误差。如测量人员技术不熟练、视觉偏差、估读判断错误等引起的误差。

总之，引起测量误差的因素很多，有些误差是不可避免的，但有些是可以避免的。因此，测量时测量者应对一些可能导致测量误差的原因进行分析，尽量减少或消除误差，从而减少对测量结果的影响，提高测量精度。

3. 测量误差的分类

根据测量误差的性质、出现的规律和特点，通常把误差分为三大类，即系统误差、随机误差和粗大误差。

（1）系统误差　在相同条件下，多次测量同一量值时，得到的误差大小和符号保持不变或按一定规律变化，这种误差称为系统误差。当误差的大小和符号不变时，把这种系统误差称为定值系统误差；当误差按一定规律变化时称为变值系统误差。变值系统误差又分为线性变化、周期变化和复杂变化等类型。

在测量结果中，系统误差的出现和存在会严重影响测量精度，尤其是在高精度的比较测量中，由基准件（如量块）误差所引起的系统误差有可能占测量误差的一半以上，所以，消除系统误差是提高测量精度的关键。系统误差越小，表明测量结果的准确度越高。虽然系统误差有着确定的规律，但常隐藏在测量数据之中不易发现，多次重复测量又不能降低它对测量精度的影响，所以在测量时应特别注意。

（2）随机误差　在相同测量条件下，多次测量同一量值时，其误差的大小和符号以不可预见的方式变化的误差称为随机误差。随机误差是测量过程中许多独立、微小、随机的因素导致的综合结果。如计量器具中机构的间隙、运动件之间的摩擦力变化、测量力的变化和测量温度、湿度的波动等引起的测量误差都属于随机误差。

在一定测量条件下对同一值进行大量重复测量时，总体随机误差的产生满足统计规律，可以分析和估算误差值的变动范围，并通过取平均值的办法来减小其对测量结果的影响。大量实验表明，随机误差呈正态分布，如图1-1所示，横坐标表示随机误差δ，纵坐标表示概率密度y。从图中可以看出，随机误差具有以下四个特性。

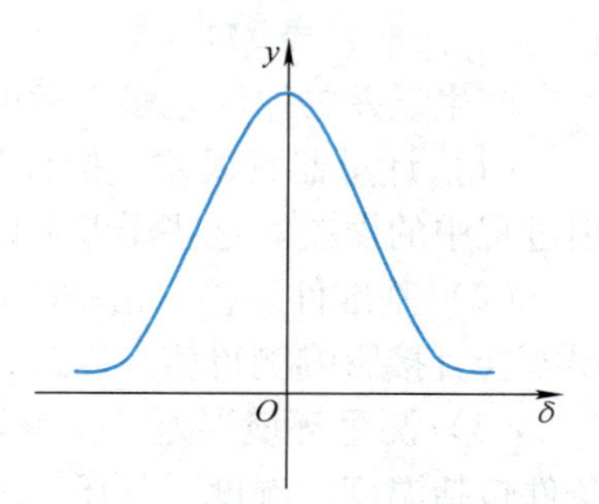

图1-1　正态分布曲线

1）单峰性　绝对值小的随机误差比绝对值大的随机误差出现的概率大。

2）对称性　绝对值相等的正误差与负误差出现的概率相等。

3）有界性　在一定的测量条件下，随机误差的绝对值不会超出一定界限。

4）抵偿性　当测量次数无限增多时，随机误差的算术平均值趋向于零。

正态分布曲线的数学表达式为

$$y = \frac{1}{\sigma\sqrt{2\pi}} e^{-\frac{\delta^2}{2\sigma^2}} \tag{1-4}$$

式中　y——概率密度；

δ——随机误差；

σ——标准偏差。

由图 1-1 可见，当 $\delta=0$ 时，概率密度最大，且有 $y_{\max}=1/\sigma\sqrt{2\pi}$，概率密度的最大值 $y_{\max}$ 与标准偏差 σ 成反比，即 σ 越小，$y_{\max}$ 越大，分布曲线越陡峭，测得值越集中，也就是测量精度越高；反之，σ 越大，$y_{\max}$ 越小，分布曲线越平坦，测得值越分散，也就是测量精度越低。

根据误差理论，标准偏差 σ 是各随机误差 δ_i 平方和的平均值的正平方根，即

$$\sigma = \sqrt{\frac{1}{n}(\delta_1^2 + \delta_2^2 + \cdots + \delta_n^2)} = \sqrt{\frac{1}{n}\sum_{i=1}^{n}\delta_i^2} \tag{1-5}$$

式中　δ_i——随机误差（为测得值与真值之差，$\delta_i=x_i-x_0$）；

n——测量次数。

由概率统计分析可知，随机误差的 99.73%可能分布在 $\pm3\sigma$ 范围内，而超出该范围的概率仅为 0.27%，这种可能性很小，因此，可将 $\pm3\sigma$ 看作单次测量随机误差的极限值，将此值称为极限误差。

$$\delta_{\lim} = \pm 3\sigma = \pm 3\sqrt{\frac{\sum_{i=1}^{n}\delta_i^2}{n}} \tag{1-6}$$

（3）粗大误差　粗大误差也称为过失误差，因某种反常原因造成的、超出在规定条件下预计的测量误差，称为粗大误差。粗大误差的出现具有突然性，它是由某些偶然发生的反常因素造成的。这种显著歪曲测得值的粗大误差应尽量避免，且在一系列测得值中按一定的判别准则予以剔除。

1.3.3　测量精度

测量精度是指被测量的测得值与真值的接近程度。前面讲到的绝对误差和相对误差就是测量精度的体现。为了说明测量过程中的系统误差、随机误差以及两者综合起来对测量结果的影响，引出以下概念。

1. 准确度

准确度表示测量结果中系统误差的大小。它是指在规定的条件下，测量中所有系统误差的综合。系统误差越小，则准确度越高。

2. 精密度

精密度表示测量结果中随机误差的大小。它是指在一定条件下进行多次测量时，所得测量结果彼此之间符合的程度。精密度可简称为精度，随机误差越小，则精密度越高。

3. 精确度

精确度是测量结果中系统误差与随机误差的综合，表示测量结果与真值的一致程度。从误差的观点来看，精确度反映了各类测量误差的综合。

通常，精密度高的，准确度不一定高，反之亦然；但精确度高时，准确度和精密度必

定高。

以射击打靶为例，如图1-2所示，圆心为靶心，图1-2a所示为弹着点密集但偏离靶心，说明随机误差小而系统误差大，精密度高而准确度低；图1-2b所示为弹着点围绕靶心分布，但很分散，说明系统误差小而随机误差大，准确度高而精密度低；图1-2c所示为弹着点既分散又偏离靶心，说明随机误差与系统误差都较大，准确度和精密度都低；图1-2d所示为弹着点既围绕靶心分布又密集，说明系统误差和随机误差都小，精密度和准确度都高，即精确度高。

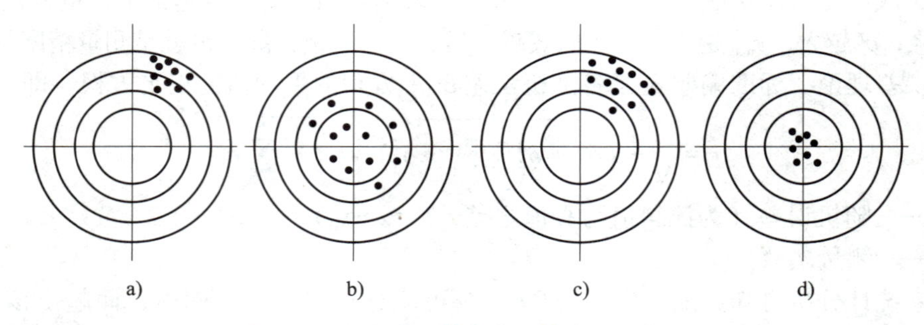

图1-2　准确度、精密度、精确度示意图

1.3.4　测量结果的数据处理

对测量结果进行数据处理是为了找出被测量最可信的数值，以及评定这一数值所包含的误差。在相同的测量条件下，对同一被测量进行多次连续测量，得到一系列测量数据，这些数据中可能同时存在系统误差、随机误差和粗大误差，因此必须对这些误差进行处理。

1. 系统误差的处理

（1）定值系统误差的发现　从多次连续测量测得的数据中，无法发现定值系统误差的存在。因为定值系统误差的存在只影响测得的算术平均值，也就是只影响测量误差分布中心的位置。要发现某一测量条件下是否存有定值系统误差，可对所用量具、量仪和测量方法事先进行检定，检定时，可以在所要检定的器具上对一已知实际尺寸的基准件进行重复测量，将测得值的平均值与该已知尺寸之差作为定值系统误差，而该基准件的实际尺寸应该使用更高精度的仪器来检定。

（2）变值系统误差的发现　变值系统误差对每个测得值有不同的影响，但有确定的规律而不是随机的，因此，它既影响曲线的位置，又影响曲线的形状。发现变值系统误差可以用以下两种方法。

1）观察残余误差的变化　残余误差是各测得值与测得值的算术平均值之差。将一系列测得值的残余误差按测量顺序排列，若无变值系统误差，则其符号大体上是正负相间的。若残余误差的大小有规则地向一个方向递增或递减，则说明有明显的累积系统误差。如果残余误差的符号和数值作有规律的周期性变化，则说明有周期性系统误差。

2）残余误差的代数和检验法　将一组测得的残余误差按测量顺序排列，分成前、后两个半组，对前面K个和后面K个残余误差分别求代数和。当前、后两个半组残余误差的代数和均接近于零时，观察各残余误差的符号变化规律，若符号大体上正负相同，则不存在显著的变值系统误差；若符号呈现周期性变化，则可能存在周期性系统误差。当前、后两个半组残余误差的代数和相差很大，且符号明显地由正变负或由负变正时，就可能存在累积系统误差。

（3）系统误差的消除

1）从器具自身找原因　在测量前，对测量过程中可能产生系统误差的各个环节进行仔细分析，从计量器具本身找原因。例如，在测量前应仔细调整仪器工作台，调整零位，测量仪器和被测零件应处于标准温度状态。

2）加修正值　取该系统误差的相反值作为修正值，用代数法将修正值加到实际测得值上，可得到不包含该系统误差的测量结果。例如，量块的实际尺寸不等于标称值，若按标称尺寸使用，就会产生系统误差，按经过检定的量块实际尺寸使用，就可避免系统误差的产生。

3）异号法　如果在测量中两次测量所产生的定值系统误差大小相等或接近、符号相反，则取测得值的平均值作为测量结果，就可消除定值系统误差。

2. 随机误差的处理

为了减小随机误差对测量结果的影响，可以用概率与数理统计的方法来估算随机误差的范围和分布规律，对测量结果进行处理。数据处理具体有以下五步。

（1）算术平均值的计算　在同一条件下对同一量进行等精度的多次测量，其测得值分别为 x_1，x_2，…，x_n，则算术平均值为

$$\bar{x}=\frac{x_1+x_2+\cdots+x_n}{n}=\frac{\sum_{i=1}^{n}x_i}{n} \tag{1-7}$$

式中　n——测量次数；

$\bar{x}$——算术平均值。

各测得值与真值之差分别为

$$\delta_1=x_1-x_0,\delta_2=x_2-x_0,\cdots,\delta_n=x_n-x_0$$

相加后得

$$\delta_1+\delta_2+\cdots+\delta_n=(x_1+x_2+\cdots+x_n)-nx_0$$

即

$$\sum_{i=1}^{n}\delta_i=\sum_{i=1}^{n}x_i-nx_0$$

则真值为

$$x_0=\frac{\sum_{i=1}^{n}x_i}{n}-\frac{\sum_{i=1}^{n}\delta_i}{n}=\bar{x}-\frac{\sum_{i=1}^{n}\delta_i}{n} \tag{1-8}$$

由随机误差的抵偿性可知

$$\lim_{n\to\infty}\frac{\delta_1+\delta_2+\cdots+\delta_n}{n}=0$$

因此有

$$\bar{x}\to x_0$$

由此可见，如果能对某一量进行无限次的测量，在消除系统误差的情况下，无限次测量值的算术平均值就接近于真值，所以，用平均值来代表真值不仅是合理的而且也是可靠的。

（2）计算残差 v_i　用算术平均值代替真值后计算得到的误差称为残余误差（简称残差），记作 v_i，则

$$v_i = x_i - \bar{x} \tag{1-9}$$

在测量时，真值是未知的，因为测量次数 $n\to\infty$ 是不可能的，所以在实际应用中以算术平均值 $\bar{x}$ 代替真值 x_0，以残差 v_i 代替随机误差 δ_i。

残差有以下两个特性。

1）一组测量值的残差代数和等于零，即 $\sum_{i=1}^{n} v_i = 0$，此性质可以用来检验数据处理中求得的算术平均值和残差是否正确。

2）残差的平方和为最小，即 $\sum_{i=1}^{n} v_i^2 = \min$，此即最小二乘法原理。此式表明，若用其他值代替 $\bar{x}$，并求得各测量值与该值之差，各个差值的平方和一定比残差的平方和大，故可以说明用算术平均值 $\bar{x}$ 代替真值作为测量结果是可靠且合理的。

（3）计算测量结果中任一测得值的标准偏差 σ　标准偏差 σ 是表征对同一被测量进行 n 次测量所得值的分散程度的参数。由于随机误差 δ_i 是未知量，实际测量时常用残差 v_i 代替随机误差 δ_i。按贝塞尔公式求得 σ 的估计值，即

$$\sigma \approx \sqrt{\frac{1}{n-1}(v_1^2 + v_2^2 + \cdots + v_n^2)} = \sqrt{\frac{1}{n-1}\sum_{i=1}^{n} v_i^2} \tag{1-10}$$

（4）计算 n 次测量算术平均值的标准偏差 $\sigma_{\bar{x}}$　标准偏差 σ 能反映一组测量值中任一测得值的精密程度，但在多次重复测量中是以算术平均值作为测量结果的。因此，更重要的是要知道算术平均值的精密程度，即用算术平均值的标准偏差来表示。根据误差理论，测量列算术平均值的标准偏差 $\sigma_{\bar{x}}$用下式计算。

$$\sigma_{\bar{x}} = \frac{\sigma}{\sqrt{n}} \approx \sqrt{\frac{\sum_{i=1}^{n} v_i^2}{n(n-1)}} \tag{1-11}$$

（5）计算测量列算术平均值的极限误差 $\delta_{\lim(\bar{x})}$ 和测量结果　测量列算术平均值的极限误差为

$$\delta_{\lim(\bar{x})} = \pm 3\sigma_{\bar{x}} \tag{1-12}$$

测量列的测量结果可以表示为

$$x = \bar{x} \pm \delta_{\lim(\bar{x})} = \bar{x} \pm 3\sigma_{\bar{x}} \tag{1-13}$$

3. 粗大误差的处理

由于粗大误差会显著歪曲测量结果，所以在处理测量数据时，应将含有粗大误差的测得值剔除掉。但是，对测得值中显著大的或显著小的可疑数值，不能根据主观判断随意剔除，而是应根据一定的客观标准。通常是用重复测量或者改用另一种测量方法加以核对。对于等精度多次测量，可以用 3σ 准则，即残余误差绝对值大于标准偏差 σ 的 3 倍时，认为该测量值有粗大误差，应该从中剔除。

4. 直接测量列的数据处理

对同一被测量进行多次重复测量获得的测量值中，可能同时存在系统误差、随机误差和粗大误差，为了得到正确的测量结果，应对各类误差进行处理。对于定值系统误差，应在测量过程中予以判别，用修正值法消除或减小，而后得到的测量列的数据处理按以下步骤进

行：计算测量列的算术平均值、残差，判断变值系统误差，计算任一测量值的标准偏差，再判断有无粗大误差，若有则应剔除，并重新组成测量列，重复上述计算，直到剔除完为止，然后计算测量列算术平均值的标准偏差和极限误差，最后，在此基础上确定测量结果。

【例 1-1】 对某一轴径等精度测量 10 次，测得值为：29.999、29.994、29.998、29.996、29.997、29.998、29.997、29.995、29.999、29.997。假设已经消除了定值系统误差，试求其测量结果。

解： 1）计算算术平均值 $\bar{x}$。

$$\bar{x} = \frac{1}{10}\sum_{i=1}^{10} x_i = 29.997\text{mm}$$

2）计算残差 v_i。用公式 $v_i = x_i - \bar{x}$ 计算，同时计算出 v_i^2 及 $\sum_{i=1}^{10} v_i^2$，并将计算结果列于表 1-1 中。

表 1-1　测量数据

序号	测得值 x_i/mm	残差 v_i/μm	残差的平方 v_i^2/(μm)^2
1	29.999	+2	4
2	29.994	−3	9
3	29.998	+1	1
4	29.996	−1	1
5	29.997	0	0
6	29.998	+1	1
7	29.997	0	0
8	29.995	−2	4
9	29.999	+2	4
10	29.997	0	0
	$\bar{x} = \frac{1}{10}\sum_{i=1}^{10} x_i = 29.997$	$\sum_{i=1}^{10} v_i = 0$	$\sum_{i=1}^{10} v_i^2 = 24$

3）判断变值系统误差。根据“残差观察法”判断，测量列中的残差大体上正负相间，无明显的变化规律，所以认为是无变值系统误差。

4）计算标准偏差 σ。

$$\sigma \approx \sqrt{\frac{1}{n-1}\sum_{i=1}^{n} v_i^2} = \sqrt{\frac{1}{10-1}\sum_{i=1}^{10} v_i^2} = \sqrt{\frac{24}{9}}\mu\text{m} \approx 1.63\mu\text{m}$$

计算单次测量的极限误差 $\delta_{\lim}$。

$$\delta_{\lim} = \pm 3\sigma = \pm 3 \times 1.63\mu\text{m} = \pm 4.89\mu\text{m}$$

5）判断粗大误差。用 3σ 准则判断，由表 1-1 中的残差可知，$|v_i| < 4.89\mu\text{m}$，故不存在粗大误差。

6）计算算术平均值的标准偏差 $\sigma_{\bar{x}}$。

$$\sigma_{\bar{x}} = \frac{\sigma}{\sqrt{n}} = \frac{1.63}{\sqrt{10}}\mu\text{m} \approx 0.52\mu\text{m}$$

计算算术平均值的极限误差$\delta_{\lim(\bar{x})}$。

$$\delta_{\lim(\bar{x})} = \pm 3\sigma_{\bar{x}} = \pm 3 \times 0.52\mu m = \pm 1.56\mu m$$

7）测量结果。

$$x = \bar{x} \pm \delta_{\lim(\bar{x})} = 29.997 \pm 0.00156mm$$

1.4　想一想、做一做

1. 测量的定义是什么？一个完整的测量过程应包括哪几个要素？

2. 计量器具的基本度量指标有哪些？

3. 几何量测量方法中，绝对测量与相对测量有何区别？直接测量与间接测量有何区别？

4. 何为测量误差？其主要来源有哪些？

5. 测量误差的绝对误差与相对误差有何区别？两者的应用场合有何不同？

6. 用两种方法分别测量尺寸为100mm和80mm的零件，其测量绝对误差分别为8μm和7μm，试比较这两种方法的测量精度。

7. 测量误差按特点和性质可分为哪三类？它们如何进行处理？

8. 用比较仪对某尺寸进行了15次等精度测量，测量值如下：20.216、20.213、20.215、20.214、20.215、20.215、20.217、20.216、20.213、20.215、20.216、20.214、20.217、20.215、20.214。假设已消除了定值系统误差，试求其测量结果。

第 2 单元　尺寸测量

学习目标

1. 读懂零件尺寸及公差要求。

2. 掌握尺寸、公差、偏差、极限偏差、轴孔配合、基本偏差、标准公差、基准制、未注公差及尺寸标注等知识。

3. 熟悉尺寸公差及配合的选用。

4. 了解尺寸检测与验收原则。

5. 掌握孔、轴尺寸测量知识。

6. 掌握测量尺寸的计量器具结构、读数原理及使用方法等基本知识。

7. 会分析测量结果，并进行合格性判断。

本单元主要参照下列标准编写：GB/T 1800. 1—2020《产品几何技术规范（GPS）极限与配合　第 1 部分：公差、偏差和配合的基础》；GB/T 1800. 2—2020《产品几何技术规范（GPS）极限与配合　第 2 部分：标准公差等级和孔、轴极限偏差表》；GB/T 4458. 5—2003《机械制图 尺寸公差与配合注法》；GB/T 1804—2000《一般公差 未注公差的线性和角度尺寸的公差》；GB/T 6093—2001《几何量技术规范（GPS）长度标准　量块》；JJG 146—2011《量块检定规程》；GB/T 3177—2009《产品几何技术规范（GPS）　光滑工件尺寸的检验》。

2. 1　识读尺寸公差

2.1　尺寸及公差

2. 1. 1　尺寸及公差术语

在零件加工制造中，要识读零件图，例如图 2-1 所示凹形板零件，其中，尺寸$20^{+0.084}_{0}$、25±0. 15、$50^{0}_{-0.062}$、30±0. 05 等标注的含义是什么？它们的公称尺寸、极限尺寸、极限偏差、公差分别是多少？加工后如何测量这些尺寸？这些尺寸是否合格如何判断？通过本单元的学习，能正确识读尺寸公差要求、熟练选择测量器具测量各种尺寸误差，并进行合格性判断。

1. 尺寸

在 GB/T 1800. 1—2020 中对尺寸是这样定义的：以特定单位表示线性尺寸值的数值，称为尺寸。在机械制造中一般用毫米（mm）作为特定单位。

（1）公称尺寸（D、d）　由图样规范确定的理想形状要素的尺寸，称为公称尺寸（旧国标中称为基本尺寸）。孔的公称尺寸用 D 表示，轴的公称尺寸用 d 表示。它是根据零件的强度、刚度等要求计算得出或通过试验和类比方法确定，又经过圆整后得到的尺寸。如图 2-1 所示，50、10 为凹形板长度、厚度的公称尺寸。

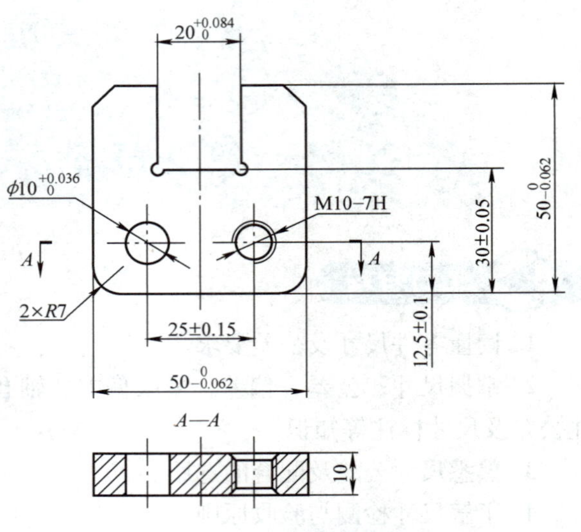

图2-1　凹形板零件图

（2）极限尺寸　由一定大小的线性尺寸或角度尺寸确定的几何形状称为尺寸要素。尺寸要素的尺寸所允许的极限值称为极限尺寸。尺寸要素允许的最大尺寸称为上极限尺寸（旧国标中称为最大极限尺寸），用D_{max}、d_{max}表示。尺寸要素允许的最小尺寸称为下极限尺寸（旧国标中称为最小极限尺寸），用D_{min}、d_{min}表示。如图2-1中的长度尺寸$50^{0}_{-0.062}$，其中50和49.938分别为凹形板长度的上极限尺寸和下极限尺寸；图2-1中的尺寸30±0.05，其中30.05和29.95分别为该尺寸的上极限尺寸和下极限尺寸。

（3）提取组成要素的局部尺寸　提取组成要素的局部尺寸是一切提取组成要素上两对应点之间距离的统称。新的国家标准没有给出实际尺寸的定义，提到了提取组成要素的局部尺寸。实际（组成）要素、提取组成要素的定义见第3单元。

2. 尺寸偏差

某一尺寸减去其公称尺寸所得的代数差称为尺寸偏差。上极限尺寸减其公称尺寸所得的代数差称为上极限偏差（旧国标称上偏差）；下极限尺寸减其公称尺寸所得的代数差称为下极限偏差（旧国标称下偏差）；上极限偏差和下极限偏差统称为极限偏差。偏差可以为正、负或零值。如图2-1中的尺寸$20^{+0.084}_{0}$，其上、下极限偏差分别为+0.084、0；尺寸25±0.015，其上下极限偏差分别为+0.015、-0.015，该上、下极限偏差数值相同，符号相反。孔和轴的极限偏差用公式表示如下。

孔上极限偏差：$ES=D_{max}-D$　　(2-1)

孔下极限偏差：$EI=D_{min}-D$　　(2-2)

轴上极限偏差：$es=d_{max}-d$　　(2-3)

轴下极限偏差：$ei=d_{min}-d$　　(2-4)

3. 公差

尺寸公差简称公差，是指上极限尺寸与下极限尺寸之差，或上极限偏差与下极限偏差之差。它是允许的尺寸变动量。如图2-1中的尺寸$50^{0}_{-0.062}$，其公差为

$$|50-49.938|\text{mm}=|0-(-0.062)|\text{mm}=0.062\text{mm}$$

公差是一个没有符号的绝对值，不存在正、负公差，也不允许为零。孔和轴的公差用公式表示如下。

孔的公差：$T_D=|D_{max}-D_{min}|=|ES-EI|$　　(2-5)

轴的公差：$T_d=|d_{max}-d_{min}|=|es-ei|$　　(2-6)

4. 尺寸公差带

（1）尺寸公差带（简称公差带）　在公差与配合示意图中，由代表上、下极限偏差或上、

下极限尺寸的两条直线所限定的一个区域，称为尺寸公差带。它是由公差大小和其相对公称尺寸的位置来确定的，如图2-2所示。

(2) 尺寸公差带图　为了表明尺寸、极限偏差及公差之间的关系，可不必画出孔与轴，而采用简单明了的公差带图表示，如图2-3所示。公差带图由两部分组成：零线和公差带。零线是在公差带图中表示公称尺寸的一条直线，以其为基准确定偏差和公差。通常，零线沿水平方向绘制，正偏差位于其上，负偏差位于其下。绘制公差带图时，在零线左端标注相应的符号“+”“0”“−”，左下方画上带箭头的尺寸线并标注公称尺寸值。公差带在垂直零线方向的宽度代表公差带的大小，平行于零线的上下两条直线分别表示上、下极限偏差；公差带沿零线方向的长度可适当选取。公差带图中，尺寸单位为mm，偏差及公差单位多以μm表示。

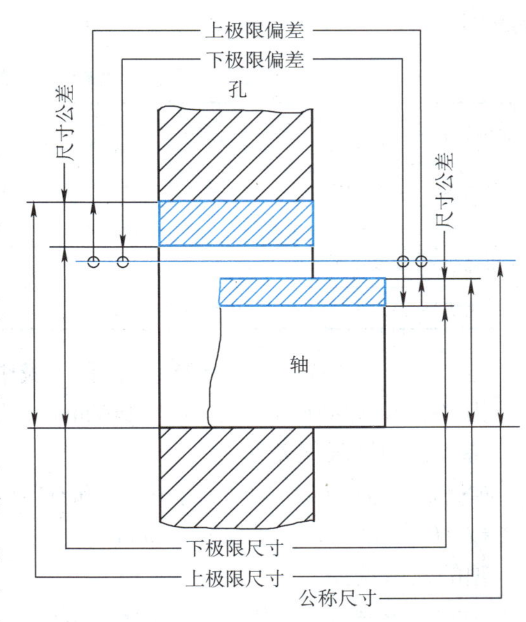

图2-2　公差与配合示意图

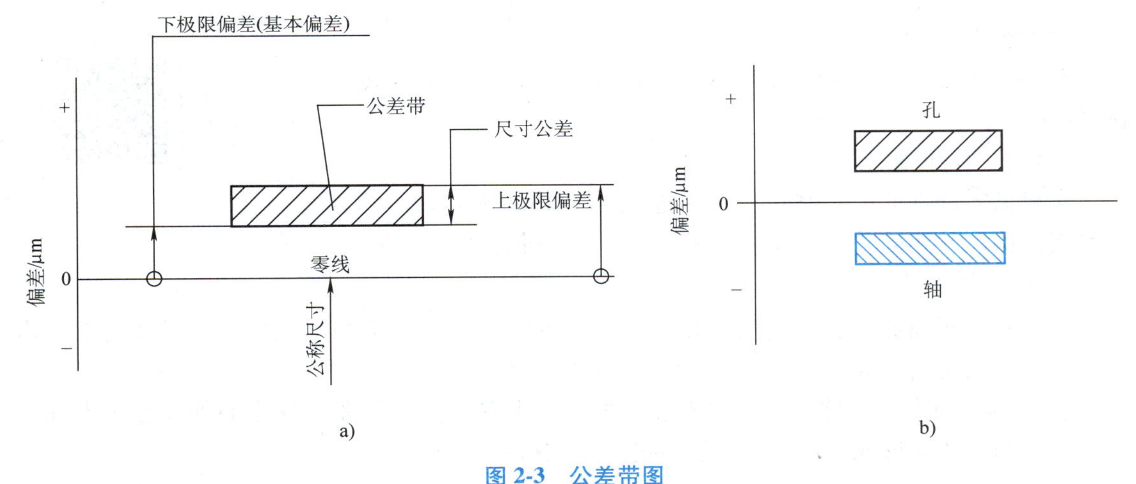

图2-3　公差带图

a) 公差带图解　b) 孔、轴公差带示意图

5. 线性尺寸未注公差

线性尺寸的未注公差又称一般公差，是指在车间一般加工条件下可保证的公差，是机床设备在正常维护和操作情况下能达到的经济加工精度。采用一般公差时，在公称尺寸后不标注极限偏差或其他代号。如图2-1中的凹形板厚度尺寸10就是未注公差。

在GB/T 1804—2000中，对未注公差规定了四个等级，即f（精密级）、m（中等级）、c（粗糙级）、v（最粗级）。线性尺寸未注公差的公差等级及其极限偏差数值见表2-1。在图样上、技术文件或相应的标准中，采用本标准的表示方法为GB/T 1804—X，其中X表示等级。

表 2-1　线性尺寸未注公差的公差等级及其极限偏差数值　　（单位：mm）

公差等级	尺寸分段							
	0.5~3	>3~6	>6~30	>30~120	>120~400	>400~1000	>1000~2000	>2000~4000
f（精密级）	±0.05	±0.05	±0.1	±0.15	±0.2	±0.3	±0.5	—
m（中等级）	±0.1	±0.1	±0.2	±0.3	±0.5	±0.8	±1.2	±2
c（粗糙级）	±0.2	±0.3	±0.5	±0.8	±1.2	±2	±3	±4
v（最粗级）	—	±0.5	±1	±1.5	±2.5	±4	±6	±8

【例 2-1】　公称尺寸 $D=25\text{mm}$，孔的极限尺寸为 $D_{max}=25.021$，$D_{min}=25\text{mm}$，轴的极限尺寸为 $d_{max}=24.980\text{mm}$，$d_{min}=24.967\text{mm}$。求孔、轴的极限偏差及公差，并画出公差带图。

解：孔的极限偏差

$ES=D_{max}-D=(25.021-25)\text{mm}=+0.021\text{mm}$

$EI=D_{min}-D=(25-25)\text{mm}=0\text{mm}$

轴的极限偏差

$es=d_{max}-d=(24.980-25)\text{mm}=-0.020\text{mm}$

$ei=d_{min}-d=(24.967-25)\text{mm}=-0.033\text{mm}$

孔的公差

$T_D=D_{max}-D_{min}=(25.021-25)\text{mm}=0.021\text{mm}$

轴的公差

$T_d=d_{max}-d_{min}=(24.980-24.967)\text{mm}=0.013\text{mm}$，公差带图如图 2-4 所示。

2.1.2　孔和轴的配合

在机械零部件的加工制造中，常遇到孔和轴的配合。所谓配合是指公称尺寸相同并且相互结合的孔和轴公差带之间的关系。

1. 孔和轴的定义

（1）孔　通常指工件的内尺寸要素，如图 2-5a 所示，包括非圆柱形的内尺寸要素（由两平行平面或切面形成的包容面），如图 2-6 中的尺寸 B。

（2）轴　通常指工件的外尺寸要素，如图 2-5b 所示，包括非圆柱形的外尺寸要素（由两平行平面或切面形成的被包容面），如图 2-6 中的尺寸 b。

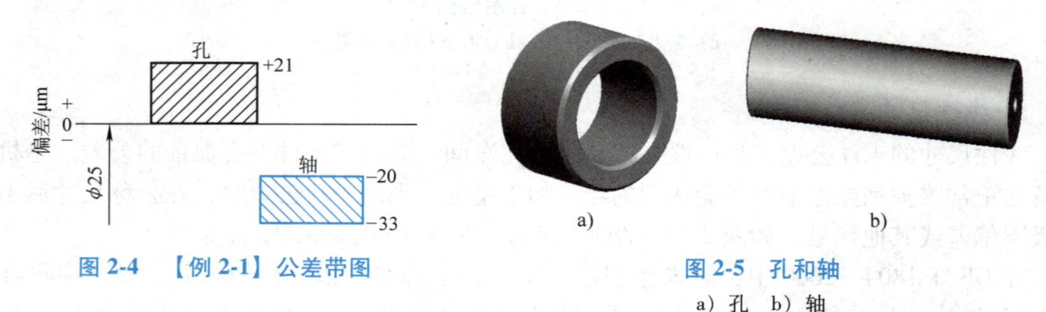

图 2-4　【例 2-1】公差带图

图 2-5　孔和轴
a）孔　b）轴

标准中定义的孔和轴是广义的，从装配关系讲，孔为包容面，在它之内无材料；轴为被包容面，在它之外无材料。从加工工艺上讲，随着刀具的不断切削，轴的尺寸不断减小，而孔的尺寸不断加大。例如键的宽度和键槽的宽度等尺寸要素都是轴和孔，如图 2-6 所示。

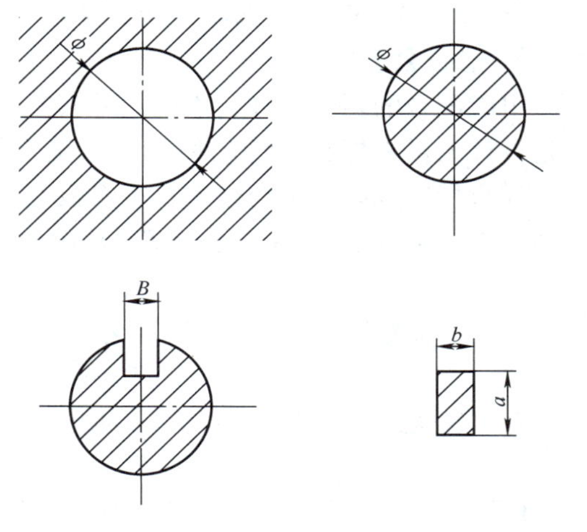

图 2-6　广义孔与轴

2. 孔和轴的配合类型

孔的尺寸减去相配合的轴的尺寸所得的代数差为正时叫作间隙，为负时叫作过盈。配合可分为间隙配合、过盈配合和过渡配合三种。

（1）间隙配合　孔和轴装配时总是存在间隙的配合（包括最小间隙为零的配合），此时，孔的公差带在轴的公差带之上，如图 2-7 所示。

由于孔和轴都有公差，实际间隙的大小随着孔和轴的尺寸而变化。孔的上极限尺寸与轴的下极限尺寸之差为最大间隙，也等于孔的上极限偏差减去轴的下极限偏差。孔的下极限尺寸与轴的上极限尺寸之差为最小间隙，也等于孔的下极限偏差减去轴的上极限偏差，以 X 代表间隙，则

最大间隙 $X_{max}=D_{max}-d_{min}=ES-ei$　(2-7)

最小间隙 $X_{min}=D_{min}-d_{max}=EI-es$　(2-8)

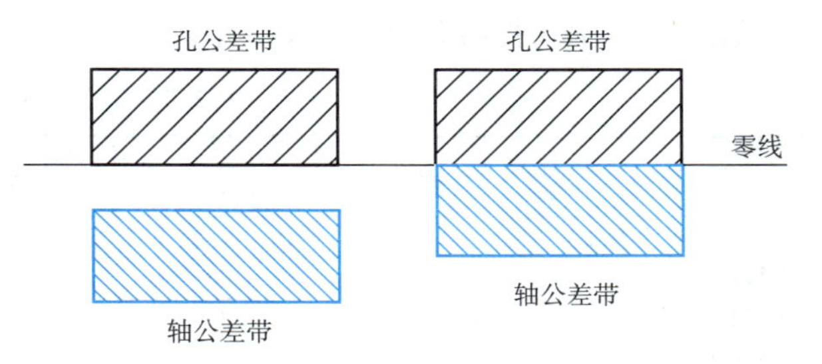

图 2-7　间隙配合

（2）过盈配合　孔和轴装配时总是存在过盈的配合（包括最小过盈为零的配合），此时，孔的公差带在轴的公差带之下，如图 2-8 所示。实际过盈的大小也随着孔和轴的尺寸变化。

孔的上极限尺寸与轴的下极限尺寸之差为最小过盈，也等于孔的上极限偏差减去轴的下极限偏差；孔的下极限尺寸与轴的上极限尺寸之差为最大过盈，也等于孔的下极限偏差减去轴的上极限偏差，以 Y 代表过盈，则

最大过盈 $Y_{max}=D_{min}-d_{max}=EI-es$　(2-9)

最小过盈 $Y_{min}=D_{max}-d_{min}=ES-ei$　(2-10)

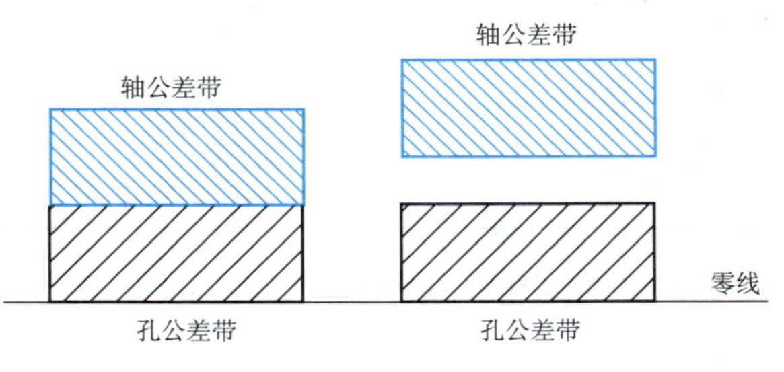

图 2-8　过盈配合

（3）过渡配合　孔和轴装配时可能具有间隙或过盈的配合。此时，孔和轴的公差带相互重叠，如图 2-9 所示。在过渡配合中，孔的上极限尺寸减去轴的下极限

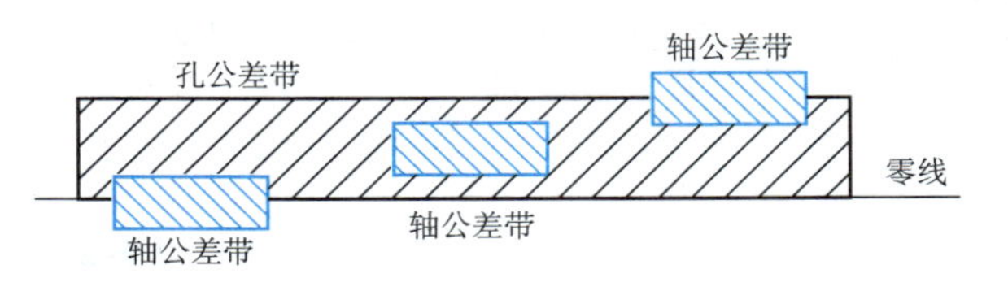

图 2-9　过渡配合

尺寸所得的差值为最大间隙。孔的下极限尺寸减去轴的上极限尺寸所得的差值为最大过盈。

3. 配合公差

组成配合的两个尺寸要素的尺寸公差之和为配合公差。它是允许间隙或过盈的变动量。这是设计人员根据相配件的使用要求确定的。配合公差越大，配合精度越低；配合公差越小，配合精度越高。配合公差是一个没有符号的绝对值。

对于间隙配合，其配合公差 T_f 为最大间隙与最小间隙的代数差的绝对值，用公式表示为

$$T_f = |X_{max} - X_{min}| = T_D + T_d \tag{2-11}$$

对于过盈配合，其配合公差 T_f 为最大过盈与最小过盈的代数差的绝对值，用公式表示为

$$T_f = |Y_{max} - Y_{min}| = T_D + T_d \tag{2-12}$$

对于过渡配合，其配合公差 T_f 为最大间隙与最大过盈的代数差的绝对值，用公式表示为

$$T_f = |X_{max} - Y_{max}| = T_D + T_d \tag{2-13}$$

【例 2-2】 写出下列三种孔、轴配合的公称尺寸，上、下极限偏差，公差，上、下极限尺寸，最大、最小间隙或过盈，并确定属于何种配合，求出配合公差，画出公差带图。

1）孔 $\phi25^{+0.021}_{0}$mm 与轴 $\phi25^{-0.020}_{-0.033}$mm 相配合。

2）孔 $\phi25^{+0.021}_{0}$mm 与轴 $\phi25^{+0.041}_{+0.028}$mm 相配合。

3）孔 $\phi25^{+0.021}_{0}$mm 与轴 $\phi25^{+0.015}_{+0.002}$mm 相配合。

解：将题中所得各解列入表 2-2 中。

表 2-2 例 2-2 所得各解 （单位：mm）

项目	1		2		3	
	孔	轴	孔	轴	孔	轴
公称尺寸 $D(d)$	25	25	25	25	25	25
上极限尺寸 $D_{max}(d_{max})$	25.021	24.980	25.021	25.041	25.021	25.015
下极限尺寸 $D_{min}(d_{min})$	25.000	24.967	25.000	25.028	25.000	25.002
上极限偏差 $ES(es)$	+0.021	−0.020	+0.021	+0.041	+0.021	+0.015
下极限偏差 $EI(ei)$	0	−0.033	0	+0.028	0	+0.002
公差 $T_D(T_d)$	0.021	0.013	0.021	0.013	0.021	0.013
最大间隙 X_{max}	+0.054				+0.019	
最小间隙 X_{min}	+0.020					
最大过盈 Y_{max}			−0.041		−0.015	
最小过盈 Y_{min}			−0.007			
配合类型	间隙配合		过盈配合		过渡配合	
配合公差 T_f	0.034		0.034		0.034	

公差带图如图 2-10 所示。

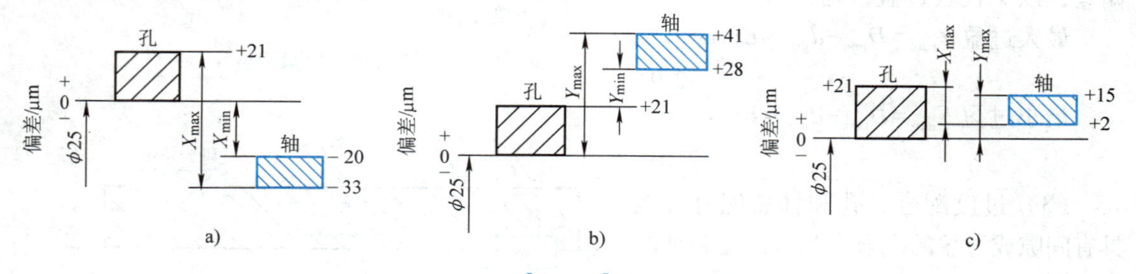

图 2-10 【例 2-2】公差带图

a）间隙配合 b）过盈配合 c）过渡配合

2.2　查极限偏差及公差

在国家标准中，孔和轴的尺寸公差也可以用公称尺寸和公差带代号表示，如 ϕ20H8、ϕ50f7、ϕ80M7 等，公差带代号由标准公差等级代号和基本偏差代号两部分组成，实际应用中，由公差带代号可以查出极限偏差。

2.2.1　标准公差及基本偏差

1. 标准公差

标准公差是指国家标准 GB/T 1800. 1—2020 所规定的任一公差，它确定了公差带的大小。GB/T 1800. 1-2020 规定的标准公差数值如表 2-3 所列。由表可知，标准公差数值由公差等级和公称尺寸决定。

标准公差分 IT01，IT0，IT1，…，IT18 共 20 个等级，精度依次降低。IT 表示国际公差，数字表示公差等级代号。

同一公差等级、同一尺寸分段内各公称尺寸的标准公差数值是相同的。同一公差等级对所有公称尺寸的一组公差被认为具有同等精度。

表 2-3　标准公差数值（GB/T 1800. 1—2020）

公称尺寸/mm		公差等级																	
		IT1	IT2	IT3	IT4	IT5	IT6	IT7	IT8	IT9	IT10	IT11	IT12	IT13	IT14	IT15	IT16	IT17	IT18
大于	至	μm											mm						
—	3	0. 8	1. 2	2	3	4	6	10	14	25	40	60	0. 10	0. 14	0. 25	0. 40	0. 60	1. 0	1. 4
3	6	1	1. 5	2. 5	4	5	8	12	18	30	48	75	0. 12	0. 18	0. 30	0. 48	0. 75	1. 2	1. 8
6	10	1	1. 5	2. 5	4	6	9	15	22	36	58	90	0. 15	0. 22	0. 36	0. 58	0. 90	1. 5	2. 2
10	18	1. 2	2	3	5	8	11	18	27	43	70	110	0. 18	0. 27	0. 43	0. 70	1. 10	1. 8	2. 7
18	30	1. 5	2. 5	4	6	9	13	21	33	52	84	130	0. 21	0. 33	0. 52	0. 84	1. 30	2. 1	3. 3
30	50	1. 5	2. 5	4	7	11	16	25	39	62	100	160	0. 25	0. 39	0. 62	1. 00	1. 60	2. 5	3. 9
50	80	2	3	5	8	13	19	30	46	74	120	190	0. 30	0. 46	0. 74	1. 20	1. 90	3. 0	4. 6
80	120	2. 5	4	6	10	15	22	35	54	87	140	220	0. 35	0. 54	0. 87	1. 40	2. 20	3. 5	5. 4
120	180	3. 5	5	8	12	18	25	40	63	100	160	250	0. 40	0. 63	1. 00	1. 60	2. 50	4. 0	6. 3
180	250	4. 5	7	10	14	20	29	46	72	115	185	290	0. 46	0. 72	1. 15	1. 85	2. 90	4. 6	7. 2
250	315	6	8	12	16	23	32	52	81	130	210	320	0. 52	0. 81	1. 30	2. 10	3. 20	5. 2	8. 1
315	400	7	9	13	18	25	36	57	89	140	230	360	0. 57	0. 89	1. 40	2. 30	3. 60	5. 7	8. 9
400	500	8	10	15	20	27	40	63	97	155	250	400	0. 63	0. 97	1. 55	2. 50	4. 00	6. 3	9. 7

注：公称尺寸小于 1mm 时，无 IT14 至 IT18。

2. 基本偏差

（1）基本偏差代号及其特点　基本偏差是指确定公差带相对公称尺寸位置的那个极限偏差（上极限偏差或下极限偏差），一般为靠近公称尺寸的那个极限偏差。

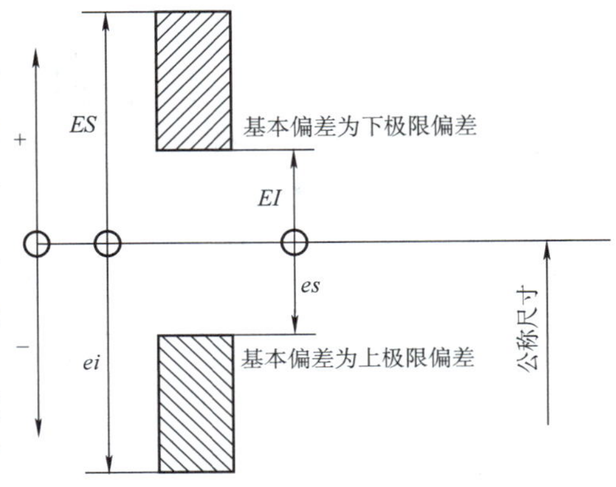

图 2-11　基本偏差示意图

当公差带在公称尺寸以上时，下极限偏差为基本偏差，公差带在公称尺寸以下时，上极限偏差为基本偏差，如图 2-11 所示。

国家标准规定了孔、轴的各 28 种基本偏差代号，分别用拉丁字母表示，在 26 个拉丁字母中去掉易与其他含义混淆的五个字母：I、L、O、Q、W（i、l、o、q、w），同时增加 CD、EF、FG、

JS、ZA、ZB、ZC（cd、ef、fg、js、za、zb、zc）七个双字母，共28种。基本偏差系列如图2-12所示。

基本偏差系列中的H(h)，其基本偏差为0。而JS(js)与零线对称，上极限偏差$ES(es)=+IT/2$，下极限偏差$EI(ei)=-IT/2$，上下极限偏差均可作为基本偏差。

从A到H(a到h)，其基本偏差的绝对值逐渐减小；从J到ZC(j到zc)一般为逐渐增大。

从图2-12可知：孔的基本偏差系列中，A~H的基本偏差为下极限偏差，J~ZC的基本偏差为上极限偏差；轴的基本偏差系列中，a~h的基本偏差为上极限偏差，j~zc的基本偏差为下极限偏差。图2-12中每个公差带的另一极限偏差为“开口”，表示其公差等级未定。显然，孔、轴的另一极限偏差可由公差等级确定。

孔、轴的绝大多数基本偏差数值不随公差等级变化，只有极少数基本偏差（J、K、M、N、P~ZC、JS、js、j、k）的数值随公差等级变化。

（2）基本偏差数值的确定　基本偏差数值是根据各种配合性质经过理论计算、实验和统计分析得到的，实际应用时查表2-4、表2-5。

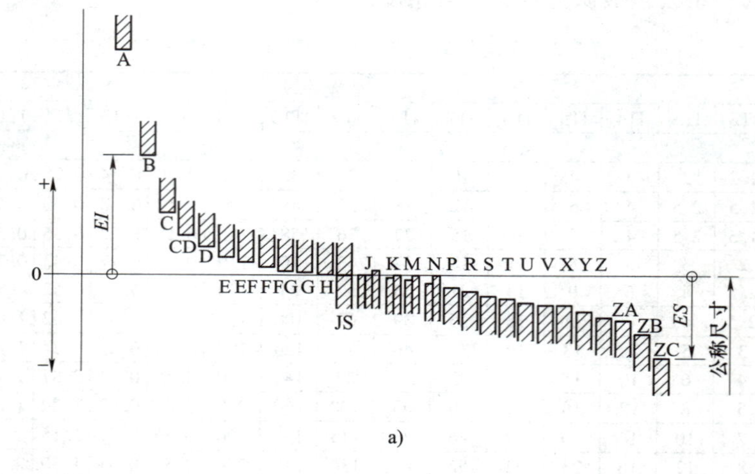

a)

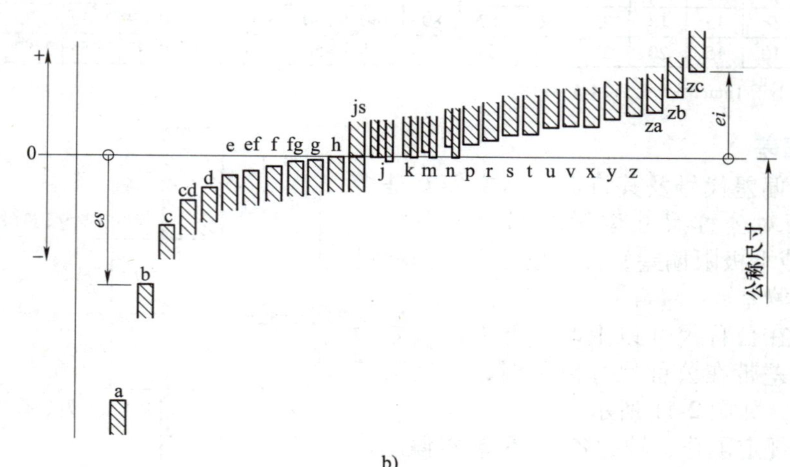

b)

图2-12　基本偏差系列

a）孔　b）轴

3. 查极限偏差及公差

2.4　查极限偏差（上）

2.5　查极限偏差（下）

在图样中，孔和轴的尺寸公差有时会用公差带代号标注，如 ϕ20H8、ϕ50f7、ϕ80M7 等，实际应用中，由公差带代号可以查出上下极限偏差及公差。下面以例题说明查表方法。

【例 2-3】　查表确定 ϕ20H8/f7 和 ϕ20K7/h6 两对相配合的孔、轴的上下极限偏差，判断配合类型，计算极限间隙或过盈，画出尺寸公差带图。

解：查标准公差数值表（表 2-3）得，公称尺寸为 18～30mm 时，IT6＝13μm，IT7＝21μm，IT8＝33μm。

1）确定 ϕ20H8/f7 配合的孔、轴极限偏差及配合盈隙。

对于孔 H8，查表 2-5 得，H 的基本偏差为下极限偏差 $EI=0$，由 $T_D=ES-EI$ 得，$ES=EI+\text{IT8}=+33\mu\text{m}$。

对于轴 f7，查表 2-4 得，f 的基本偏差为上极限偏差，且 $es=-20\mu\text{m}$，由 $T_d=es-ei$ 得，$ei=es-\text{IT7}=[(-20)-21]\mu\text{m}=-41\mu\text{m}$。

所以孔的尺寸为 $\phi20\text{H8}\,(^{+0.033}_{\ \ 0})$，轴的尺寸为 $\phi20\text{f7}\,(^{-0.020}_{-0.041})$，因 $EI>es$，所以该配合为间隙配合，其极限间隙为：

$X_{max}=ES-ei=+33\mu\text{m}-(-41)\mu\text{m}=+74\mu\text{m}$

$X_{min}=EI-es=0\mu\text{m}-(-20)\mu\text{m}=+20\mu\text{m}$

孔 ϕ20H8 与轴 ϕ20 f7 配合的尺寸公差带图如图 2-13a 所示。

2）确定 ϕ20K7/h6 配合的孔、轴极限偏差及配合盈隙。

对于轴 h6，查表 2-4 得，h 的基本偏差为上极限偏差，即 $es=0$，由 $T_d=es-ei$ 得，$ei=es-\text{IT6}=(0-13)\mu\text{m}=-13\mu\text{m}$；

对于孔 K7，查表 2-5 得，K 的基本偏差为上极限偏差，即 $ES=-2\mu\text{m}+\Delta$，且 $\Delta=8\mu\text{m}$，所以 $ES=(-2+8)\mu\text{m}=+6\mu\text{m}$，由 $T_D=ES-EI$ 得，$EI=ES-\text{IT7}=[(+6)-21]\mu\text{m}=-15\mu\text{m}$；

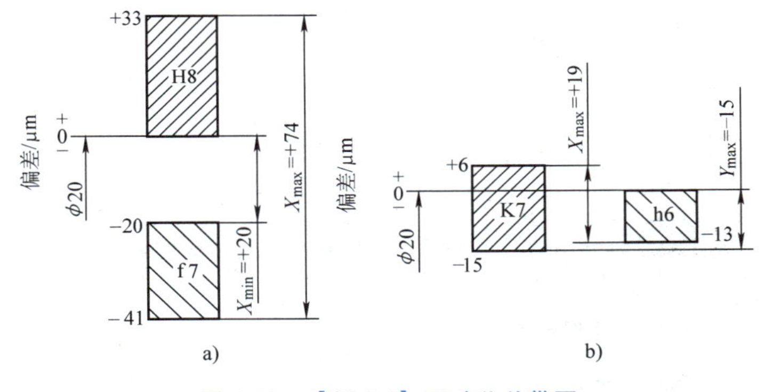

图 2-13　【例 2-3】尺寸公差带图

所以孔和轴的尺寸分别为：$\phi20\text{K7}\,(^{+0.006}_{-0.015})$、$\phi20\text{h6}\,(^{\ \ 0}_{-0.013})$，该配合为过渡配合，其最大间隙及最大过盈分别为

$X_{max}=ES-ei=[(+6)-(-13)]\mu\text{m}=+19\mu\text{m}$

$Y_{max}=EI-es=[(-15)-0]\mu\text{m}=-15\mu\text{m}$

孔 ϕ20K7 与轴 ϕ20h6 配合的尺寸公差带图如图 2-13b 所示。

在查表时注意极少数基本偏差（如 J、K、M、N、P～ZC、JS、js、j 、k）的数值随公差等级变化，有时还需加 Δ。

2.2.2　基准制配合

孔、轴公差带代号用基本偏差代号与公差等级代号组成，如 M7、P6、h7、m6 等。孔和轴可能形成的公差带代号分别有 500 多种，而它们组成的配合代

表 2-4　轴的基本偏差数

公称尺寸/mm		基本偏差														
		上极限偏差 es														
		所有标准公差等级												IT5 和 IT6	IT7	IT8
大于	至	a	b	c	cd	d	e	ef	f	fg	g	h	js	j		
—	3	-270	-140	-60	-34	-20	-14	-10	-6	-4	-2	0	偏差为 $\pm\frac{ITn}{2}$，式中 ITn 是 IT 的数值	-2	-4	-6
3	6	-270	-140	-70	-46	-30	-20	-14	-10	-6	-4	0		-2	-4	
6	10	-280	-150	-80	-56	-40	-25	-18	-13	-8	-5	0		-2	-5	
10	14	-290	-150	-95	-70	-50	-32	-23	-16	-10	-6	0		-3	-6	—
14	18															
18	24	-300	-160	-110	-85	-65	-40	-25	-20	-12	-7	0		-4	-8	—
24	30															
30	40	-310	-170	-120	-100	-80	-50	-35	-25	-15	-9	0		-5	-10	—
40	50	-320	-180	-130												
50	65	-340	-190	-140	—	-100	-60	—	-30	—	-10	0		-7	-12	—
65	80	-360	-200	-150												
80	100	-380	-220	-170	—	-120	-72	—	-36	—	-12	0		-9	-15	—
100	120	-410	-240	-180												
120	140	-460	-260	-200	—	-145	-85	—	-43	—	-14	0		-11	-18	—
140	160	-520	-280	-210												
160	180	-580	-310	-230												
180	200	-660	-340	-240	—	-170	-100	—	-50	—	-15	0		-13	-21	—
200	225	-740	-380	-260												
225	250	-820	-420	-280												
250	280	-920	-480	-300	—	-190	-110	—	-56	—	-17	0		-16	-26	—
280	315	-1050	-540	-330												
315	355	-1200	-600	-360	—	-210	-125	—	-62	—	-18	0		-18	-28	—
355	400	-1350	-680	-400												
400	450	-1500	-760	-440	—	-230	-135	—	-68	—	-20	0		-20	-32	—
450	500	-1650	-840	-480												

注：公称尺寸小于或等于 1mm 时，基本偏差 a 和 b 均不采用。

值（GB/T 1800.1—2020）

数值/μm															
下极限偏差 *ei*															
IT4～IT7	≤IT3 >IT7	所有标准公差等级													
k		m	n	p	r	s	t	u	v	x	y	z	za	zb	zc
0	0	+2	+4	+6	+10	+14	—	+18	—	+20	—	+26	+32	+40	+60
+1	0	+4	+8	+12	+15	+19	—	+23	—	+28	—	+35	+42	+50	+80
+1	0	+6	+10	+15	+19	+23	—	+28	—	+34	—	+42	+52	+67	+97
+1	0	+7	+12	+18	+23	+28	—	+33	—	+40	—	+50	+64	+90	+130
									+39	+45	—	+60	+77	+108	+150
+2	0	+8	+15	+22	+28	+35	—	+41	+47	+54	+63	+73	+98	+136	+188
							+41	+48	+55	+64	+75	+88	+118	+160	+218
+2	0	+9	+17	+26	+34	+43	+48	+60	+68	+80	+94	+112	+148	+200	+274
							+54	+70	+81	+97	+114	+136	+180	+242	+325
+2	0	+11	+20	+32	+41	+53	+66	+87	+102	+122	+144	+172	+226	+300	+405
					+43	+59	+75	+102	+120	+146	+174	+210	+274	+360	+480
+3	0	+13	+23	+37	+51	+71	+91	+124	+146	+178	+214	+258	+335	+445	+585
					+54	+79	+104	+144	+172	+210	+254	+310	+400	+525	+690
+3	0	+15	+27	+43	+63	+92	+122	+170	+202	+248	+300	+365	+470	+620	+800
					+65	+100	+134	+190	+228	+280	+340	+415	+535	+700	+900
					+68	+108	+146	+210	+252	+310	+380	+465	+600	+780	+1000
+4	0	+17	+31	+50	+77	+122	+166	+236	+284	+350	+425	+520	+670	+880	+1150
					+80	+130	+180	+258	+310	+385	+470	+575	+740	+960	+1250
					+84	+140	+196	+284	+340	+425	+520	+640	+820	+1050	+1350
+4	0	+20	+34	+56	+94	+158	+218	+315	+385	+475	+580	+710	+920	+1200	+1550
					+98	+170	+240	+350	+425	+525	+650	+790	+1000	+1300	+1700
+4	0	+21	+37	+62	+108	+190	+268	+390	+475	+590	+730	+900	+1150	+1500	+1900
					+114	+208	+294	+435	+530	+660	+820	+1000	+1300	+1650	+2100
+5	0	+23	+40	+68	+126	+232	+330	+490	+595	+740	+920	+1100	+1450	+1850	+2400
					+132	+252	+360	+540	+660	+820	+1000	+1250	+1600	+2100	+2600

表 2-5　孔的基本偏差数

公称尺寸/mm		基本偏差																				
		下极限偏差 *EI*																				
		所有标准公差等级												6	7	8	≤8	>8	≤8	>8	≤8	>8
大于	至	A	B	C	CD	D	E	EF	F	FG	G	H	JS	J			K		M		N	
—	3	+270	+140	+60	+34	+20	+14	+10	+6	+4	+2	0	偏差为$\pm\frac{ITn}{2}$式中ITn是IT的数值	+2	+4	+6	0	0	-2	-2	-4	-4
3	6	+270	+140	+70	+46	+30	+20	+14	+10	+6	+4	0		+5	+6	+10	-1+Δ	—	-4+Δ	-4	-8+Δ	0
6	10	+280	+150	+80	+56	+40	+25	+18	+13	+8	+5	0		+5	+8	+12	-1+Δ	—	-6+Δ	-6	-10+Δ	0
10	14	+290	+150	+95	—	+50	+32	—	+16	—	+6	0		+6	+10	+15	-1+Δ	—	-7+Δ	-7	-12+Δ	0
14	18																					
18	24	+300	+160	+110	—	+65	+40	—	+20	—	+7	0		+8	+12	+20	-2+Δ	—	-8+Δ	-8	-15+Δ	0
24	30																					
30	40	+310	+170	+120	—	+80	+50	—	+25	—	+9	0		+10	+14	+24	-2+Δ	—	-9+Δ	-9	-17+Δ	0
40	50	+320	+180	+130																		
50	65	+340	+190	+140	—	+100	+60	—	+30	—	+10	0		+13	+18	+28	-2+Δ	—	-11+Δ	-11	-20+Δ	0
65	80	+360	+200	+150																		
80	100	+380	+220	+170	—	+120	+72	—	+36	—	+12	0		+16	+22	+34	-3+Δ	—	-13+Δ	-13	-23+Δ	0
100	120	+410	+240	+180																		
120	140	+460	+260	+200	—	+145	+85	—	+43	—	+14	0		+18	+26	+41	-3+Δ	—	-15+Δ	-15	-27+Δ	0
140	160	+520	+280	+210																		
160	180	+580	+310	+230																		
180	200	+660	+340	+240	—	+170	+100	—	+50	—	+15	0		+22	+30	+47	-4+Δ	—	-17+Δ	-17	-31+Δ	0
200	225	+740	+380	+260																		
225	250	+820	+420	+280																		
250	280	+920	+480	+300	—	+190	+110	—	+56	—	+17	0		+25	+36	+55	-4+Δ	—	-20+Δ	-20	-34+Δ	0
280	315	+1050	+540	+330																		
315	355	+1200	+600	+360	—	+210	+125	—	+62	—	+18	0		+29	+39	+60	-4+Δ	—	-21+Δ	-21	-37+Δ	0
355	400	+1350	+680	+400																		
400	450	+1500	+760	+440	—	+230	+135	—	+68	—	+20	0		+33	+43	+66	-5+Δ	—	-23+Δ	-23	-40+Δ	0
450	500	+1650	840	+480																		

注：1. 公称尺寸小于或等于 1mm 时，基本偏差 A 和 B 及大于 IT8 的 N 均不采用。

2. 对小于或等于 IT8 的 K、M、N 和小于或等于 IT7 的 P 至 ZC，所需 Δ 值从表内右侧选取。

3. 特殊情况：250~315mm 段的 M6，*ES*=-9μm（代替-11μm）。

值（GB/T 1800. 1—2020）

数值/μm													Δ值					
上极限偏差 *ES*																		
≤7	>7												标准公差等级					
P 至 ZC	P	R	S	T	U	V	X	Y	Z	ZA	ZB	ZC	3	4	5	6	7	8
在大于IT7的相应数值上增加一个Δ值	-6	-10	-14	—	-18	—	-20	—	-26	-32	-40	-60	0	0	0	0	0	0
	-12	-15	-19	—	-23	—	-28	—	-35	-42	-50	-80	1	1. 5	1	3	4	6
	-15	-19	-23	—	-28	—	-34	—	-42	-52	-67	-97	1	1. 5	2	3	6	7
	-18	-23	-28	—	-33	—	-40	—	-50	-64	-90	-130	1	2	3	3	7	9
						-39	-45	—	-60	-77	-108	-150						
	-22	-28	-35	—	-41	-47	-54	-63	-73	-98	-136	-188	1. 5	2	3	4	8	12
				-41	-48	-55	-64	-75	-88	-118	-160	-218						
	-26	-34	-43	-48	-60	-68	-80	-94	-112	-148	-200	-274	1. 5	3	4	5	9	14
				-54	-70	-81	-97	-114	-136	-180	-242	-325						
	-32	-41	-53	-66	-87	-102	-122	-144	-172	-226	-300	-405	2	3	5	6	11	16
		-43	-59	-75	-102	-120	-146	-174	-210	-274	-360	-480						
	-37	-51	-71	-91	-124	-146	-178	-214	-258	-335	-445	-585	2	4	5	7	13	19
		-54	-79	-104	-144	-172	-210	-254	-310	-400	-525	-690						
	-43	-63	-92	-122	-170	-202	-248	-300	-365	-470	-620	-800	3	4	6	7	15	23
		-65	-100	-134	-190	-228	-280	-340	-415	-535	-700	-900						
		-68	-108	-146	-210	-252	-310	-380	-465	-600	-780	-1000						
	-50	-77	-122	-166	-236	-284	-350	-425	-520	-670	-880	-1150	3	4	6	9	17	26
		-80	-130	-180	-258	-310	-385	-470	-575	-740	-960	-1250						
		-84	-140	-196	-284	-340	-425	-520	-640	-820	-1050	-1350						
	-56	-94	-158	-218	-315	-385	-475	-580	-710	-920	-1200	-1550	4	4	7	9	20	29
		-98	-170	-240	-350	-425	-525	-650	-790	-1000	-1300	-1700						
	-62	-108	-190	-268	-390	-475	-590	-730	-900	-1150	-1500	-1900	4	5	7	11	21	32
		-114	-208	-294	-435	-530	-660	-820	-1000	-1300	-1650	-2100						
	-68	-126	-232	-330	-490	-595	-740	-920	-1100	-1450	-1850	-2400	5	5	7	13	23	34
		-132	-252	-360	-540	-660	-820	-1000	-1250	-1600	-2100	-2600						

号可能有约30万种。为了以尽可能少的标准公差带形成最多种的配合，标准规定了两种基准制：基孔制和基轴制。

1. 基孔制

基孔制即基本偏差为零的孔的公差带，与不同基本偏差的轴的公差带形成各种配合的一种制度，如图2-14a所示。

在基孔制配合中，孔是基准件，称为基准孔；轴是非基准件，称为配合轴。基准孔的基本偏差是下极限偏差，且等于零，即 $EI=0$，并以基本偏差代号H表示，应优先选用。

2. 基轴制

基轴制即基本偏差为零的轴的公差带，与不同基本偏差的孔的公差带形成各种配合的一种制度，如图2-14b所示。

在基轴制配合中，轴是基准件，称为基准轴；孔是非基准件，称为配合孔。基准轴的基本偏差是上极限偏差，且等于零，即 $es=0$，并以基本偏差代号h表示。

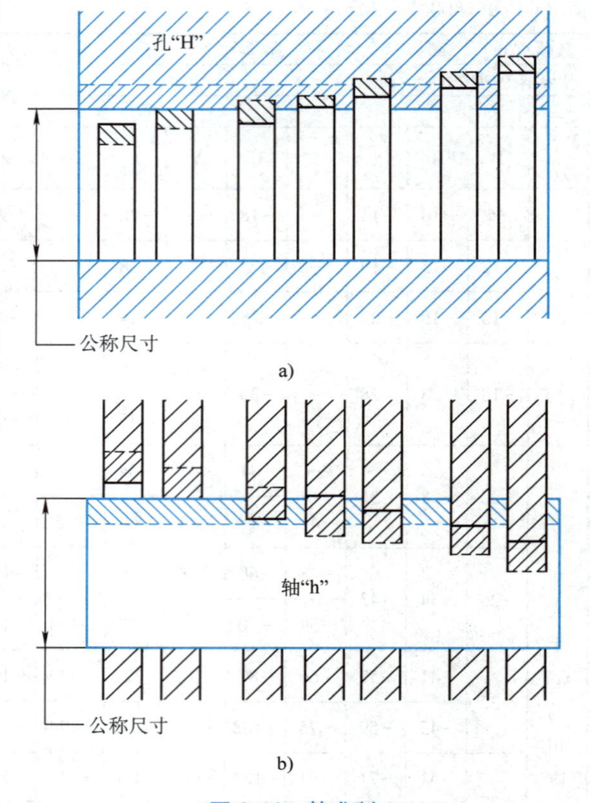

图2-14 基准制

a）基孔制 b）基轴制

图2-14中，水平实线代表孔或轴的基本偏差，虚线代表另一个极限偏差，表示孔与轴之间可能的不同组合，与它们的公差等级有关。

3. 优先和常用配合

（1）国标中规定的公差带 在GB/T 1800.2—2020《产品几何技术规范（GPS）线性尺寸公差ISO代号体系 第2部分：标准公差带代号和孔、轴的极限偏差表》中，对于公称尺寸≤500mm，规定了203个孔的公差带代号和204个轴的公差带代号。图2-15中有45个孔的公差带代号，图2-16中有50个轴的公差带代号，这些代号应用于不需要对公差带代号进行特定选取的一般性用途。框中所示的孔和轴各17个公差带代号优先选取。对公差带代号选取的限制，可以避免工具和量具不必要的多样性。

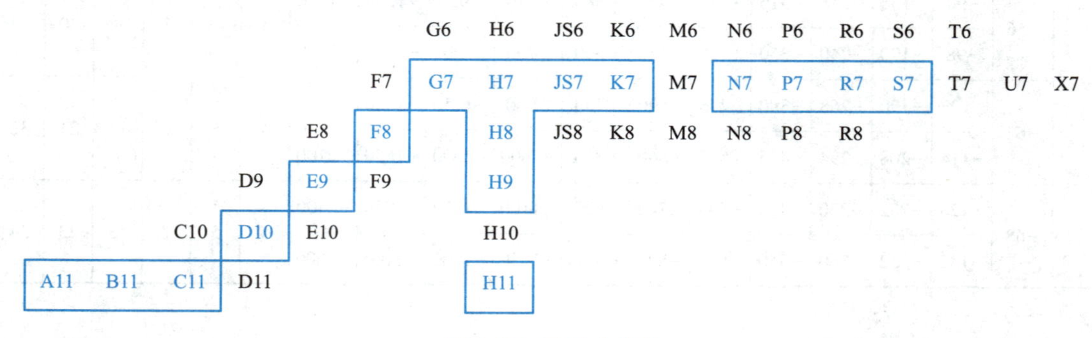

图2-15 孔的公差带

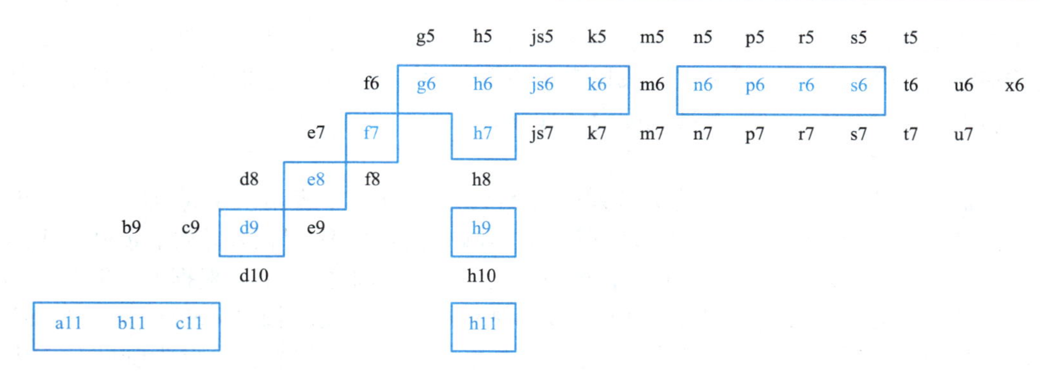

图 2-16　轴的公差带

（2）国标中规定的配合　对于通常的工程目的，只需要许多可能配合中的少数配合。表 2-6 和表 2-7 中的配合满足普通工程机构需要。基于经济因素，如有可能，配合应优先选择框中所示的公差带代号。

表 2-6　基孔制配合的优先配合

基准孔	轴公差带代号																	
	间隙配合							过渡配合				过盈配合						
H6						g5	h5	js5	k5	m5		n5	p5					
H7					f6	g6	h6	js6	k6	m6	n6		p6	r6	s6	t6	u6	x6
H8				e6	f7		h7	js7	k7	m7					s7		u7	
			d8	e8	f8		h8											
H9			d8	e8	f8		h8											
H10	b9	c9	d9	e9			h9											
H11	b11	c11	d10				h10											

表 2-7　基轴制配合的优先配合

基准轴	孔公差带代号																	
	间隙配合							过渡配合				过盈配合						
h5						G6	H6	JS6	K6	M6		N6	P6					
h6					F7	G7	H7	JS7	K7	M7	N7		P7	R7	S7	T7	U7	X7
h7				E8	F8		H8											
h8			D9	E9	F9		H9											
h9				E8	F8		H8											
			D9	E9	F9		H9											
	B11	C10	D10				H10											

通常情况下，应选择基孔制配合，这种选择可避免工具（如铰刀）和量具不必要的多样性。基轴制配合仅用于那些可以带来切实经济利益的情况。若上述配合不能满足某些特殊需要，则国家标准允许采用非基准制配合，如 M8/f7 等。

4. 尺寸公差在技术图样上的标注

孔、轴公差带用公称尺寸、基本偏差代号与公差等级数字表示（省略 IT）。如 ϕ50H7 表示公称尺寸为 ϕ50、标准公差等级为 IT7、基本偏差代号为 H 的孔公差带；ϕ50g6 表示公称尺寸为 ϕ50、标准公差等级为 IT6、基本偏差代号为 g 的轴公差带。根据 GB/T 4458.5—2003，在零件图上尺寸公差按图 2-17 所示的三种形式之一标注。如果 ϕ30H7 的孔与 ϕ30f6 的轴组成配合，其配合代号写成分数形式，分子为孔的公差带代号，分母为轴的公差带代号。组成配合的孔与轴，其公称尺寸一定相同。如 ϕ30H7/ f6 或 $\phi 30\,\dfrac{H7}{f6}$，配合代号在装配图上的标注如图 2-18 所示。

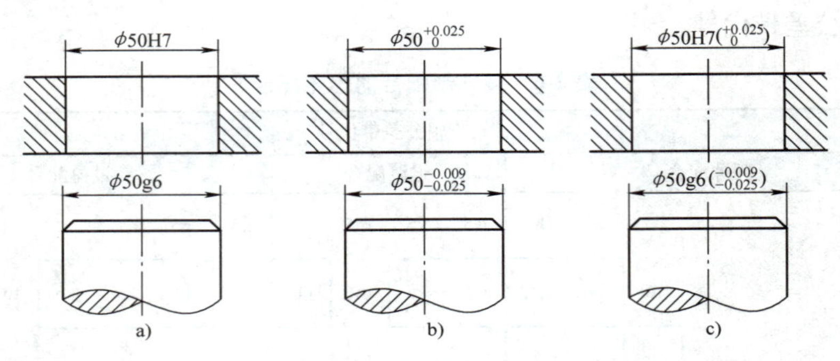

图 2-17　孔、轴公差在零件图上的标注

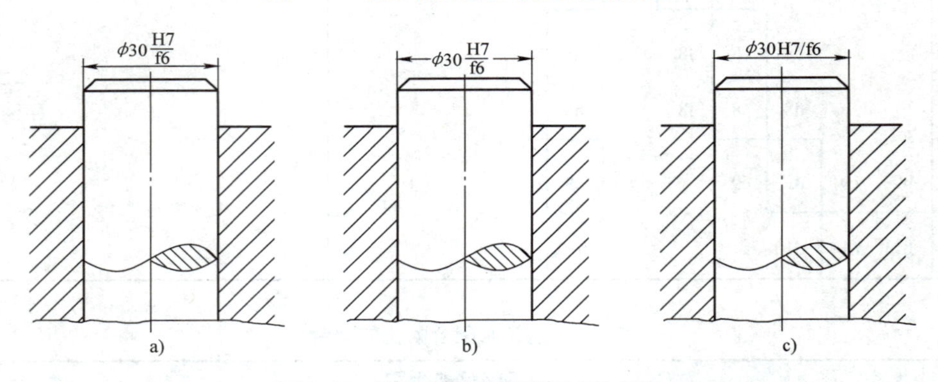

图 2-18　配合代号在装配图上的标注

2.3　尺寸公差与配合的选择

2.7　尺寸公差与配合的选择

尺寸公差与配合的选择是机械设计与制造中的一个重要环节，它是在公称尺寸已经确定的情况下进行的尺寸精度设计。公差与配合的选择是否恰当，对产品的性能、质量、互换性及经济性有着重要的影响。公差与配合的选择包括基准制、公差等级和配合种类三个方面，选用的原则是在满足使用要求的前提下能够获得最佳的技术经济效益，选用的方法有计算法、试验法和类比法。

2.3.1　基准制的选择

基准制的确定要从零件的结构、加工工艺、装配工艺和经济性等方面考虑，也就是说所选择的基准制应当有利于零件的加工、装配，有利于降低制造成本。

在机械制造中，一般优先选用基孔制。这主要是从工艺和宏观经济效益上来考虑的。因为加工孔需要定值刀具和量具，如钻头、铰刀、拉刀和塞规等。采用基孔制可减少这些刀具和量具的品种、规格数量。加工轴所用的刀具一般为非定值刀具，如车刀、砂轮等。同一把车刀可以加工不同尺寸的轴，所以，改变轴的尺寸不会增加刀具和量具等的规格数量，这显然是经济合理的。

下列几种情况考虑采用基轴制。

1）直接使用有一定公差等级（IT8～IT11）而不再进行机械加工的冷拔钢材做轴时，采用基轴制。此时如果需要各种不同的配合，可选用不同的孔公差带位置来实现。这种情况主要用在农业机械和纺织机械中。

2）加工尺寸小于 1mm 的精密轴比加工同级孔要困难，因此在仪器制造、钟表生产、无线电工程中，常使用经过光轧成形的钢丝直接做轴，这时采用基轴制较经济。

3）根据结构上的需要，同一个公称尺寸的轴上同时安装几个不同松紧配合的孔件时要采用基轴制。如活塞连杆机构中，销轴需要同时与活塞和连杆孔形成不同的配合。如图 2-19 所示，销轴两端与活塞孔的配合要求紧些，选 M7/h6 配合，销轴与连杆孔的配合要求松些，选 G7/h6 配合，如图 2-19b 所示，这样销轴各处的直径尺寸是相同的（h6），便于加工，活塞孔和连杆孔则分别按 M7 和 G7 加工，装配时也比较方便，不至于将连杆孔表面划伤。相反，如果采用基孔制，由于活塞孔和连杆孔尺寸相同，为了获得不同松紧的配合，势必将销轴的尺寸做成两端大中间小，这样的销轴既不好加工又很难装配，装配时容易将连杆孔表面划伤，如图 2-19c 所示。

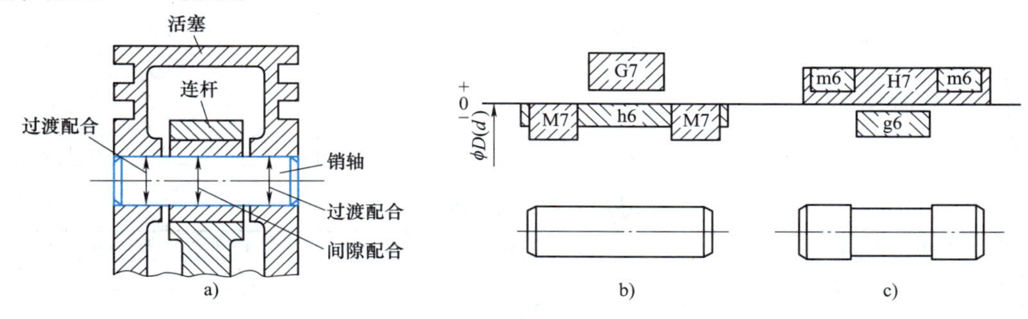

图 2-19　活塞连杆机构

另外，与标准件配合，应以标准件为基准来确定采用基孔制还是基轴制。如图 2-20 所示，轴承外圈与机座孔的配合应采用基轴制 ϕ100G7/h6，但轴承的内圈与轴配合时，则应采用基孔制 ϕ55H7/j6。

最后，为满足配合的特殊要求，也允许选择非基准制配合，即相配合的孔和轴都不是基准件。如图 2-20 所示，轴承盖与轴承孔的配合和轴承挡圈与轴颈的配合分别为 ϕ100G7/e9 和 ϕ55D9/j6，它们既不是基孔制也不是基轴制。轴承孔的公差带 G7 是它与轴承外圈配合决定的，轴颈的公差带 j6 是它与轴承内圈的配合决定的。为了使轴承盖与轴承孔、轴承挡圈与轴颈获得更松的配合，前者不能采用基轴制，后者不能采用基孔制，从而决定了必须采用非基准制的配合。

2. 3. 2　公差等级的选择

公差等级的选择就是确定尺寸的制造精度与加工的难易程度。加工的成本和零件的工作质量有关，所以在选择公差等级时，要正确处理使用要求、加工工艺及生产成本之间的关系。选择的原则是：在满足使用要求的前提下，尽可能选择较低的公差等级。公差等级可以用类比法选择，就是参考从生产实践中总结出来的经验资料进行对比来选择。用类比法选择公差等级时，应了解各个公差等级的应用范围和各种加工方法所能达到的公差等级。

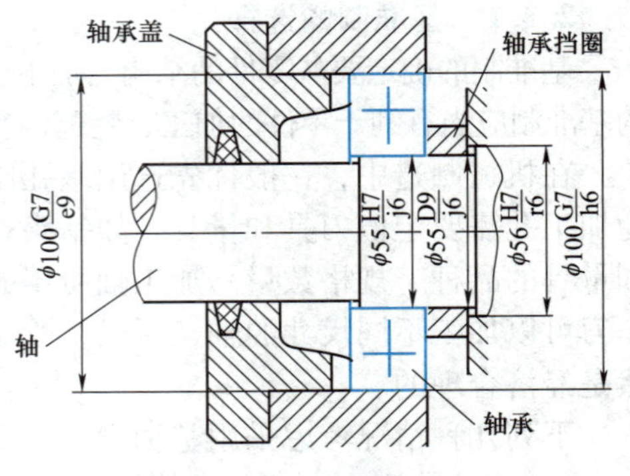

图 2-20　轴承的配合

常用加工方法所能达到的公差等级见表 2-8。各个公差等级的应用范围见表 2-9。常用公差等级的应用见表 2-10。

表 2-8　常用加工方法所能达到的公差等级

加工方法	公差等级（IT）																			
	01	0	1	2	3	4	5	6	7	8	9	10	11	12	13	14	15	16	17	18
研磨	▲	▲	▲	▲	▲	▲	▲													
珩磨						▲	▲	▲	▲											
圆磨、平磨							▲	▲	▲	▲										
铰孔								▲	▲	▲	▲	▲								
精车、精镗									▲	▲	▲									
粗车、粗镗												▲	▲	▲						
铣										▲	▲	▲								
刨、插												▲	▲							
钻												▲	▲	▲	▲					
冲压												▲	▲	▲	▲	▲				
挤压												▲								
锻造																	▲	▲		
铸造																▲	▲			
气割																	▲	▲	▲	▲

表 2-9　公差等级的应用范围

应用	01	0	1	2	3	4	5	6	7	8	9	10	11	12	13	14	15	16	17	18
量块	▲	▲	▲																	
量规			▲	▲	▲	▲	▲	▲	▲	▲										
配合尺寸							▲	▲	▲	▲	▲	▲	▲	▲						
精密零件				▲	▲	▲	▲													
非配合尺寸														▲	▲	▲	▲	▲	▲	▲
原材料										▲	▲	▲	▲	▲	▲	▲	▲	▲	▲	▲

表 2-10　常用公差等级的应用

公差等级	应　用
5	主要用在配合公差、形状公差要求很小的地方，它的配合性质稳定，一般在机床、发动机、仪表等重要部位应用。如：与 p5 级滚动轴承配合的箱体孔；与 p6 级滚动轴承配合的机床主轴、机床尾座与套筒；精密机械及高速机械中的轴径；精密丝杠轴径等
6	配合性质能达到较高的均匀性。如：与 p6 级滚动轴承配合的孔、轴径；与齿轮、蜗轮、联轴器、带轮、凸轮等连接的轴径；机床丝杠轴径；摇臂钻立柱；机床夹具中的导向件外径；6 级精度齿轮的基准孔，7、8 级精度齿轮的基准轴径

（续）

公差等级	应　用
7	7 级精度比 6 级稍低，应用条件与 6 级基本相似，在一般机械制造中应用较为普遍。如：联轴器、带轮、凸轮等的孔径；机床卡盘座孔；夹具中的固定钻套、可换钻套；7、8 级齿轮的基准孔，9、10 级齿轮的基准轴
8	在机械制造中属于中等精度。如：轴承座衬套沿宽度方向的尺寸；9~12 级齿轮的基准孔；11、12 级齿轮的基准轴
9、10	主要用于机械制造中的轴套外径与孔、操纵件与轴、带轮与轴、单键与花键
11、12	配合精度很低，装配后可能产生很大间隙，适用于基本上没有什么配合要求的场合。如：机床上的法兰盘与止口；滑块与滑移齿轮；加工中工序间的尺寸；冲压加工的配合件；机床制造中扳手孔与扳手座的连接

用类比法选择公差等级时，还应考虑以下问题。

1）应考虑同一配合中孔与轴的工艺等价性。同一配合中孔与轴的加工难易程度基本相同，称为“工艺等价原则”。公差等级<IT8，公称尺寸≤500mm 时，因为孔比轴难加工，常取孔的公差等级比轴低一个等级，如 H7/m6、R6/h5；公差等级>IT8，公称尺寸>500mm 时，孔、轴可以采用相同的公差等级，如 H9/e9、D10/h10；当公差等级等于 IT8 时，孔的公差等级可以比轴低一个等级或者采用相同的公差等级，如 H8/f8、F8/h7。

2）要注意相关件和配合件的结构或精度。某些孔、轴的公差等级取决于相关件或配合件的结构或精度。比如，齿轮孔与轴的配合中，公差等级取决于齿轮的精度等级。

3）应考虑配合性质与加工成本。过盈、过渡配合和平均间隙较小的间隙配合中孔的公差等级应不低于 IT8，轴的公差等级通常不低于 IT7，如 H7/m6。而平均间隙较大的间隙配合中孔和轴的公差等级可以较低，使用 IT9 或 IT9 以下，如 H10/m10。间隙较大的间隙配合中，如果由于某种原因，孔和轴必须选用较高的公差等级，则与之配合的轴或孔的公差等级可以低两三级，以便在满足使用要求的前提下降低加工成本。如图 2-20 所示，轴承盖与轴承孔的配合，轴承孔选用的是 7 级精度，加工成本较高，但考虑到轴承盖在径向上只要求自由装配，为大间隙的间隙配合，此处轴承盖外表面可以选用 9 级精度，组成了 G7/e9 配合，从而有效地降低了加工成本。

2.3.3　配合种类的选择

配合种类的选择就是在确定了基准制的基础上，根据使用中允许的间隙或过盈大小及变化范围，选定非基准件的基本偏差代号，有的同时确定基准件与非基准件的公差等级。

1. 确定配合的类别

间隙、过盈或过渡配合应根据具体的使用要求来确定。孔、轴有相对运动要求时，必须选择间隙配合；当孔、轴无相对运动要求时，应根据具体工作条件的不同确定过盈、过渡或是间隙配合。确定配合类别后，应尽可能地选择优先配合，其次是常用配合，然后是一般配合。若仍不能满足要求，可以选择其他配合。表 2-11 是配合类别选择的大致方向。

表 2-11　配合类别选择的大致方向

<table>
<tr><td rowspan="4">无相对运动</td><td rowspan="3">需要传递转矩</td><td rowspan="2">需要精确同轴</td><td>永久结合</td><td>过盈配合</td></tr>
<tr><td>可拆结合</td><td>过渡配合或基本偏差为 H（h）的间隙配合加紧固件</td></tr>
<tr><td colspan="2">不需要精确同轴</td><td>间隙配合加紧固件</td></tr>
<tr><td colspan="3">不需要传递转矩</td><td>过渡配合或轻的过盈配合</td></tr>
<tr><td rowspan="2">有相对运动</td><td colspan="3">只有移动</td><td>基本偏差为 H（h）、G（g）等的间隙配合</td></tr>
<tr><td colspan="3">转动或转动和移动复合运动</td><td>基本偏差为 A~F（a~f）等的间隙配合</td></tr>
</table>

2. 采用类比法选择配合

采用类比法选择配合时，要着重掌握各种配合的特征和应用场合，尤其是对国家标准所规定的常用和优先配合的特点要熟悉。表2-12所示为尺寸≤500mm，基孔制、基轴制优先配合的特征及应用场合。表2-13为轴的基本偏差选用说明，选择时可供参考。

表2-12　优先配合选用说明

配合类别	配合特征	配合代号	应　用
间隙配合	特大间隙	H11/a11、H11/b11、H12/b12	用于高温或工作时要求大间隙的配合
	很大间隙	(H11)/c11、(H11)/d11	用于工作条件较差、受力变形或为了便于装配而需要大间隙的配合和高温工作的配合
	较大间隙	H9/c9、H10/c10、H8/d8、(H9)/d9、H10/d10、H8/e7、H9/e9	用于高速重载的滑动轴承或大直径的滑动轴承，也可用于大跨距或多支点支承的配合
	一般间隙	H6/f5、H7/f6、(H8)/f7、H8/f8、H9/f9	用于一般转速的动配合，当温度影响不大时，广泛应用于普通润滑油润滑的支承处
	较小间隙	(H7)/g6、H8/g7	用于精密滑动零件或缓慢间隙回转的零件配合
	很小间隙和零间隙	H6/g5、H6/h5、(H7/h6)、(H8/h7)、H8/h8、(H9/h9)、H10/h10、(H11/h11)、H12/h12	用于不同精度要求的一般定位件的配合和缓慢移动与摆动零件的配合
过渡配合	绝大部分有微小间隙	H6/js5、H7/js6、H8/js7	用于易于装拆的定位配合或加紧固件可传递一定静载荷的配合
	大部分有微小间隙	H6/k5、(H7/k6)、H8/k7	用于稍有振动的定位配合，加紧固件可传递一定载荷，装拆方便，可用木槌敲入
	大部分有微小过盈	H6/m5、H7/m6、H8/m7	用于精度较高且能抗振的定位配合。加键可传递较大载荷。可用铜锤敲入或小压力压入
	绝大部分有微小过盈	(H7/n6)、H8/n7	用于精度定位或紧密组合件的配合。加键能传递大力矩或冲击性载荷，只在大修时拆卸
	绝大部分有较小过盈	H8/p7	加键后能传递很大力矩且承受振动和冲击的配合。装配后不再拆卸
过盈配合	轻型	H6/n5、H6/p5、(H7/p6)、H6/r5、H7/r6、H8/r7	用于精确的定位配合，一般不能靠过盈传递力矩，要传递力矩需加紧固件
	中型	H6/s5、(H7/s6)、H8/s7、H6/t5、H7/t6、H8/t7	不加紧固件就可传递较小的力矩和轴向力。加紧固件后可承受较大载荷或动载荷的配合
	重型	(H7/u6)、H8/u7、H7/v6	不加紧固件就可传递和承受大的力矩和动载荷的配合。要求零件材料有高强度
	特重型	H7/x6、H7/y6、H7/z6	能传递与承受很大力矩和动载荷的配合，经试验后方可应用

表2-13　轴的基本偏差选用说明

配合	基本偏差	特性及应用
间隙配合	a、b	可得到特别大的间隙，应用很少
	c	可得到很大的间隙，一般适用于缓慢、松弛的动配合。用于工作环境较差（如农业机械）、受力变形，或为了便于装配而必须有较大间隙时的配合。也用于热动间隙配合
	d	适用于松的转动配合，如密封、滑轮、空转带轮与轴的配合，也适用于大直径滑动轴承配合以及其他重型机械中的一些滑动支承配合。多用IT7～IT11
	e	适用于要求有明显间隙、易于转动的支承配合，如大跨距支承、多支点支承等配合。公差等级高的e轴适用于大的高速、重载支承。多用IT7～IT9
	f	适用于一般转动配合，广泛用于普通润滑油（或润滑脂）润滑的轴承，如齿轮箱、小电机、泵等的转轴与滑动支承的配合。多用IT6～IT8

（续）

配合	基本偏差	特性及应用
间隙配合	g	配合间隙很小，制造成本高，除负荷很轻的精密装置外，不推荐用于转动配合。最适合不回转的精密滑动配合，也用于插销等定位配合。多用 IT5~IT7
	h	广泛用于无相对转动的零件。作为一般的定位配合。若没有温度、变形影响，也用于精密滑动配合。多用 IT4~IT11
过渡配合	js	平均间隙较小，多用于要求间隙比 h 轴小，并允许略有过盈的定位配合，如联轴器、齿圈与钢制轮毂等。一般可用手或木槌装配。多用 IT4~IT7
	k	平均间隙接近于零，推荐用于要求稍有过盈的定位配合，如用于消除振动的定位配合。一般可用木槌装配。多用 IT4~IT7
	m	平均过盈较小，适用于不允许活动的精密定位配合。一般可用木槌装配。多用 IT4~IT7
	n	平均过盈比 m 稍大，很少得到间隙，适用于定位要求较高且不常拆的配合，用锤子或压力机装配。多用 IT4~IT7
过盈配合	p	用于小过盈配合。与 H6 或 H7 配合时是过盈配合，与 H8 配合时为过渡配合。对非铁类零件，为轻的压入配合；对钢、铸铁或铜-钢组件装配，为标准压力配合。多用 IT5~IT7
	r	用于传递大扭矩或受冲击载荷需要加键的配合。对铁类零件，为中等打入配合；对非铁类零件，为轻的打入配合。多用 IT5~IT7
	s	用于钢制或铁制零件的永久性和半永久性结合，可产生相当大的结合力。用压力机或热胀冷缩装配。多用 IT5~IT7
	t~z	过盈量依次增大，除 u 外，一般不推荐

3. 选择配合时还要考虑下列因素

1）考虑载荷的大小。载荷过大，对于过盈配合，过盈量要增大；对于间隙配合，要求减小间隙；对于过渡配合，要选用过盈概率大的过渡配合。

2）考虑拆装情况。经常拆装的孔轴配合，如带轮的孔与轴的配合，要比不常拆装的配合松些。有的零件虽不经常拆装，但拆装困难，也要选取较松的配合。

3）考虑配合件的长度。若部位接合面较长时，由于受几何误差的影响，实际形成的配合比接合面短的配合要紧，因此，在选择配合时应适当减小过盈或增大间隙。

4）考虑配合件的材料。当配合件中有一件是铜或铝等塑性材料时，考虑到它们容易变形，选择配合时可适当增大过盈或减小间隙。

5）考虑工作温度的影响。如果相互配合的孔、轴工作时与装配时的温度差别较大，则选择配合时要考虑热变形的影响。

6）考虑工作情况。不同的工作情况对过盈或间隙的影响不同，见表 2-14。

表 2-14　工作情况对过盈或间隙的影响

具体情况	过盈量	间隙量	具体情况	过盈量	间隙量
材料强度低	减	—	装配时可能歪斜	减	增
经常拆卸	减	—	旋转速度增大	增	增
有冲击载荷	增	减	有轴向运动	—	增
工作时孔温高于轴温	增	减	润滑油黏度增大	—	增
工作时轴温高于孔温	减	增	表面趋向粗糙	增	减
配合长度增大	减	增	单件生产相对于批量生产	减	增
配合面几何误差增大	减	增			

当配合要求非常明确时，可以采用计算法来确定配合代号，下面以例题来说明此方法。

【例 2-4】　有一基孔制的孔、轴配合，其公称尺寸为 ϕ25mm，要求配合间隙为 0. 040~0. 074mm，试确定其配合代号。

解：

1）根据配合公差计算公式，配合公差等于最大间隙减去最小间隙，即

$$T_f = |X_{max} - X_{min}| = |0.074 - 0.040|\ mm = 0.034mm$$

通过查表可知：6级公差为0.013mm，7级公差为0.021mm，最接近此处要求，考虑到工艺等价原则，孔选用7级公差，其公差值$T_D=0.021mm$，轴选用6级公差，其公差值$T_d=0.013mm$。

2）因为选用基孔制配合，所以，孔的公差带代号选H7，其下极限偏差$EI=0$，上极限偏差$ES=+0.021mm$。

3）由于最小间隙等于孔的下极限偏差减去轴的上极限偏差，即

$X_{min}=EI-es=0-es=+0.040mm$。所以，轴的上极限偏差$es=-0.040mm$，查轴的基本偏差数值表，基本偏差代号为e的轴可以满足要求，轴的公差带代号可以选e6，其上极限偏差$es=-0.040mm$，下极限偏差$ei=-0.053mm$。孔和轴的配合代号为H7/e6。

4）计算得最大间隙$X_{max}=+0.021mm-(-0.053)mm=+0.074mm$，最小间隙$X_{min}=0-(-0.040)mm=+0.040mm$。最大间隙、最小间隙在设计规定的范围内，符合设计要求，所以满足要求的配合代号可选H7/e6。

2.4　尺寸检测与验收

由于被测零件的形状、大小、精度要求和使用场合不同，采用的计量器具也不同。对于大批量生产的车间，为提高检测效率，多采用量规来检验。对于单件或小批量生产，常采用通用计量器具来测量。而在生产现场，通常只进行一次测量来判断工件合格与否。由于测量过程不可避免地存在误差，就会使得测量值在工件的极限尺寸附近时，有可能将本来处在公差带之内的合格品判为废品，这叫误废。也有可能将本来在公差带之外的废品判为合格品，这叫误收。

为了保证产品质量，国家标准对验收原则、验收极限和计量器具的选择等做了规定。适用于公差等级IT6~IT8，公称尺寸≤500mm的光滑工件尺寸的检验，也适用于对一般公差尺寸的检验。

2.4.1　验收极限与安全裕度

国家标准规定的验收原则是：所有验收方法应只接收位于规定的极限尺寸之内的工件，即允许有误废而不允许有误收。为了保证这一个原则的实现，保证零件达到互换性要求，将误差减到最小，规定了验收极限。验收极限是指检验工件尺寸时判断尺寸合格与否的尺寸界限。国家标准规定，验收极限有两种方法来确定。

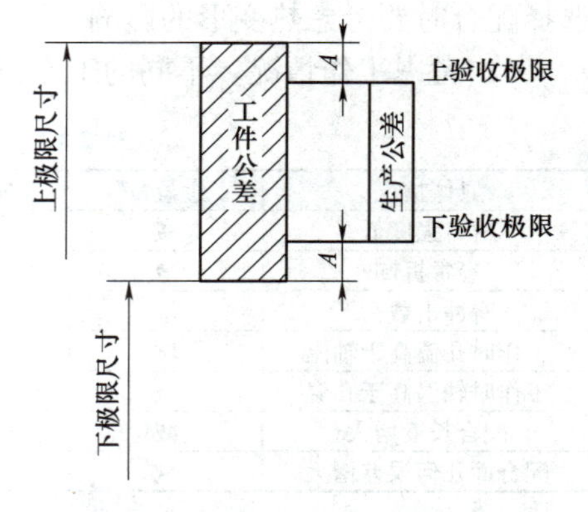

图2-21　验收极限与安全裕度

方法一：验收极限是从图样上规定的上极限尺寸和下极限尺寸分别向工件公差带内移动一个安全裕度A来确定，如图2-21所示。

上验收极限=上极限尺寸$-A$；下验收极限=下极限尺寸$+A$。

安全裕度A由工件公差确定，A的数值取工件公差的1/10。其数值见表2-15。

由于验收极限向工件的公差带之内移动，为了保证验收合格，在生产时工件不能按原有的极限尺寸加工，而应按照验收极限所确定的范围生产，这个范围称“生产公差”。

表 2-15　安全裕度（A）与计量器具的测量不确定度允许值（u_1）　（单位：μm）

公差等级		IT6					IT7					IT8					IT9				
公称尺寸/mm		T	A	u_1			T	A	u_1			T	A	u_1			T	A	u_1		
大于	至			Ⅰ	Ⅱ	Ⅲ			Ⅰ	Ⅱ	Ⅲ			Ⅰ	Ⅱ	Ⅲ			Ⅰ	Ⅱ	Ⅲ
—	3	6	0.6	0.54	0.9	1.4	10	1.0	0.9	1.5	2.3	14	1.4	1.3	2.1	3.2	25	2.5	2.3	3.8	5.6
3	6	8	0.8	0.72	1.2	1.8	12	1.2	1.1	1.8	2.7	18	1.8	1.6	2.7	4.1	30	3.0	2.7	4.5	6.8
6	10	9	0.9	0.81	1.4	2.0	15	1.5	1.4	2.3	3.4	22	2.2	2.0	3.3	5.0	36	3.6	3.3	5.4	8.1
10	18	11	1.1	1.0	1.7	2.5	18	1.8	1.7	2.7	4.1	27	2.7	2.4	4.1	6.1	43	4.3	3.9	6.5	9.7
18	30	13	1.3	1.2	2.0	2.9	21	2.1	1.9	3.2	4.7	33	3.3	3.0	5.0	7.4	52	5.2	4.7	7.8	12
30	50	16	1.6	1.4	2.4	3.6	25	2.5	2.3	3.8	5.6	39	3.9	3.5	5.9	8.8	62	6.2	5.6	9.3	14
50	80	19	1.9	1.7	2.9	4.3	30	3.0	2.7	4.5	6.8	46	4.6	4.1	6.9	10	74	7.4	6.7	11	17
80	120	22	2.2	2.0	3.3	5.0	35	3.5	3.2	5.3	7.9	54	5.4	4.9	8.1	12	87	8.7	7.8	13	20
120	180	25	2.5	2.3	3.8	5.6	40	4.0	3.6	6.0	9.0	63	6.3	5.7	9.5	14	100	10	9.0	15	23
180	250	29	2.9	2.6	4.4	6.5	46	4.6	4.1	6.9	10	72	7.2	6.5	11	16	115	12	10	17	26
250	315	32	3.2	2.9	4.8	7.2	52	5.2	4.7	7.8	12	81	8.1	7.3	12	18	130	13	12	19	29
315	400	36	3.6	3.2	5.4	8.1	57	5.7	5.1	8.4	13	89	8.9	8.0	13	20	140	14	13	21	32
400	500	40	4.0	3.6	6.0	9.0	63	6.3	5.7	9.5	14	97	9.7	8.7	15	22	155	16	14	23	35

方法二：验收极限等于图样上规定的上极限尺寸和下极限尺寸，即安全裕度 A 等于零。如图 2-22 所示，安全裕度 A 等于零，上验收极限等于上极限尺寸，下验收极限等于下极限尺寸。具体用哪一种方法选择验收极限，要结合工件尺寸功能要求及其重要程度、公差等级、测量不确定度和工艺能力等因素综合考虑。

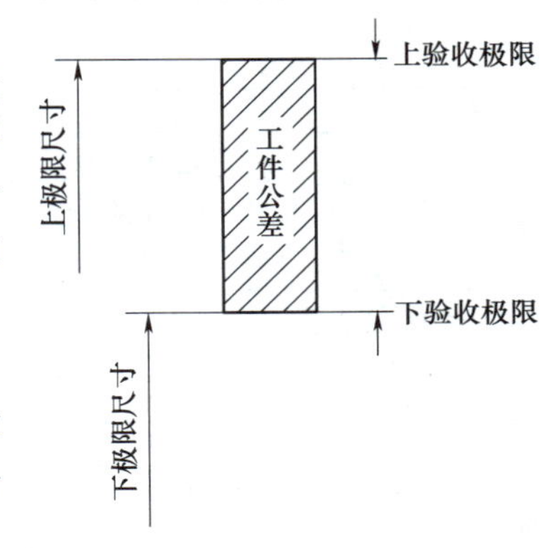

图 2-22　安全裕度为零的验收极限

验收极限确定方法的具体选择原则如下。

1）对符合包容要求的尺寸、公差等级高的尺寸，验收极限按方法一确定。这里的“包容要求”见 3.3 节“公差原则”。

2）工艺能力指数 $C_p \geqslant 1$ 时，其验收极限可以按方法二确定。

工艺能力指数 C_p 是工件公差值 T 与加工设备工艺能力 $c\sigma$ 之比值，即 $C_p = T/c\sigma$。c 为常数，工件尺寸遵循正态分布时，$c=6$；σ 为加工设备的标准偏差。

3）对偏态分布的尺寸，尺寸偏向的一边应按方法一确定验收极限。

4）对非配合和一般的尺寸，其验收极限按方法二确定。

2.4.2　计量器具的选择

计量器具的选择主要取决于计量器具的技术指标和经济指标。为了保证测量的可靠性和量值的统一，国家标准规定，按照计量器具的测量不确定度允许值 u_1 选择计量器具。见表 2-15，u_1 值分为Ⅰ、Ⅱ、Ⅲ档，分别大约为工件公差的 1/10、1/6、1/4。比如尺寸为 ϕ25，公差等级为 IT7，计量器具三个档的 u_1 分别为 1.9μm、3.2μm、4.7μm。对于公差等级IT6~IT11，u_1 值分为Ⅰ、Ⅱ、Ⅲ三档，对于 IT12~IT18 级，u_1 值分为Ⅰ、Ⅱ两档。一般情况下，优先选用Ⅰ档，其次是Ⅱ、Ⅲ档。

表2-16~表2-18给出了在车间条件下常用的千分尺、游标卡尺、比较仪和指示表的不确定度。在选择计量器具时，所选计量器具的不确定度应小于或等于计量器具不确定度的允许值。

表2-16　千分尺和游标卡尺的不确定度　（单位：mm）

<table>
<tr><th colspan="2" rowspan="2">尺寸范围</th><th colspan="4">计量器具类型</th></tr>
<tr><th>分度值0.01外径千分尺</th><th>分度值0.01内径千分尺</th><th>分度值0.02游标卡尺</th><th>分度值0.05游标卡尺</th></tr>
<tr><th>大于</th><th>至</th><th colspan="4">不确定度</th></tr>
<tr><td>0</td><td>50</td><td>0.004</td><td rowspan="3">0.008</td><td rowspan="6">0.020</td><td rowspan="4">0.050</td></tr>
<tr><td>50</td><td>100</td><td>0.005</td></tr>
<tr><td>100</td><td>150</td><td>0.006</td></tr>
<tr><td>150</td><td>200</td><td>0.007</td><td rowspan="3">0.013</td></tr>
<tr><td>200</td><td>250</td><td>0.008</td><td rowspan="9">0.100</td></tr>
<tr><td>250</td><td>300</td><td>0.009</td></tr>
<tr><td>300</td><td>350</td><td>0.010</td><td rowspan="3">0.020</td><td rowspan="7"></td></tr>
<tr><td>350</td><td>400</td><td>0.011</td></tr>
<tr><td>400</td><td>450</td><td>0.012</td></tr>
<tr><td>450</td><td>500</td><td>0.013</td><td>0.025</td></tr>
<tr><td>500</td><td>600</td><td rowspan="3"></td><td rowspan="3">0.030</td></tr>
<tr><td>600</td><td>700</td></tr>
<tr><td>700</td><td>1000</td><td>0.150</td></tr>
</table>

表2-17　比较仪的不确定度　（单位：mm）

<table>
<tr><th colspan="2" rowspan="2">尺寸范围</th><th colspan="4">所使用的计量器具</th></tr>
<tr><th>分度值0.0005mm（相当于放大倍数2000倍）的比较仪</th><th>分度值0.001mm（相当于放大倍数1000倍）的比较仪</th><th>分度值0.002mm（相当于放大倍数500倍）的比较仪</th><th>分度值0.005mm（相当于放大倍数200倍）的比较仪</th></tr>
<tr><th>大于</th><th>至</th><th colspan="4">不确定度</th></tr>
<tr><td>—</td><td>25</td><td>0.0006</td><td rowspan="2">0.0010</td><td>0.0017</td><td rowspan="6">0.0030</td></tr>
<tr><td>25</td><td>40</td><td>0.0007</td><td rowspan="3">0.0018</td></tr>
<tr><td>40</td><td>65</td><td>0.0008</td><td rowspan="2">0.0011</td></tr>
<tr><td>65</td><td>90</td><td>0.0008</td></tr>
<tr><td>90</td><td>115</td><td>0.0009</td><td>0.0012</td><td rowspan="2">0.0019</td></tr>
<tr><td>115</td><td>165</td><td>0.0010</td><td>0.0013</td></tr>
<tr><td>165</td><td>215</td><td>0.0012</td><td>0.0014</td><td>0.0020</td><td rowspan="3">0.0035</td></tr>
<tr><td>215</td><td>265</td><td>0.0014</td><td>0.0016</td><td>0.0021</td></tr>
<tr><td>265</td><td>315</td><td>0.0016</td><td>0.0017</td><td>0.0022</td></tr>
</table>

表2-18　指示表的不确定度　（单位：mm）

<table>
<tr><th colspan="2" rowspan="2">尺寸范围</th><th colspan="4">所使用的计量器具</th></tr>
<tr><th>分度值0.001mm的千分表（0级在全程范围内），分度值为0.002mm的千分表（在1转范围内）</th><th>分度值0.001mm、0.002mm、0.005mm的千分表（1级在全程范围内），分度值为0.01mm的百分表（0级在任意1mm内）</th><th>分度值0.001mm的百分表（0级在全程范围内，1级在任意1mm内）</th><th>分度值0.001mm的百分表（1级在全程范围内）</th></tr>
<tr><th>大于</th><th>至</th><th colspan="4">不确定度</th></tr>
<tr><td>—</td><td>115</td><td>0.005</td><td rowspan="2">0.010</td><td rowspan="2">0.018</td><td rowspan="2">0.030</td></tr>
<tr><td>115</td><td>315</td><td>0.006</td></tr>
</table>

【例 2-5】　被检验零件的尺寸为 $\phi25f7$，试确定验收极限，并选择适当的计量器具。

解：

被检验工件为 IT7 级，属于公差等级高的尺寸，应该按方法一确定验收极限。

通过查表，其上极限偏差 $es=-0.02$mm，下极限偏差为 $ei=-0.041$mm，那么，上极限尺寸为 $\phi24.980$mm，下极限尺寸为 $\phi24.959$mm。

查尺寸公差与安全裕度数值表，$\phi25$、IT7 的公差为 0.021mm，安全裕度 $A=0.0021$mm。验收极限为

$$\text{上验收极限} = \phi24.980 - 0.0021\text{mm} = 24.978\text{mm}$$

$$\text{下验收极限} = \phi24.959 + 0.0021\text{mm} = 24.961\text{mm}$$

查计量器具不确定度表，按优先选用 I 档的原则得计量器具的不确定度允许值 $u_1=0.0019$mm；查比较仪的不确定度表，得分度值为 0.002mm 的比较仪不确定度为 0.0017，它小于 0.0019，所以，分度值为 0.002mm 的比较仪能满足测量要求。

2.5　尺寸测量

2.5.1　尺寸测量器具及其使用

由于被测件的形状、大小、精度要求和使用场合不同，采用的计量器具和测量方法也不同。对于批量生产的被测件，为提高检测效率，多采用量规来检验；对于单件或小批量生产，则采用通用计量器具来测量，如游标卡尺、千分尺、光学计、测长仪等。

1. 游标卡尺

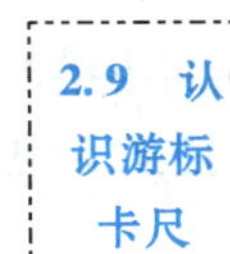

2.9　认识游标卡尺

（1）游标卡尺的结构　游标卡尺是车间常用的计量器具之一，是一种测量精度较高、使用方便、应用广泛的量具，可直接测量零件的外径、内径、长度、宽度、深度尺寸等，其测量范围由 125mm、150mm、200mm 直至 2000mm，其结构如图 2-23 所示。

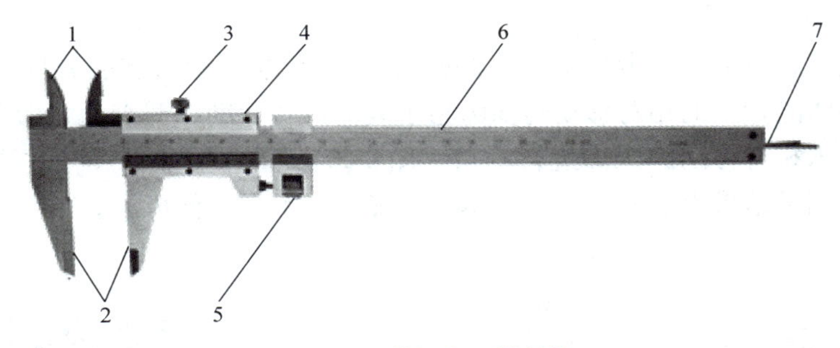

图 2-23　游标卡尺的结构

1—内测量爪　2—外测量爪　3—螺钉　4—游标尺　5—微动装置　6—主标尺　7—深度尺

（2）游标卡尺的测量原理　游标卡尺的读数部分由主标尺与游标尺两部分组成。其原理是利用主标尺的标尺间距和游标尺的标尺间距之差来进行小数读数。通常，主标尺的标尺间距 a 为 1mm，主标尺上（$n-1$）格的长度等于游标尺上 n 格的长度，相应游标尺的标尺间距 $b=\dfrac{(n-1)a}{n}$，主标尺的标尺间距 a 与游标尺标尺间距 b 之差即为游标卡尺的分度值。游标卡尺的分度值有 0.1mm、0.05mm 和 0.02mm 三种，如图 2-24 所示。

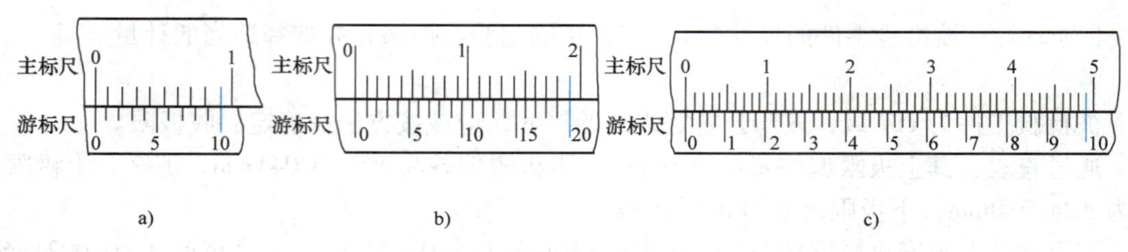

图 2-24　游标卡尺的读数原理

（3）游标卡尺的读数方法　用游标卡尺测量零件尺寸时，首先要知道游标卡尺的分度值和测量范围。游标尺上的零线是读数的基准，读数时要同时看清主标尺和游标尺的标尺标记，结合读取。其读数方法和步骤如下。

1）读整数。读出游标尺零线左边最近的主标尺标记的数值，该数值就是被测尺寸的整数值。

2）读小数。找出游标尺上第几根标记与主标尺上的标记对齐，将该游标尺标记的序号乘以游标卡尺的分度值即可得到小数部分的数值。

3）求和。将上面整数部分和小数部分的数值相加即可得到被测尺寸的测量结果。

图 2-25 所示为游标卡尺读数示例。图 2-25a 中，被测尺寸为 20mm + 1 × 0. 02mm = 20. 02mm。图 2-25b 中，被测尺寸为 23mm+45×0. 02mm = 23. 90mm。

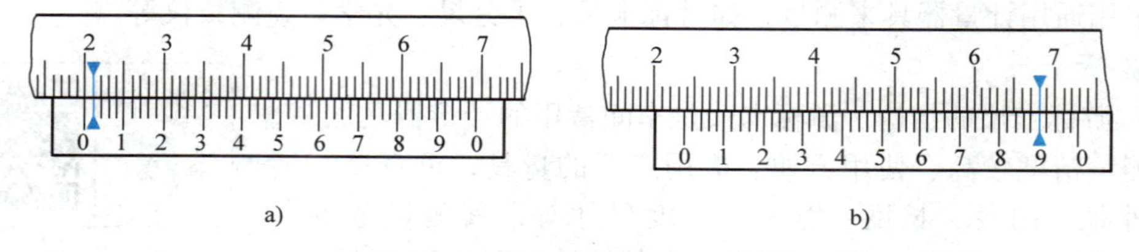

图 2-25　游标卡尺读数示例

为了方便读数，有的游标卡尺上装有测微表，图 2-26 所示为带表游标卡尺，它是通过机械传动装置将两测量爪的相对移动转变为指示表的回转运动，并借助主标尺读数和指示表读数来对两测量爪相对移动的距离进行测量。图 2-27 所示为数显卡尺，它具有非接触性电容式测量系统，测量结果由液晶显示器显示。数显卡尺测量方便可靠。

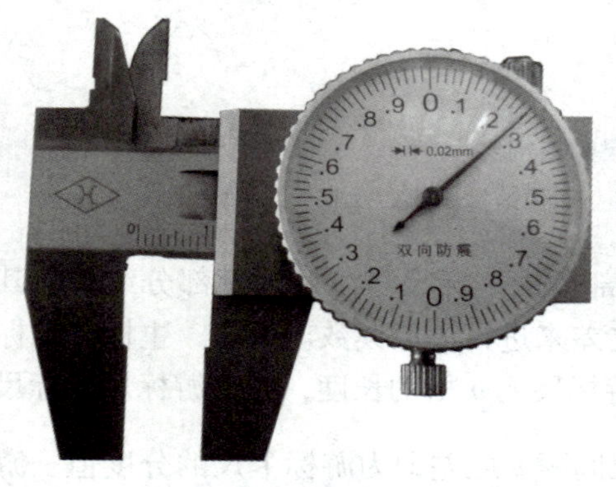

图 2-26　带表游标卡尺

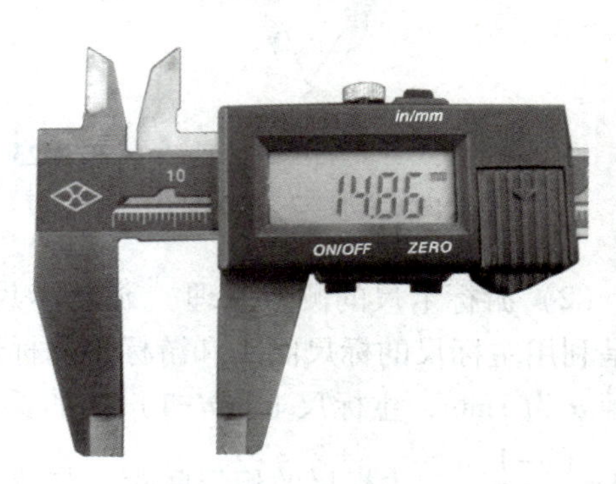

图 2-27　数显卡尺

（4）游标卡尺的测量步骤

1）根据被测件的尺寸选择游标卡尺的规格。

2）对零位。测量之前必须先校对游标卡尺的零位。用手轻轻推动尺框，让两个外测量爪的测量面紧密接触，观察游标尺零线与主标尺零线是否对齐，如果对齐，说明零位正确。

3）测量尺寸。测量轴的外径时，先将两个外测量爪之间的距离调整到大于被测轴的外径，然后轻轻推动尺框，使两个外测量爪的测量面与被测面接触，加少许推力，同时轻轻摆动卡尺，找到最小尺寸，锁紧制动螺钉，然后读数，读数结束后，松开制动螺钉，轻轻拉开尺框，使测量爪与被测面分开，然后移开卡尺。在测量轴径时，由于存在形状误差，所以应在被测轴轴向的不同截面及径向截面的不同方向上进行多次测量，取其平均值作为测量结果。测量长度、宽度、高度、深度及内孔直径的方法与测量外径的方法基本相同。

4）填写检测报告，按被测件的验收极限判断尺寸是否合格。

（5）测量注意事项

1）测量前应用软布将卡尺擦干净，卡尺的测量爪合拢，应密不透光。如漏光严重，则需进行修理。测量爪合拢后，游标尺零线应与主标尺零线对齐，如不对齐，就存在零位偏差，一般不能使用。有零位偏差时如要使用，应加修正值。游标尺在主标尺上滑动要灵活自如，不能过松或过紧，不能晃动，以免产生测量误差。

2）测量时，要先看清楚尺框上的分度值标记，以免读错小数部分，产生粗大误差。应使测量爪轻轻接触零件的被测表面，保持合适的测量力，测量爪位置要摆正，不能歪斜，如图 2-28 所示。

3）在游标尺上读数时，视线应与主标尺表面垂直，避免产生视觉误差。

游标卡尺的一些错误放置方式如图 2-28 所示。

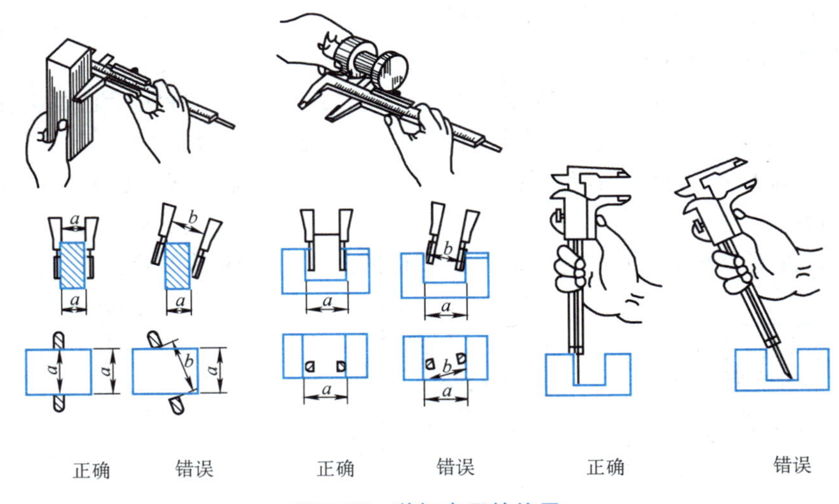

图 2-28　游标卡尺的使用

2. 外径千分尺

外径千分尺也是车间常用的计量器具之一，千分尺类量具是利用螺旋副的运动原理来进行测量和读数的一种装置，它比游标类量具测量精度更高，且使用方便，主要用于测量中等精度的零件。

2.10　认识外径千分尺

(1) 外径千分尺的结构　外径千分尺的结构如图2-29所示。其尺架上装有测砧1和测微螺杆锁紧装置6，固定套管3与尺架7结合在一体，测微螺杆2与微分筒4和测力装置（棘轮5）结合在一起。当旋转测力装置时，就带动微分筒4和测微螺杆2一起旋转，并利用螺旋副沿轴向移动，使测砧1和测微螺杆2与两个测量面之间的距离发生变化。千分尺测微螺杆的最大移动量一般为25mm，也有少数大型千分尺为100mm。

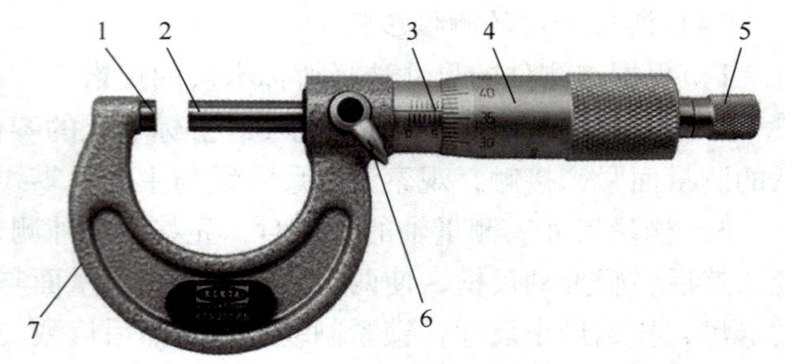

图2-29　外径千分尺的结构

1—测砧　2—测微螺杆　3—固定套管　4—微分筒　5—棘轮
6—测微螺杆锁紧装置　7—尺架

(2) 外径千分尺的读数原理　在外径千分尺的固定套管上刻有轴向中线，作为微分筒读数的基准线。在固定套管基准线的上下两侧有两排标记，相邻标记的间距为1mm，上下两排相互错开0.5mm。如图2-29所示，千分尺测微螺杆上的螺纹螺距为0.5mm，微分筒上有50等分的标记，微分筒转一周时，测微螺杆沿轴向移动0.5mm，因此，当微分筒每转1个标记刻度时，测微螺杆就移动0.5mm÷50=0.01mm，因而0.01mm就是外径千分尺的分度值。

(3) 外径千分尺的读数方法　外径千分尺的读数是由固定套管读数和微分筒读数两部分组成，如前所述，固定套管上的轴向中线是微分筒读数的基准线，而微分筒锥面的左边缘是固定套管读数的指示线。外径千分尺的读数方法和步骤如下。

1）读整数。先找到固定套管上距微分筒左边缘最近的标记，从固定套管基准线下侧（或上侧）的标记读出整数。

2）读小数。从微分筒上找到与固定套管基准线对齐的标记，将此标记读数乘以0.01mm就是被测量的小数部分。如果微分筒上没有标记与固定套管基准线对齐，就要在微分筒两个标记之间估读一位小数。如果固定套管上的0.5mm标记已经露出来，还要加上0.5mm才能得到所求的小数。

3）求和。将上面两个读数相加，就是被测件的测量值，如图2-30所示。

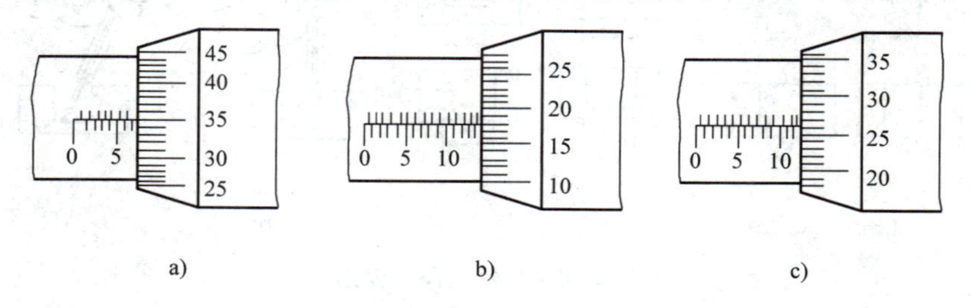

图2-30　千分尺读数示例

a）7.350mm　b）14.680mm　c）12.765mm

(4) 外径千分尺的测量步骤

1）根据被测件的尺寸选择千分尺规格。

2）对零位。测量之前必须先校对外径千分尺的零位，左手握住千分尺的尺架，右手旋

转微分筒，当两测量面快要接触时，改为旋转棘轮，在发出“咔咔”的响声后，如果微分筒上的零线与固定套管基准线重合，而且微分筒锥面的左边缘与固定套管的零线右边边缘恰好重合，则说明零位正确。

3）测量。按照图 2-31 所示的手握法测量零件，并读取测量值。在测量轴径时，由于有形状误差存在，应在被测轴轴向的不同截面及径向截面的不同方向上进行多次测量，并记录测量数据。

4）填写检测报告，按被测件的验收极限判断尺寸是否合格。

（5）测量注意事项

1）测量前，转动千分尺的棘轮，使两测量面靠拢，并检查是否密合；同时看微分筒左侧与固定套管的零线是否对齐，如有偏差应调整固定套管对准零线。

2）测量时，千分尺测微螺杆的轴线应与零件被测表面垂直。先用手转动千分尺的微分筒，待测微螺杆的测量面接近零件的被测表面时，再转动测力装置上的棘轮，使测微螺杆的测量面接触零件表面，听到 2~3 声“咔咔”声后停止转动，此时已得到合适的测量力，可读取数值。不允许用手猛力转动微分筒，以免测量力过大而影响测量精度，严重时还会损坏螺旋副，如图 2-32 所示。

3）读数时，最好不取下千分尺，如需取下读数，应先锁紧测微螺杆，然后轻轻取下，防止尺寸变动。读数要细心，看清标记，分清整数部分和 0. 5mm 的标记。

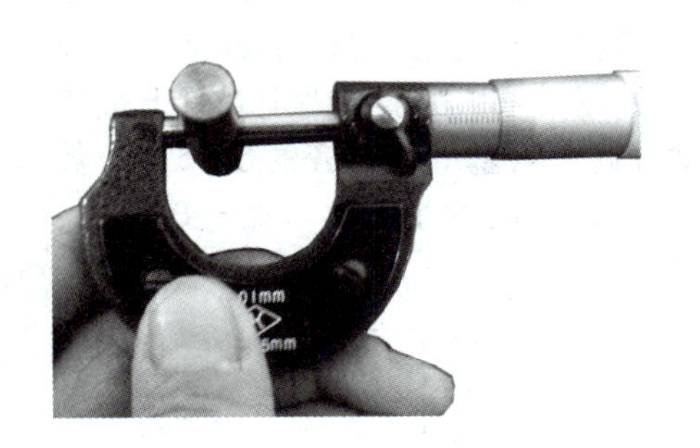

图 2-31　手握法测量零件

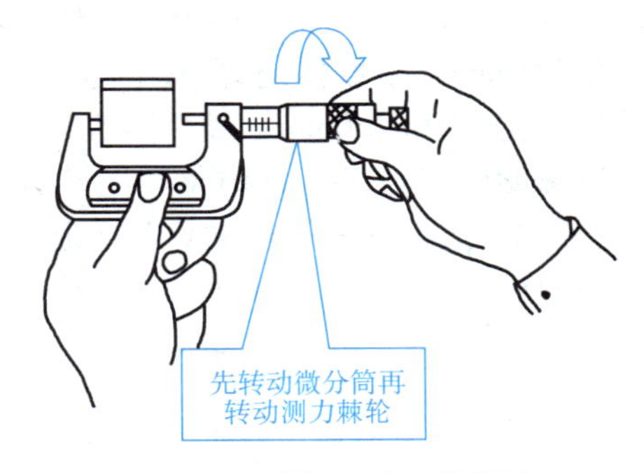

图 2-32　外径千分尺的使用

3. 内测千分尺

内测千分尺是车间常用的测量内孔直径的一种计量器具，它与外径千分尺有很多相似之处，但在结构和读数等方面也有区别。

（1）内测千分尺的结构　内测千分尺适用于测量内尺寸，图 2-33 所示为测量范围 5~30mm 的内测千分尺，图 2-34 所示为测量范围 25~50mm 的内测千分尺。

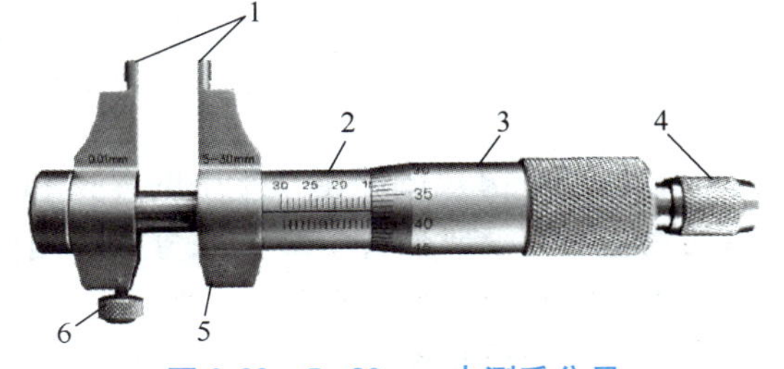

图 2-33　5~30mm 内测千分尺

1—测量爪　2—固定套管　3—微分筒　4—棘轮　5—尺架　6—锁紧装置

（2）内测千分尺的读数原理　内测千分尺的读数原理与外径千分尺基本相同，内测千分尺的固定套管上也有轴向中线，作为微分筒读数的基准线。在基准线的上下两侧有两排标记，每排标记的间距为 1mm，上下两排标记相互错开0.5mm。微分筒上均匀分布着50个标记分度，每个代表0.01mm。与外径千分尺不一样的是其固定套管上从左向右数值越来越小，另外在微分筒上，从下向上数值也是越来越小，如图2-35所示，所以读数时要细心，不能读错数字。

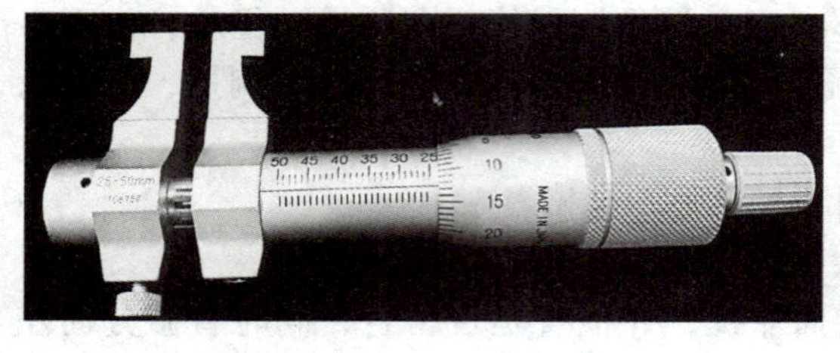

图2-34　25~50mm内测千分尺

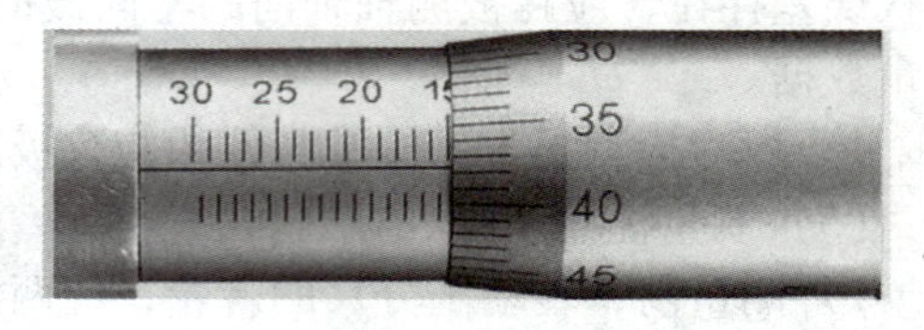

图2-35　内测千分尺的标记

（3）内测千分尺的读数　内测千分尺与外径千分尺的分度值一样，都是0.01mm，整数在固定套管上读，小数在微分筒上读，然后把整数和小数相加。内测千分尺的读数方向与外径千分尺相反，读整数时沿固定套管从左向右数值越来越小，找到最靠近微分筒左边缘的那个标记，整数比这个标记的读数要小1mm。读小数时，从微分筒上找到与固定套管基准线对齐的标记，将此标记的读数乘以0.01mm即可。读小数时还要观察固定套管上整数右下边的0.5标记是否露出来，如果没有露出来，小数要再加上0.5mm。如图2-36a所示，固定套管上最靠近微分筒左边缘的标记是29，此时整数应该是28mm；微分筒上与基准线对齐的是25，小数为0.250mm；整数标记29右下边的0.5标记还能看到，所以此时的小数是不需要加0.5mm的，仍然是0.250mm，最后读数为28.250mm。如图2-36b所示，固定套管上最靠近微分筒左边缘的标记是33，此时整数应该是32mm；微分筒上与基准线对齐的是35，小数为0.350mm；整数标记33右下边的0.5标记没有露出来，所以此时的小数要再加上0.5mm，应该是0.5mm+0.350mm=0.850mm，最后读数为32.850mm。

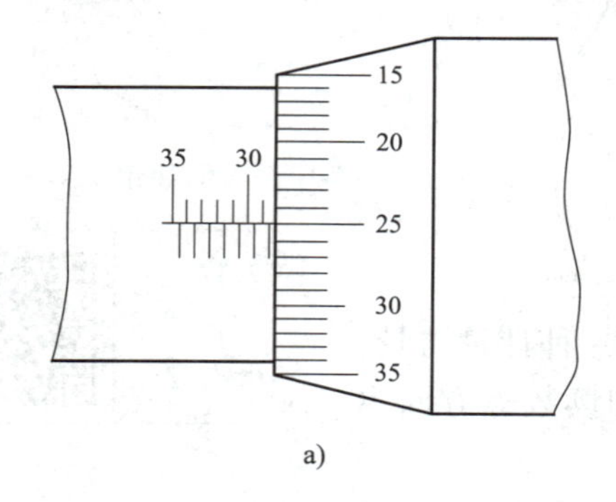

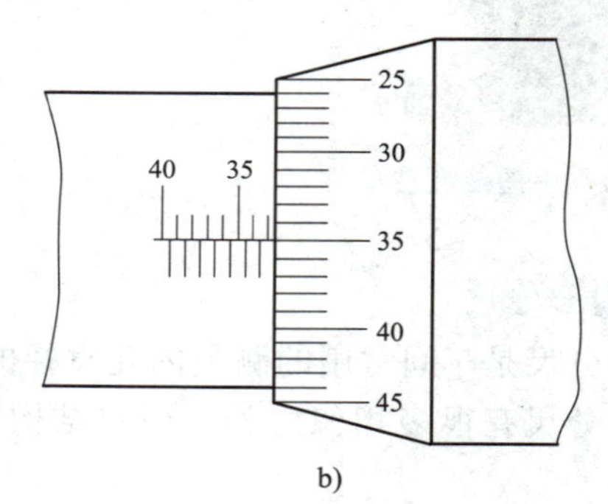

图2-36　内测千分尺读数

a）28.250mm　b）32.850mm

（4）内测千分尺的使用　左手的食指和拇指捏住固定测量爪的根部，无名指和小指托住活动测量爪的根部，右手旋转微分筒，当两个测量爪的测量面与被测工件孔壁快要接触时，采用旋转测力装置进行测量，听到2~3声“咔咔”声响，即可读数。

测量前先按被测零件内尺寸的大小选择内测千分尺的测量范围，再用校对环规校对零位。测量时先将两个测量爪测量面之间的距离调整到比被测零件的公称尺寸略小，然后再将两个测量爪伸入被测零件孔内，应尽量使测量爪的整个母线工作。

其他类型的千分尺如图2-37所示。

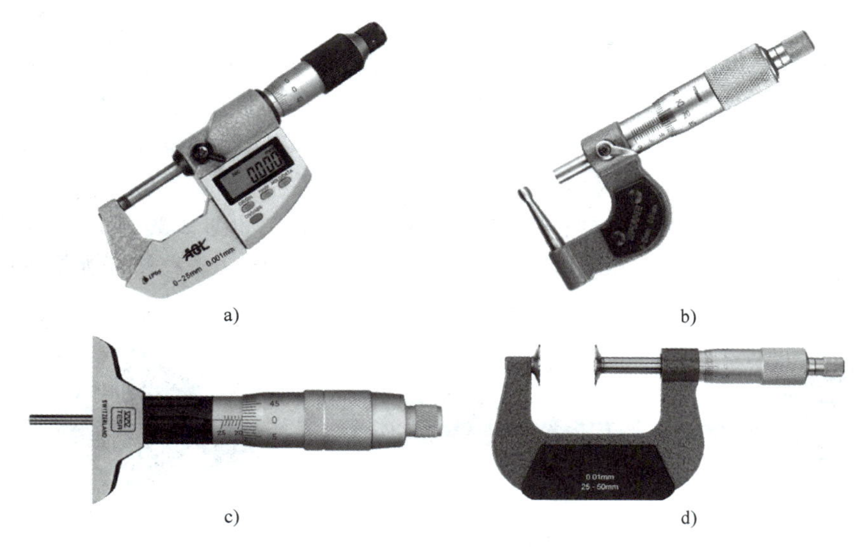

图2-37　其他类型的千分尺

a）数显千分尺　b）壁厚千分尺　c）深度千分尺　d）公法线千分尺

4. 内径百分表

内径百分表可测量6~1000mm范围内的内尺寸，特别适合测量深孔。

（1）百分表结构及其测量原理　百分表的结构如图2-38所示。它由表体部分、传动部分和读数装置等组成。测量时被测零件尺寸的变化引起测头的微小位移，使具有齿条的测杆2上下移动，经齿轮3、4传给中间齿轮10及与中间齿轮10同轴的指针7，由指针在表盘上指示出相应的示值。

百分表的测杆移动1mm，指针7转动一圈，表盘沿圆周有100条等分刻度，因此当测杆上下移动0.01mm时，指针7转一格，即百分表的分度值为0.01mm。这样通过齿轮传动系统，将测杆的微小位移经放大转变为指针的偏转。

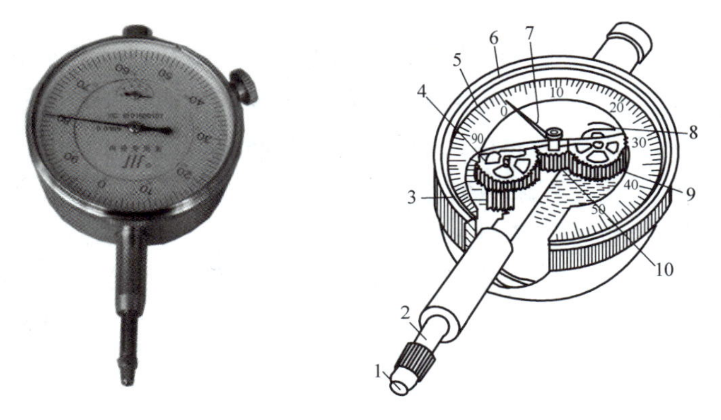

图2-38　百分表的结构

1—测头　2—测杆　3—小齿轮　4、9—大齿轮　5—表盘　6—表圈　7—指针　8—转数指针　10—中间齿轮

百分表的示值范围有0~3mm、0~5mm、0~10mm等，精度等级分为0级、1级和2级，0级精度最高，2级精度最低。

（2）内径百分表的结构　内径百分表是用相对测量法测量孔径的常用量仪。测量时先根据孔的公称尺寸 L 组合成量块组，并将量块组装在量块附件中（或用精密标准环规）组成内尺寸 L，用该标准尺寸 L 来调整内径百分表的零位，然后用内径百分表测出被测孔径相对零位的偏差 ΔL，则被测孔径为 $D=L+\Delta L$。

内径百分表由百分表和装有杠杆系统的测量装置组成，如图2-39所示。百分表是其主要部件，它是借助齿轮齿条传动或杠杆齿轮传动机构将测杆的线位移转变为指针回转运动的指示量仪。

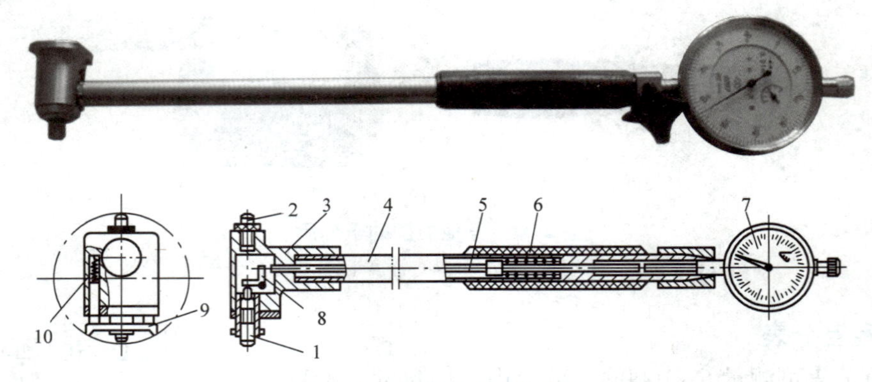

图2-39　内径百分表的结构

1—活动测头　2—可换测头　3—表架头　4—表架套杆　5—传动杆　6—测力弹簧　7—百分表头　8—杠杆　9—定位装置　10—定位弹簧

（3）内径百分表测量原理　表架壳体上一端安装可换测头2，它可以根据被测孔的尺寸大小进行更换，另一端安装活动测头1，百分表头7的测杆与传动杆5始终接触，测力弹簧6是控制测量力的，并经传动杆5、杠杆8向外顶着活动测头1。测量时，活动测头1的移动使杠杆8回转，通过传动杆5推动百分表的测杆，使百分表指针偏转。由于杠杆8是等臂的，当活动测头移动1mm时，传动杆也移动1mm，推动百分表指针回转一圈，所以活动测头的移动量可在百分表上读出来。

定位装置9起到找正直径位置的作用，因为可换测头2和活动测头1的轴线为定位装置的中垂线，所以定位装置9保证了可换测头和活动测头的轴线位于被测孔的直径位置上。

内径百分表的活动测头允许的移动量很小，它的测量范围是由更换测头或调整可换测头的长度来达到的。

测头在孔的纵断面上也可能倾斜，如图2-40虚线所示，所以在测量时应将测量杆左右摆动，以百分表指针所指的最小值作为实际测得尺寸。

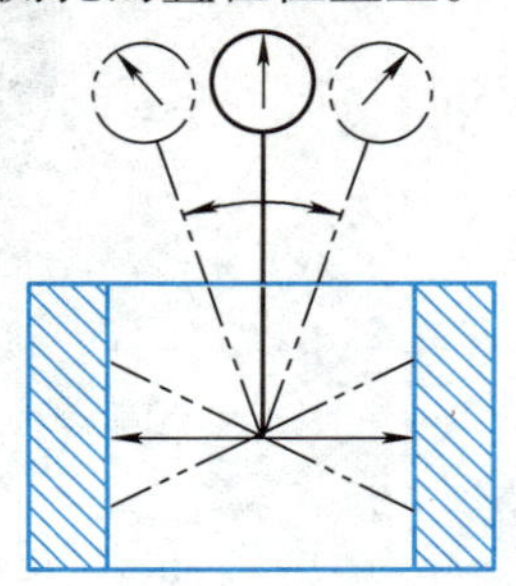

图2-40　用内径百分表测取读数

（4）内径百分表测量孔径的步骤

1）预调整。

① 安装百分表。将百分表装入测量杆内，预压缩1mm左右（百分表的转数指针指在1的附近）后锁紧。

② 安装测头。根据被测零件的公称尺寸选择适当的可换测头装入测量杆的头部，锁紧螺母。此时应特别注意可换测头与活动测头之间的长度须大于被测尺寸 0.8～1mm，以便测量时活动测头能在公称尺寸的正、负范围内自由运动。

2）对零位。按被测零件的公称尺寸组合量块，并装夹在量块的附件中（或用精密标准环规，或按公称尺寸调整好装在外径千分尺的两个测砧上），如图 2-41 所示，将内径百分表的两测头放在量块附件的两个量脚之间，摆动测量杆使百分表读数最小，此时可转动百分表的滚花环，将刻度盘的零刻线转到与百分表的指针对齐。如此反复几次，检验零位的正确性，记住百分表转数指针的读数，即调好零位。然后用手轻压定位板，使活动测头内缩，当固定测头脱离接触时，再将内径百分表缓慢地从量块夹（或千分尺测砧）内取出。这样的零位校对方法能保证校对零位的准确度及内径百分表的测量精度，但其操作比较复杂，且对量块的使用环境要求较高。

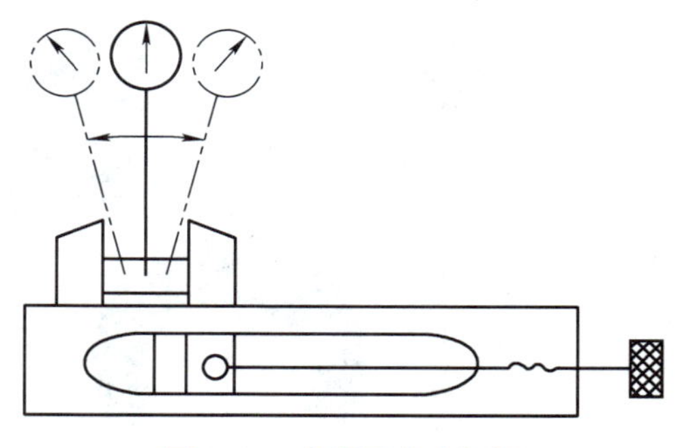
图 2-41　内径百分表调零

3）测量。

① 手握内径百分表的隔热手柄，先将内径百分表的活动测头和定位装置轻轻压入被测孔径中，然后再将固定测头放入。当测头达到指定的测量部位时，将表微微在轴向截面内摆动，如图 2-40 所示，找到指示表最小读数，再由百分表读数换算孔的尺寸。

测量时要特别注意读数的正、负符号，表针按顺时针方向未达到零点的读数是正值，表针按顺时针方向超过零点的读数是负值。

② 如图 2-42 所示，在孔轴向的不同截面及径向截面的不同方向上进行多次测量，并记录测量数据。

4）填写检测报告，按孔的验收极限判断其尺寸合格与否。

（5）注意事项

1）测量前应检查百分表的表盘玻璃是否破裂或脱落，测头、测杆等是否有碰伤或锈蚀，指针有无松动现象，指针的转动是否平稳等。

2）考虑被测件有形状误差存在，测量时应在被测孔轴向截面的不同位置和径向截面的不同方向上进行测量，如图 2-42 所示。在测量孔径时，测杆的中心线要通过被测圆柱孔的轴线。

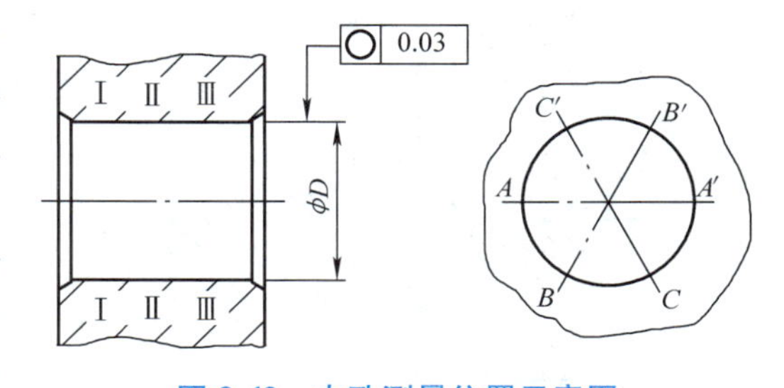

图 2-42　内孔测量位置示意图

3）测量完成后要对内径百分表的零点进行复查，如果误差大，要重新调零和测量。

2.13　认识量规、量块

5. 量规与量块

（1）量规　量规是没有刻度的专用计量器具，是一种检验工具。量规检测零件不能获得被测量的具体数值，只能判断工件是否合格。量规可以同时把尺寸误差和几何误差控制在尺寸公差范围内，在批量生产中，用量规检测十分方便、快捷、准确。

检测孔和轴是否合格的量规叫作光滑极限量规，如图 2-43a 所示。检测螺纹是否合格的量规叫作螺纹量规，如图 2-43b 所示。

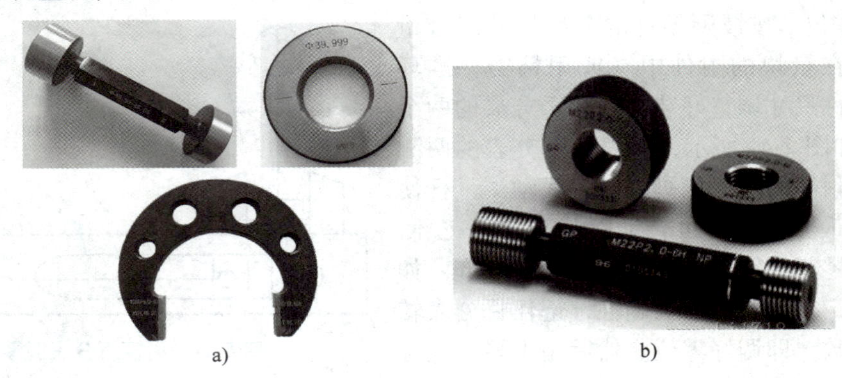

a)　　b)

图 2-43　量规

a）光滑极限量规　b）螺纹量规

检测孔是否合格的量规叫作塞规。塞规又有通规和止规之分，通规按照被测孔的下极限尺寸 D_{min} 制造，止规按照被测孔的上极限尺寸 D_{max} 制造；通规通过被测孔，止规不能通过被测孔，说明被测孔的实际尺寸大于下极限尺寸，小于上极限尺寸，在规定的极限尺寸范围内，被测孔合格，如图 2-44 所示。

检测轴是否合格的量规叫作卡规或环规。卡规也有通规和止规之分，通规按照被测轴的上极限尺寸 d_{max} 制造，止规按照被测轴的下极限尺寸 d_{min} 制造；通规通过被测轴，止规不能通过被测轴，说明被测轴的实际尺寸大于下极限尺寸，小于上极限尺寸，在规定的极限尺寸范围内，被测轴合格，如图 2-45 所示。量规的设计在这里不做具体介绍。

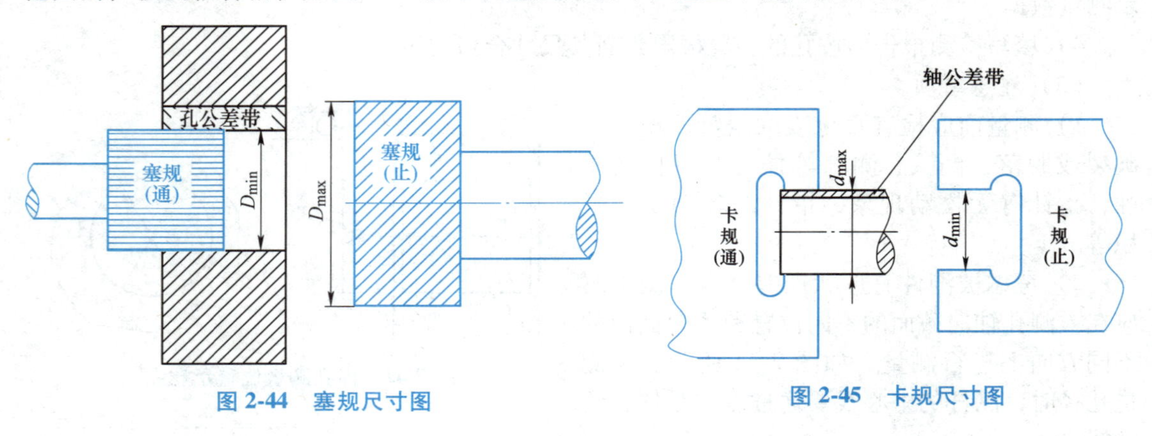

图 2-44　塞规尺寸图

图 2-45　卡规尺寸图

（2）量块　量块是没有刻度、截面为矩形的端面量具，也称为块规。量块用特殊合金钢制成，具有线性膨胀系数小、不易变形、硬度高、耐磨性好、工作面粗糙度小以及研合性好等特点。

1）量块的长度。

量块具有经过精密加工很平很光的两个平行平面，这两个平面叫作测量面。如图 2-46 所示，量块上两个测量面间具有精确的尺寸，另外还有四个非测量面。从量块一个测量面上

的任意一点（距边缘 0.8mm 区域除外）到与其相对的另一个测量面相研合的辅助体表面之间的垂直距离称为量块长度 l，从量块一个测量面上的中心点到与此量块另一个测量面相研合的面的垂直距离称为量块中心长度 l_c。量块上标出的尺寸称为量块的标称尺寸 l_n。量块的标称尺寸大于或等于 10mm 时，其测量面的尺寸为 35mm×9mm；标称尺寸在 10mm 以下时，其测量面的尺寸为 30mm×9mm。当标称尺寸小于或等于 6mm 时，长度数字刻在测量面上，标称尺寸大于 6mm 的量块，长度数字刻在侧面上。

量块的测量面是经过超精研制造的，平面度和表面粗糙度都很好，具有可研合的特性。将两量块的测量面擦洗干净后手压研合，两量块会粘到一起。利用这个特性，可将多个量块叠合组成量块组。成套量块的尺寸见表 2-19。

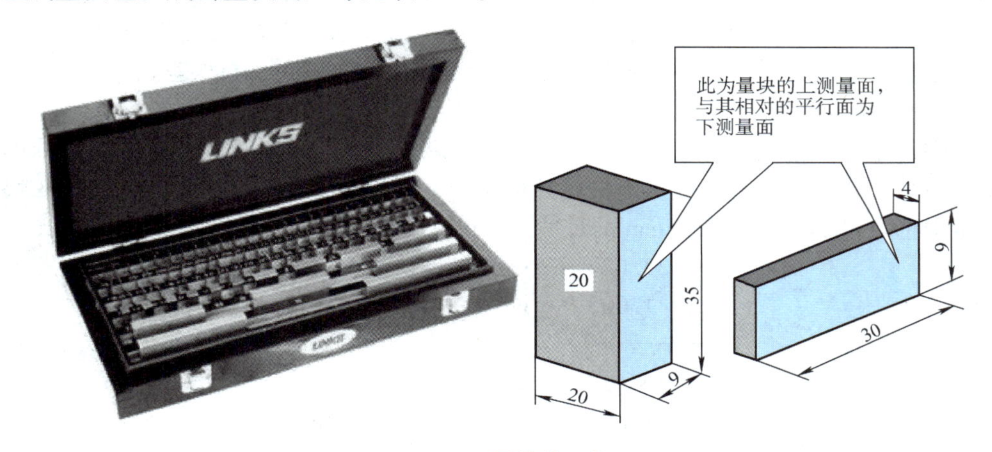

图 2-46　量块的形状

表 2-19　成套量块尺寸表（摘自 GB/T 6093—2001）

套别	总块数	级别	尺寸系列/mm	间隔/mm	块数
1	91	0，1	0.5	—	1
			1	—	1
			1.001，1.002，…，1.009	0.001	9
			1.01，1.02，…，1.49	0.01	49
			1.5，1.6，…，1.9	0.1	5
			2.0，2.5，…，9.5	0.5	16
			10，20，…，100	10	10
2	83	0，1，2	0.5	—	1
			1	—	1
			1.005	—	1
			1.01，1.02，…，1.49	0.01	49
			1.5，1.6，…，1.9	0.1	5
			2.0，2.5，…，9.5	0.5	16
			10，20，…，100	10	10
3	46	0，1，2	1	—	1
			1.001，1.002，…，1.009	0.001	9
			1.01，1.02，…，1.09	0.01	9
			1.1，1.2，…，1.9	0.1	9
			2，3，…，9	1	8
			10，20，…，100	10	10

2）量块的精度。

根据不同的使用要求，量块做成不同的精度等级。划分量块精度有两种规定：按“级”划分和按“等”划分。国家标准 GB/T 6093—2001《几何量技术规范（GPS）长度标准 量块》中，对量块的制造精度规定了五级：K、0、1、2、3 级，精度依次降低。量块分级的主要依据是量块长度极限偏差和量块长度变动量的允许值。量块按级使用时，是以量块的标称尺寸为工作尺寸的，该尺寸包含了量块的制造误差，它们将被引入测量结果中，但不需要加修正值，故使用较为方便。

国家计量局标准 JJG146—2011《量块检定规程》对量块的检定精度规定了五等：1 等、2 等、3 等、4 等、5 等，精度依次降低。量块分等的主要依据是量块测量的不确定度和量块长度变动量的允许值。量块按等使用时不再以标称尺寸作为工作尺寸，而是用量块经检定后所给出的实测中心长度作为工作尺寸，排除了量块的制造误差，仅包含检定时较小的测量误差。

3）量块的组合。

工作中常用几个量块组合成所需的尺寸，为了减少量块组的长度累积误差，选取的量块数要少，一般不超过 4 个，可以从消去尺寸的最末位数开始，逐一选取。例如从 83 块一套的量块组中选取量块组成 33.625mm 的尺寸。

```
  33.625……………量块组合尺寸
−  1.005……………第一块量块尺寸
────────
  32.62
−  1.02 ……………第二块量块尺寸
────────
  31.6
−  1.6………………第三块量块尺寸
────────
  30…………………第四块量块尺寸
```

即 33.625mm＝(1.005+1.02+1.6+30)mm

4）量块的正确使用。

① 观察每一个量块，找到测量面，用酒精擦洗干净。

② 将两个量块的测量面相互接触，摆成“+”字形，稍加压力，轻轻转正，沿长边方向推进，即可研合，如图 2-47 所示。

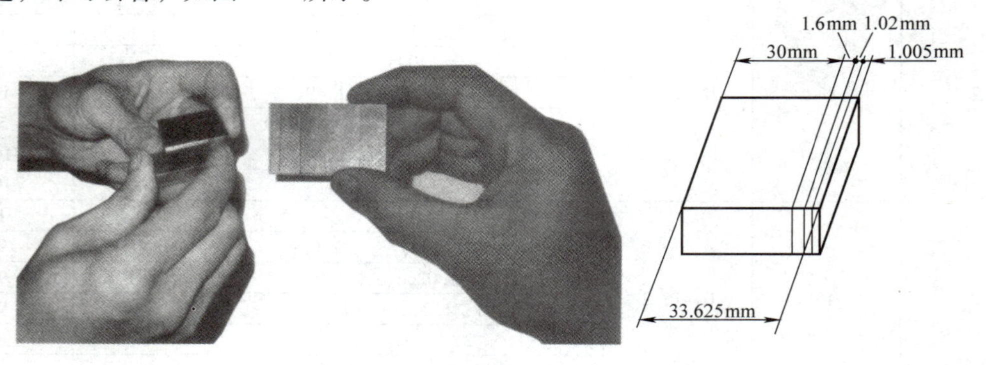

图 2-47 量块研合

5）注意事项。

手指勿接触研合面，以免汗渍手印影响研合性；推合时用力要适当，避免引起小尺寸量块变形；应防止量块碰撞或掉落；量块用后要用航空汽油或无水酒精清洗干净，并涂上防锈油。

6. 投影立式光学计

用投影立式光学计测量尺寸，是用相对法进行测量，即先根据被测件的公称尺寸 L 组合量块组作为标准量，调整仪器的零位，再在仪器上测量出被测件与公称尺寸的偏差 ΔL，即可得出被测尺寸 $d=L+\Delta L$。

（1）投影立式光学计的结构

投影立式光学计又称为立式光学比较仪，它是一种精度较高、结构较简单的常用光学测量仪器。除具有一般立式光学计的优点外，它还具有操作简单、读数方便的优点，是一种工作效率较高的测量仪器。它利用标准量块与被测零件相比较的方法来测量零件外形的微差尺寸，是工厂计量室、车间鉴定站或制造量具、工具与精密零件的车间常用的精密仪器之一。它可以检定五等量块及高精度的圆柱形塞规，对于圆柱形、球形等零件的直径或样板零件的厚度以及外螺纹的大径、中径均能做比较测量。若将投影立式光学计从仪器上取下，适当地安装在精密机床或其他设备上，可直接控制零件的加工尺寸。

图 2-48 所示为 JD3 型投影立式光学计，它的基本度量指标有：分度值为 0.001mm；示值范围为±0.1mm；测量范围为 0~180mm。它主要由光学计管、投影灯、工作台等几部分组成。

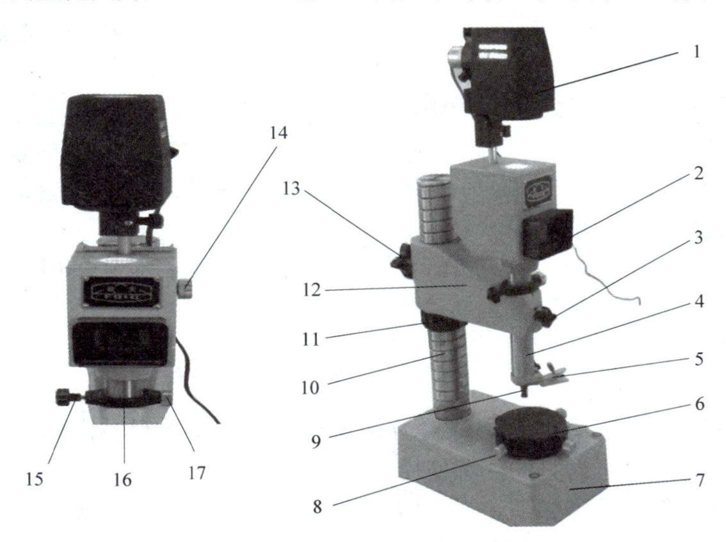

图 2-48　JD3 型投影立式光学计的结构

1—投影灯　2—投影屏　3—测量管定位螺钉　4—测量管　5—测帽提升器　6—工作台　7—底座
8—工作台调整螺钉　9—测帽　10—立柱　11—横臂升降螺母　12—横臂　13—横臂锁紧螺钉
14—零位微调螺钉　15—微动托圈固定螺钉　16—微动托圈　17—微动偏心手轮

投影光学计管是立式光学计的最主要部分，它由壳体及测量管两部分组成。壳体内装有隔热玻璃分划板、反射棱镜、投影物镜、直角棱镜、反光镜、投影屏及放大镜等光学零件。在壳体的右侧装有零位微调螺钉，转动它可使分划板得到一个微小的移动，从而使投影屏上

的刻线迅速对准零位。

（2）投影立式光学计的测量步骤

1）打开电源，调整投影灯，使投影屏上获得均匀照明。

2）选择并安装测帽。为减小测量误差，测帽与被测工件的接触面要接近于点或线，因此，测量轴的外径时，选择刃形测帽，测帽选好后，将其装在测量管下端的测杆上，并用螺钉紧固。

3）调整零位。按被测零件的公称尺寸组合量块组，并放在工作台上，松开横臂锁紧螺钉，旋转横臂升降螺母进行粗调，当测帽与量块中心快要接触时，缓慢旋转螺母，观察投影屏，等到投影屏上出现刻线像时（一般在刻线尺寸+60μm附近），将横臂锁紧螺钉拧紧。然后转动微动偏心手轮和零位微调螺钉进行微调，使刻线零位与指示线重合后锁紧。应多次拨动测帽提升器，使刻线零位与指示线多次严格重合。

4）测量。取下量块，将被测零件擦洗干净后放在工作台上，提起测帽提升器，将被测轴放在测帽与工作台之间，在测帽下面，前后移动被测轴，记下投影屏上读数的最大值。

如果测量轴径，在图2-49所示轴的三个横截面上，对相隔60°径向位置的三个方向测取若干个实际数值，并由此换算出轴的尺寸。

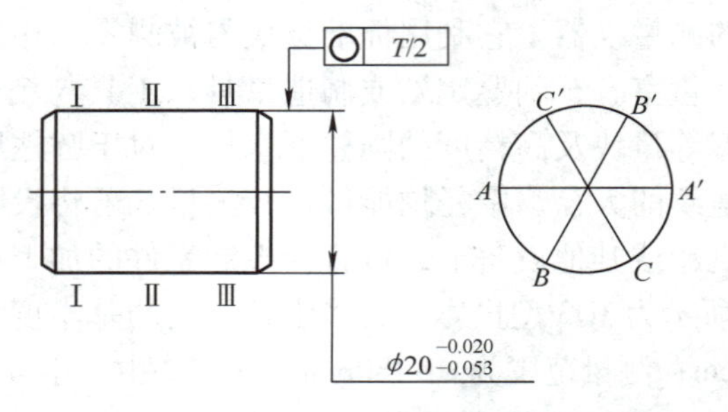

图2-49　轴径测量位置示意图

5）填写检测报告，按工件的验收极限判断尺寸合格与否。

（3）注意事项

1）使用投影立式光学计时要特别小心，不得有任何碰撞，调整时不应使指针超出标尺示值范围。

2）组合量块时，用酒精将量块洗净，然后将其研合。手持量块的时间不宜太长，否则会因热膨胀而引起显著的测量误差。

2.5.2　法兰盘零件尺寸测量

法兰盘零件如图2-50所示。

测量法兰盘零件尺寸，目的是训练对游标卡尺、外径千分尺、内测千分尺、内径百分表、量块、量规等常用计量器具的熟练使用。

尺寸分析及计量器具选择如下。

1）外径尺寸$\phi 110_{-0.054}^{0}$、孔深尺寸$20_{0}^{+0.052}$、高度尺寸$50_{-0.062}^{0}$，四个阶梯孔尺寸4×ϕ20、4×ϕ10，以及20、10等尺寸，选择测量范围0~150mm、分度值0.02mm的游标卡尺进行测量练习。

2）外径尺寸ϕ55±0.015，选择测量范围50~75mm、分度值0.01mm的外径千分尺进行测量练习。

3）内孔尺寸$\phi 45_{0}^{+0.025}$，选择测量范围25~50mm、分度值0.01mm的内测千分尺进行测量练习。

4）内孔尺寸$\phi 30_{0}^{+0.021}$，选择测量范围18~30mm、分度值0.01mm的内径百分表进行测量

练习。

将测量数据填入检测报告中，并判断各尺寸是否合格。

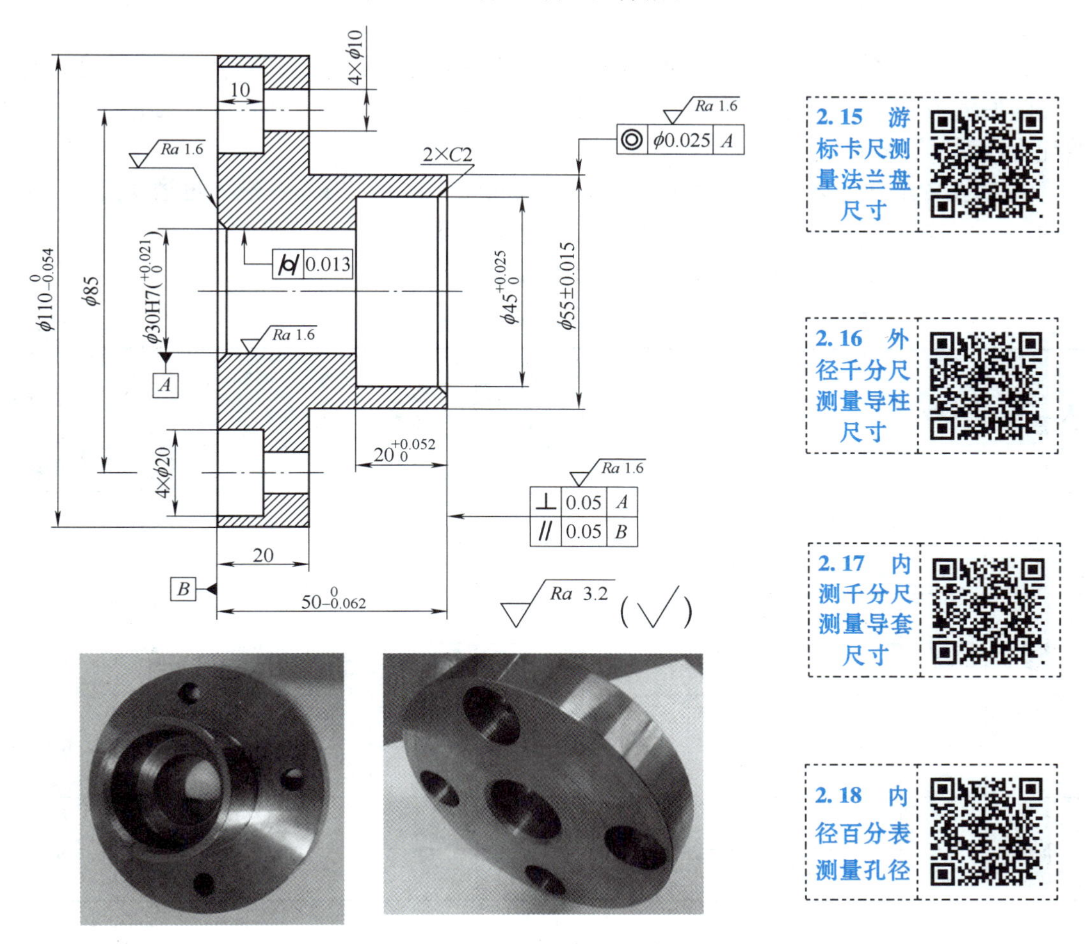

图 2-50　法兰盘零件图

2.6　想一想、做一做

1. 说明下列各种孔轴配合的公称尺寸、上极限偏差、下极限偏差、公差、上极限尺寸、下极限尺寸、最大间隙（或过盈）、最小间隙（或过盈），以及它们属于何种配合，并求出配合公差，画出公差带图，单位为 mm。

1）孔 $\phi20^{+0.033}_{0}$ 与轴 $\phi20^{-0.020}_{-0.041}$ 相配合。

2）孔 $\phi40^{+0.025}_{0}$ 与轴 $\phi40^{+0.033}_{+0.017}$ 相配合。

3）孔 $\phi60^{-0.021}_{-0.051}$ 与轴 $\phi60^{0}_{-0.019}$ 相配合。

2. 使用标准公差与基本偏差数值表，查出下列尺寸的极限偏差，写出完整的尺寸。

1）ϕ60H6　2）ϕ140M8　3）ϕ30JS7　4）ϕ35R6

3. 查出下列配合代号中孔和轴的极限偏差，说明配合性质，画出公差带图。

1）$\phi40\dfrac{H8}{f7}$　2）$\phi25\dfrac{P7}{h6}$

4. 有一孔轴配合，公称尺寸 $D=d=\phi60$mm，最大间隙 $X_{max}=+40\mu m$，孔公差 $T_D=30\mu m$，轴公差 $T_d=20\mu m$，$es=0$。试求 ES、EI、T_f、X_{min}（或 Y_{max}），并按标准规定写出孔、轴的尺寸。

5. 某孔轴配合，公称尺寸为 $\phi50$mm，孔公差等级为 IT8，轴公差为等级 IT7，已知孔的上极限偏差为+0.039mm，要求配合的最小间隙是+0.009mm，试确定孔、轴的尺寸，并说明配合性质，计算最大间隙或过盈。

6. 某孔轴配合的公称尺寸为 $\phi30$mm，最大间隙 $X_{max}=+23\mu m$，最大过盈 $Y_{max}=-20\mu m$，孔的尺寸公差 $T_D=20\mu m$，轴的上极限偏差 $es=0$，试确定孔、轴的尺寸。

7. 根据表 2-20 中的数值，填写空格处的内容。

表 2-20　第 7 题表　（单位：mm）

公称尺寸	配合件	极限尺寸		极限偏差		尺寸标注	公差	间隙 X 或过盈 Y		配合公差（T_f）
		max	min	ES（es）	EI（ei）			X_{max}（Y_{min}）	X_{min}（Y_{max}）	
$\phi20$	孔	$\phi20.033$	$\phi20$							
	轴	$\phi19.980$	$\phi19.959$							
$\phi25$	孔				0			+0.074		0.104
	轴						0.052			
$\phi45$	孔						0.025		−0.05	0.041
	轴			0						
$\phi30$	孔				+0.065			+0.099	+0.065	
	轴				−0.013					

8. 下列尺寸表示是否正确？如有错误请改正。

1）$\phi\,90^{-0.021}_{-0.009}$　2）$\phi\,60^{-0.040}_{0}$　3）$\phi60\ (^{+0.040}_{0})$　4）$\phi\,120^{+0.021}_{-0.021}$

5）$\phi50\ \frac{8H}{7f}$　6）$\phi50H8+^{0.039}_{0}$　7）$\phi80\ \frac{H6}{m7}$　8）$\phi90\ \frac{D9}{H9}$

9. 有一对相配合的孔和轴，设公称尺寸为 $\phi60$mm，配合公差为 0.049mm，最大间隙为 0.01mm，按国家标准选择孔、轴的最佳公差带。

10. 被检验工件尺寸为 $\phi60$H9，试确定验收极限，并选择适当的计量器具。

11. 量块的制造精度分哪几级？量块的检定精度分哪几等？分级和分等的主要依据是什么？量块按级和按等使用时的工作尺寸有何不同？哪一个的测量精度更高？

12. 试用 83 块一套的量块组合出尺寸 51.985mm 和 27.355mm。

13. 读出图 2-51 所示游标卡尺和千分尺的数值。

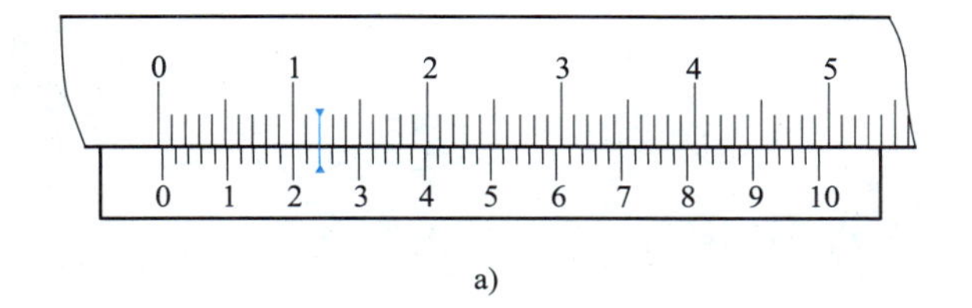

a)

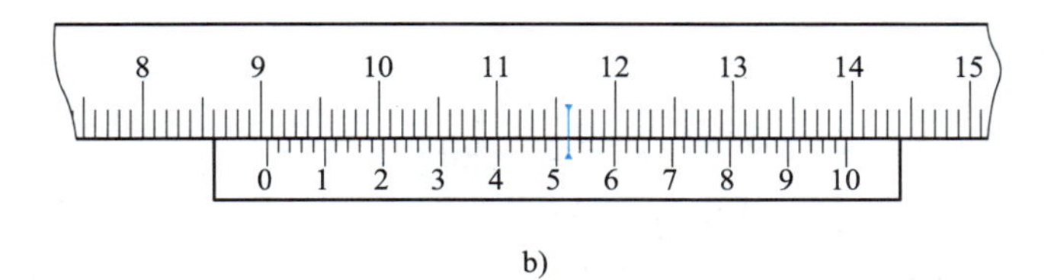

b)

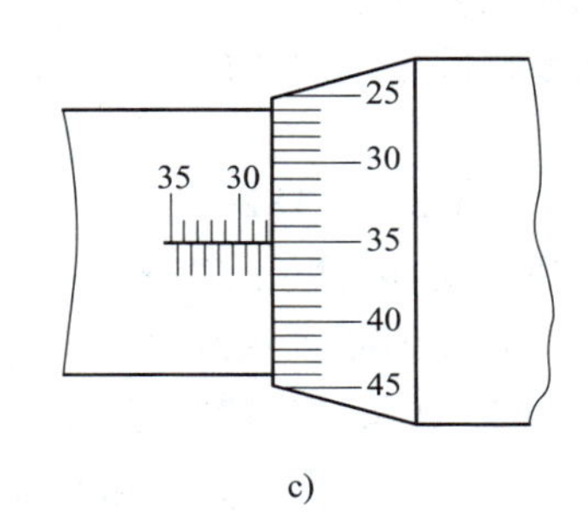

c)

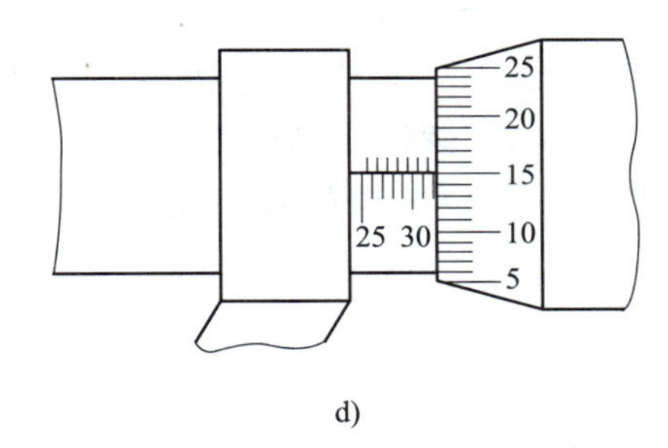

d)

图 2-51　第 13 题图

第 3 单元　几何误差测量

1. 掌握几何公差的几何特征符号及标注等知识。
2. 读懂零件的几何公差要求及几何公差含义。
3. 熟悉基准、公差原则及几何误差评定知识。
4. 熟悉零件的直线度、平面度、圆度、对称度、圆跳动等误差的测量方法。

本单元的知识按下列标准编写：GB/T 1182—2018《产品几何技术规范（GPS）几何公差　形状、方向、位置和跳动公差标注》；GB/T 4249—2018《产品几何技术规范（GPS）基础概念 原则和规则》；GB/T 16671—2018《产品几何技术规范（GPS）几何公差 最大实体要求（MMR）、最小实体要求（LMR）和可逆要求（RPR）》；GB/T 17851—2010《产品几何技术规范（GPS）　几何公差　基准和基准体系》；GB/T 1184—1996《形状和位置公差 未注公差值》；GB/T 18780.1—2002《产品几何量技术规范（GPS）几何要素　第 1 部分：基本术语和定义》；GB/T 18780.2—2003《产品几何量技术规范（GPS）几何要素 第 2 部分：圆柱面和圆锥面的提取中心线、平行平面的提取中心面、提取要素的局部尺寸》；GB/T 1958—2017《产品几何技术规范（GPS）几何公差　检测与验证》。

3.1　几何公差概述

3.1 几何公差概述

零件图样上给出的机械零件都是没有误差的理想几何体。但在实际加工过程中，由于机床、夹具、刀具、工件所构成的工艺系统本身存在各种误差，以及加工过程中出现受力变形、热变形、振动、磨损等各种干扰，导致被加工零件的实际形状和相互位置与理想几何体规定的形状和线、面间的相互位置存在差异，其中，形状上的差异称为形状误差，相互位置上的差异称为位置误差。实际被测要素对图样上给定的理想形状、理想位置的允许变动量称为几何公差，包括形状公差、方向公差、位置公差和跳动公差等。

3.1.1　几何公差的研究对象

几何公差的研究对象是零件上的几何要素。任何机械零件都是由点、线、面组合而成的，构成零件特征的点、线或面统称为几何要素，简称要素，如图 3-1 所示。几何要素可以从不同的角度进行分类。

球面　圆锥面　端面　圆柱面　端面　球心　轴线　素线

图 3-1　零件的几何要素

1. 按结构特征可分为组成要素和导出要素

（1）组成要素　构成零件的内外表面和面上的线。如图 3-1 中的球面、圆锥面、圆柱面、端面以及圆柱面和圆锥面的素线。

（2）导出要素　指由一个或几个组成要素得到的中心点、中心线或中心面。如图 3-1 中的球心、轴线。

2. 按所处的地位可分为被测要素和基准要素

（1）被测要素　图样上给出了几何公差要求的要素是被检测的对象。如图 3-2 所示，ϕd_2 圆柱面、ϕd_1 轴线以及轴肩面为被测要素。

（2）基准要素　用来确定被测要素的方向和（或）位置的要素。如图 3-2 所示，ϕd_2 中心线为基准要素。

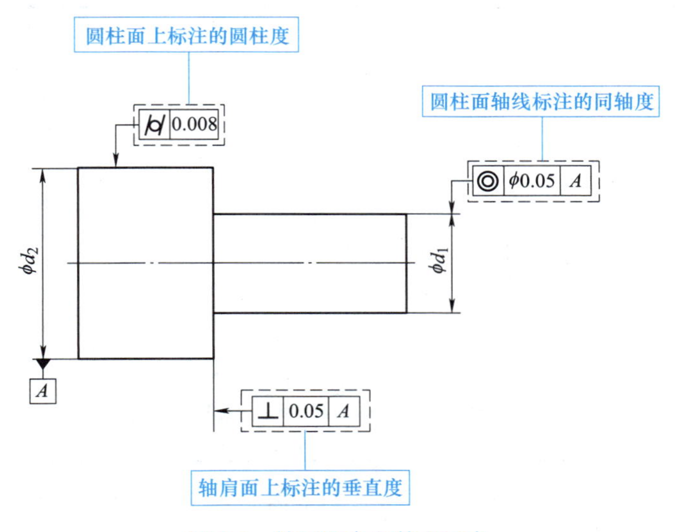

图 3-2　被测要素和基准要素

3. 按被测要素的功能关系可分为单一要素和关联要素

（1）单一要素　仅对要素本身提出功能要求的要素。如图 3-2 所示，ϕd_2 圆柱面为单一要素。

（2）关联要素　指与其他要素有功能关系的要素。如图 3-2 所示，ϕd_1 轴线、轴肩面为关联要素。

3.1.2　几何要素基本术语

本单元涉及的几何要素术语较多，在 GB/T 1182—2018 中又增加了公差带宽度方向的一些约束，常用的一些术语和定义如下。

（1）尺寸要素　由一定大小的线性尺寸或角度尺寸确定的几何形状。尺寸要素可以是圆柱形、球形、两平行对应面、圆锥形或楔形。

（2）方位要素　能确定要素方向和/或位置的点、直线、平面或螺旋线类要素。

（3）公称组成要素　由技术制图或其他方法确定的理论正确组成要素。

（4）公称导出要素　由一个或几个公称组成要素导出的中心点、轴线或中心平面。

（5）工件实际表面　工件实际存在并将整个工件与周围介质分隔的一组要素。

（6）实际（组成）要素　由接近实际（组成）要素所限定的工件实际表面的组成要素部分。

（7）提取组成要素　按规定方法，由实际（组成）要素提取优先数目的点所形成的实际（组成）要素的近似替代。

（8）提取导出要素　由一个或几个提取组成要素得到的中心点、中心线或中心面。

（9）拟合组成要素　按规定的方法由提取组成要素形成的并具有理想形状的组成要素。

（10）拟合导出要素　由一个或几个拟合组成要素导出的中心点、轴线或中心平面。

上述几何要素定义相互之间的关系见表 3-1。

表 3-1　几何要素定义相互之间的关系

制图	工件	工件的替代	
		提取	拟合

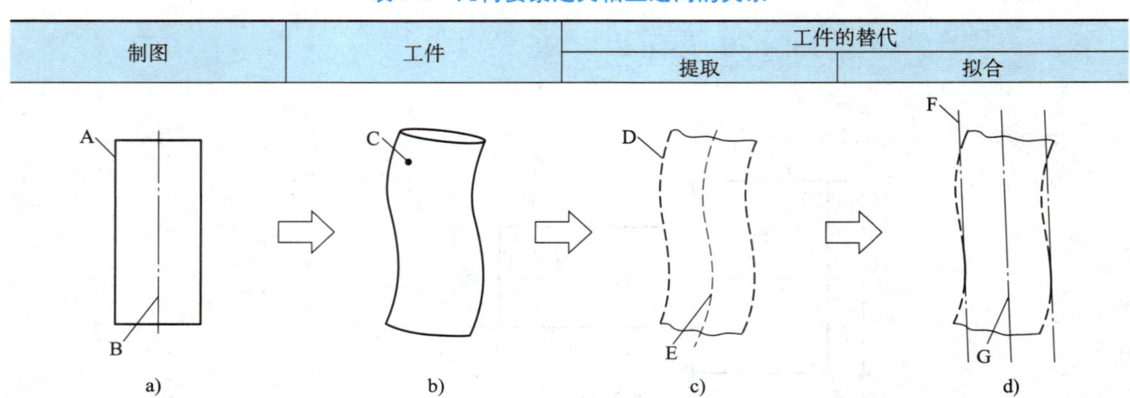

A——公称组成要素；B——公称导出要素；C——实际要素；D——提取组成要素；
E——提取导出要素；F——拟合组成要素；G——拟合导出要素

（11）相交平面　由工件的提取要素建立的平面，用于标识提取面上的线要素（组成要素或中心要素）或标识提取线上的点要素。

（12）定向平面　由工件的提取要素建立的平面，用于标识公差带的方向。使用定向平面不再依赖理论正确尺寸（位置）或基准（方向）定义限定公差带的平面或圆柱的方向。仅当被测要素是中心要素（中心线、中心点）且公差带由两平行直线或平行平面所定义时，或被测要素是圆柱时才可以使用定向平面。

（13）方向要素　由工件的提取要素建立的理想要素，用于标识公差带宽度（局部偏差）的方向。方向要素可以是平面、圆柱面或圆锥面。使用方向要素可改变在面要素上的线要素的公差带宽度的方向。

（14）理论正确尺寸　用于定义要素理论正确几何形状、范围、位置与方向的线性或角度尺寸。用 TED 表示。

（15）理论正确要素　具有理想形状以及理想尺寸、方向与位置的公称要素。用 TEF 表示。

（16）联合要素　由连续的或不连续的组成要素组合而成的要素，并将其视为一个单一要素。用 UF 表示。

（17）组合连续要素　有多个单一要素无缝组合在一起的单一要素。组合连续要素可以是封闭的或非封闭的。非封闭的组合连续要素可用“区间”符号与 UF 修饰符定义。封闭的组合连续要素可用“全周”符号与 UF 修饰符定义，此时，它是一组单个要素，与平行于组合平面的任何平面相交所形成的是线要素或点要素。

（18）组合平面　由工件上的要素建立的平面，用于定义封闭的组合连续要素。当使用“全周”符号时总是使用组合平面。

3.1.3　几何公差项目及符号

在 GB/T 1182—2018 中，将几何公差的几何特征分为 14 种。各几何特征及符号见表 3-2。

表 3-2　几何特征及符号

公差类型	几何特征	符号	有无基准
形状公差	直线度	⏤	无
	平面度	⏥	无
	圆度	○	无
	圆柱度	⌭	无
	线轮廓度	⌒	无
	面轮廓度	⌓	无
方向公差	平行度	∥	有
	垂直度	⊥	有
	倾斜度	∠	有
	线轮廓度	⌒	有
	面轮廓度	⌓	有
位置公差	位置度	⌖	有或无
	同心度（中心点）	◎	有
	同轴度（轴线）	◎	有
	对称度	⌯	有
	线轮廓度	⌒	有
	面轮廓度	⌓	有
跳动公差	圆跳动	↗	有
	全跳动	⌰	有

3.1.4　几何公差标注

3.2　几何公差标注

在技术图样中，几何公差采用代号标注。当无法采用代号标注，如现有的几何特征无法表达，或采用代号标注过于复杂时，才允许在图样的技术要求中用文字说明。

几何公差代号包括几何公差框格、指引线、几何特征符号、公差值以及基准符号等，如图 3-3 所示。

用公差框格标注几何公差时，将对被测要素的几何公差要求填写在公差框格内。公差框格由两格或多格组成。按规定从左到右填写框格，第一格为几何特征符号，第二格为公差值，从第三格起为代表基准的字母。基准字母采用大写的英文字母表示，单一基准由一个字母表示，公共基准采用由横线隔开的两个字母表示，基准体系由两个或三个字母表示，如图 3-3a 所示，基准字母 *A*、*B*、*C* 依次表示第一、第二、第三基准。被测要素的基准用基准符号表示在基准要素上，基准符号中的字母标注在基准方格内，与一个涂黑的或空白的三角形相连，涂黑的或空白的基准三角形含义相同。如图 3-3b 所示，基准方格内的字母应与公差框格内的字母相对应，并均应水平书写。

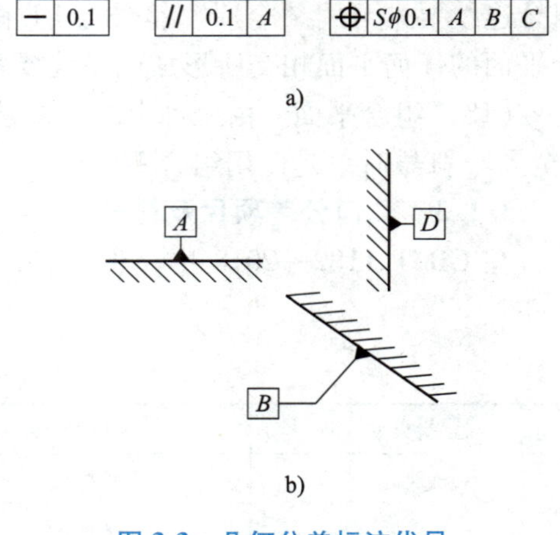

图 3-3 几何公差标注代号

标注几何公差时必须注意以下几个方面的问题。

（1）区分被测要素是组成要素还是导出要素

当被测要素为组成要素时，指引线终止在要素的轮廓或其延长线上，与尺寸线明显分离。若指引线终止在要素的轮廓或其延长线上则以箭头终止，如图 3-4a、图 3-4c 所示。若指引线终止在要素的界限以内，则以圆点终止，如图 3-4b、3-4d 所示，此时，当面要素可见时，圆点为实心，指引线为实线，当面要素不可见时，圆点为空心，指引线为虚线。

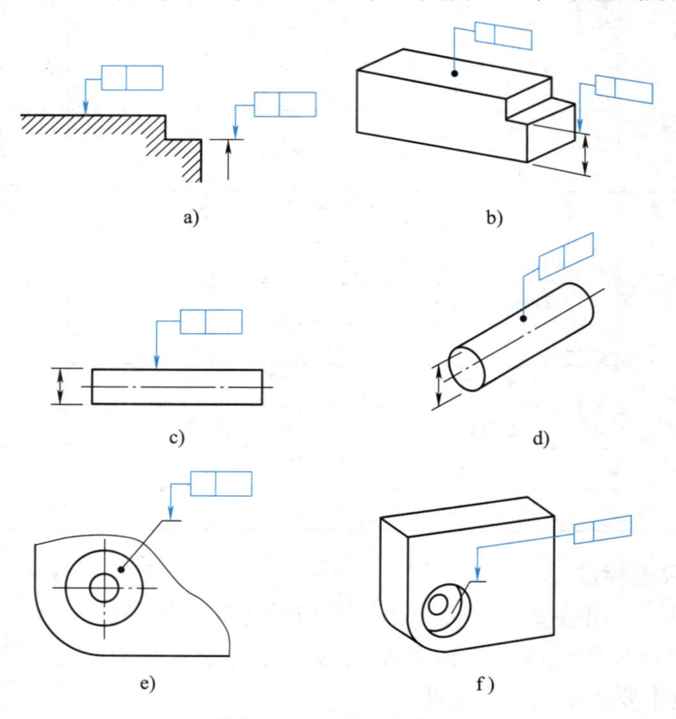

图 3-4 组成要素的标注

当被测要素为导出要素（中心线、中心面、中心点）时，指引线与尺寸线对齐，指引线的箭头终止在尺寸延长线上，如图 3-5a ~ d 所示。当被测要素是回转体的导出要素时，可将修饰符Ⓐ放置在公差框格第二格的公差值后面，此时可在组成要素上用箭头或圆点终止，如图 3-5e、图 3-5f 所示，表示被测要素是中心线。

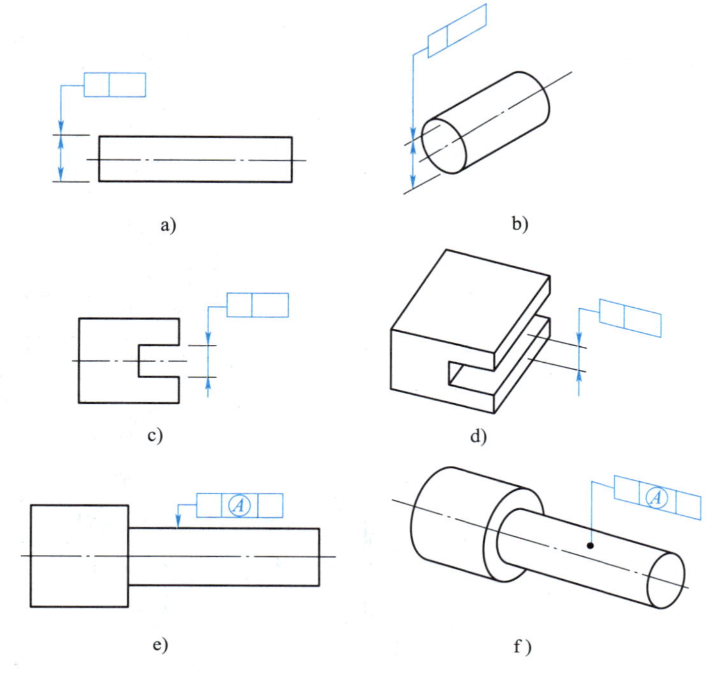

图 3-5　导出要素的标注

(2) 区分基准要素是组成要素还是导出要素　当基准要素为组成要素时，基准符号的连线直接指向该组成要素或指向其引出线，并明显地与尺寸线错开，如图 3-6a 所示。当基准要素为导出要素时，基准符号的连线应与尺寸线对齐，如图 3-6b 所示。

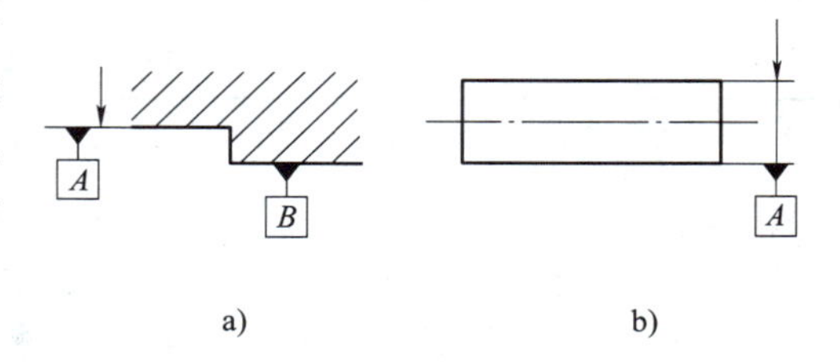

图 3-6　基准要素标注

(3) 区分指引线指向的是公差带的宽度方向还是直径方向　若指引线指向的是公差带的宽度方向，几何公差框格中的公差值只标出数值；若指引线指向的是公差带的直径方向，几何公差框格中的公差值前加注“ϕ”；若公差带是一个圆球体内的区域，则在公差值前加注“$S\phi$”。

(4) 正确掌握几何公差的特殊标注方法　在保证读图方便和不致引起误解的前提下，可以简化标注方法。几何公差中一些附加标注符号及几何公差简化标注见表 3-3 和表 3-4。

表 3-3　几何公差的一些附加标注符号

说　明	符号	说　明	符号
理论正确尺寸	TED	(未规定偏置量的) 角度偏置公差带	VA
理论正确要素	TEF	联合要素	UF
组合公差带	CZ	任意横截面	ACS
独立公差带	SZ	任意纵截面	ALS
(规定偏置量的) 偏置公差带	UZ	接触要素	CF
(未规定偏置量的) 线性偏置公差带	OZ	点 (方位要素的类型)	PT

（续）

说 明	符号
直线（方位要素的类型）	SL
平面（方位要素的类型）	PL
拟合最小区域（切比雪夫）要素	Ⓒ
拟合最小二乘（高斯）要素	Ⓖ
拟合贴切要素	Ⓣ
拟合最大内切要素	Ⓧ
拟合最小外接要素	Ⓝ
峰谷参数	T
峰高参数	P
中心要素	Ⓐ
延伸公差带	Ⓟ
自由状态（非刚性零件）	Ⓕ
全周（轮廓）	
全表面（轮廓）	
相交平面框格	// B

说 明	符号
定向平面框格	// B
方向要素框格	// B
组合平面框格	// B
仅约束方向	><
区间符号	←→
无约束的最小区域法	C
实体外约束的最小区域法	CE
实体内约束的最小区域法	CI
无约束的最小二乘法	G
实体外约束的最小二乘法	GE
实体内约束的最小二乘法	GI
最小外接法	N
最大内切法	X
谷深参数	V
标准差参数	Q

表 3-4 几何公差的一些特殊标注

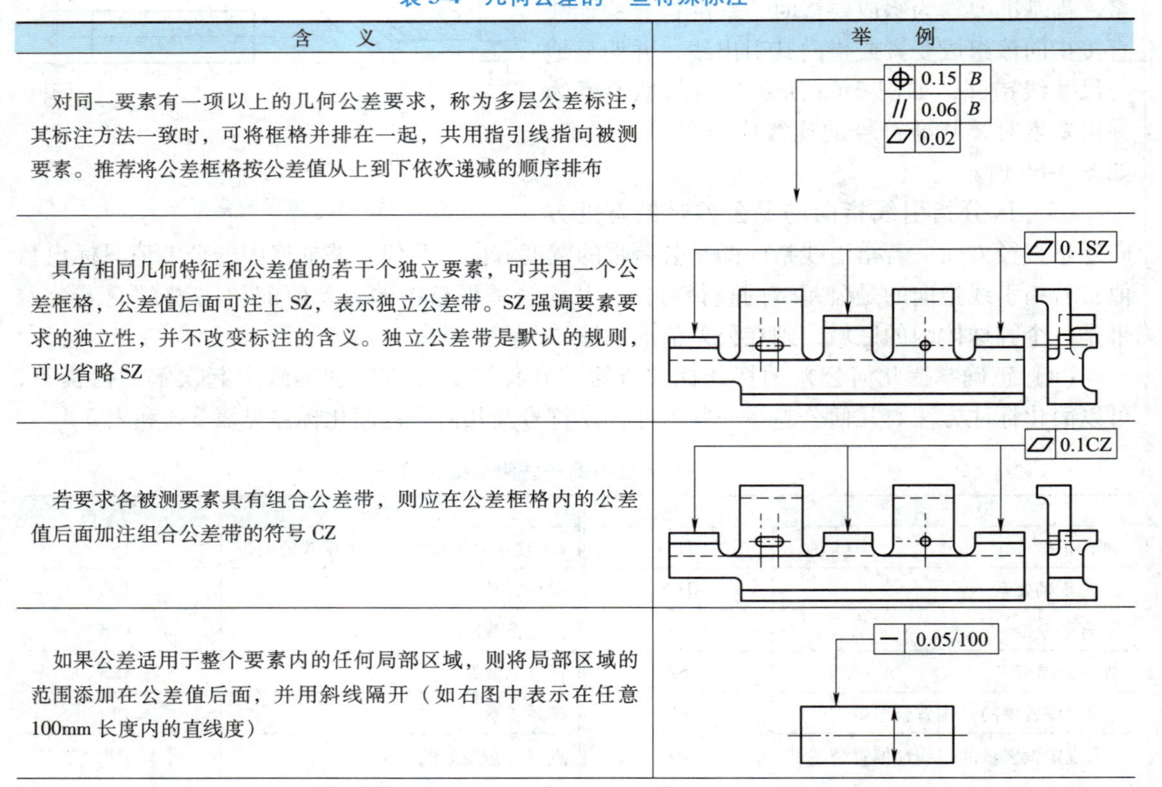

含 义	举 例
对同一要素有一项以上的几何公差要求，称为多层公差标注，其标注方法一致时，可将框格并排在一起，共用指引线指向被测要素。推荐将公差框格按公差值从上到下依次递减的顺序排布	⌖ 0.15 B / // 0.06 B / ▱ 0.02
具有相同几何特征和公差值的若干个独立要素，可共用一个公差框格，公差值后面可注上 SZ，表示独立公差带。SZ 强调要素要求的独立性，并不改变标注的含义。独立公差带是默认的规则，可以省略 SZ	▱ 0.1SZ
若要求各被测要素具有组合公差带，则应在公差框格内的公差值后面加注组合公差带的符号 CZ	▱ 0.1CZ
如果公差适用于整个要素内的任何局部区域，则将局部区域的范围添加在公差值后面，并用斜线隔开（如右图中表示在任意 100mm 长度内的直线度）	— 0.05/100

（续）

含　义	举　例
如果给出的公差仅适用于要素的某一指定局部区域，应采用粗点画线表示其局部范围，并加注尺寸	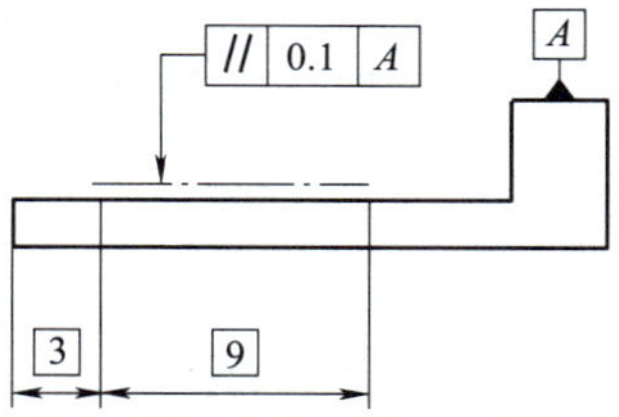
当被测要素是组成要素上的线要素时，用相交平面标识线要素要求的方向作为附加要求。如右图所示，被测线的方向是平行于基准 *C*。相交平面用相交平面框格标注在公差框格的右侧作为公差框格的延伸部分。相交平面相对于基准的构建方式有平行、垂直、保持特定的角度、对称，这里的基准是相交平面框格第二格所示的基准	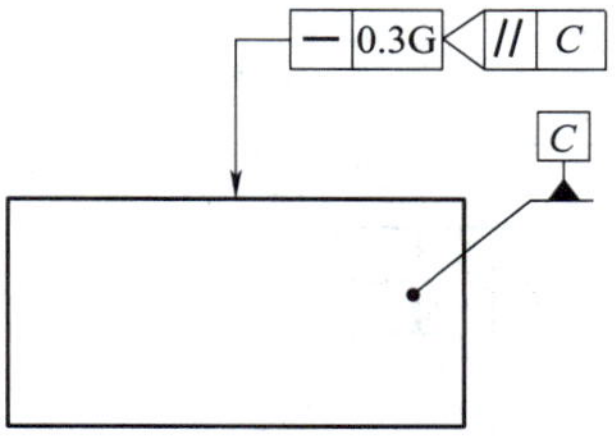
当被测要素是中心线或中心点，且公差带的宽度是由两平行平面限定的或由一个圆柱限定的，且公差带相对于其他要素定向，则用定向平面作为附加要求表示公差带的方向。定向平面用定向平面框格标注在公差框格的右侧，定向平面有平行于基准、垂直于基准及保持特定的角度于基准，这里的基准是定向平面框格第二格所示的基准	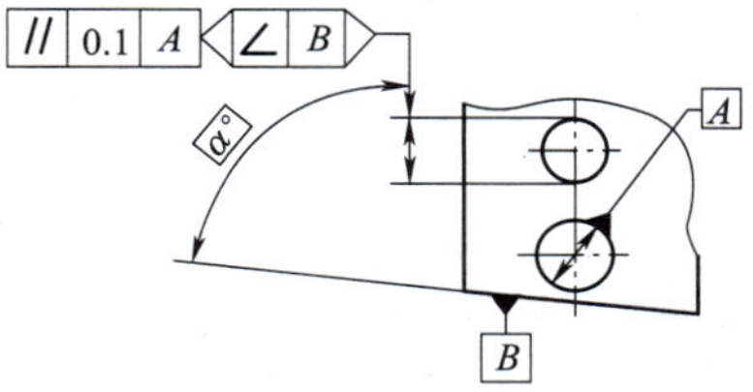
当被测要素是组成要素且公差带宽度方向与面要素不垂直时，应使用方向要素确定公差带宽度方向。如右图所示，圆锥体表面圆度的公差带宽度方向用方向要素确定，方向要素用方向要素框格标注在公差框格右侧	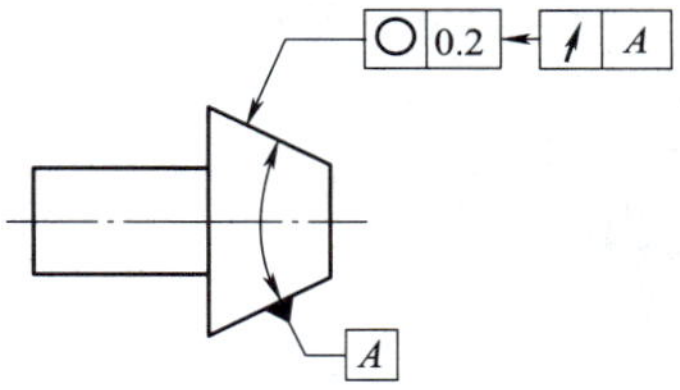
当被测要素为连续的封闭要素时，应在指引线的转折处加注全周符号。当标注全周符号时应使用组合平面标识。如右图所示，表示由 a、b、c、d 构成的封闭轮廓，公差要求用于封闭组合且连续的表面上的一组线要素时，将相交平面框格布置在公差框格与组合平面框格之间	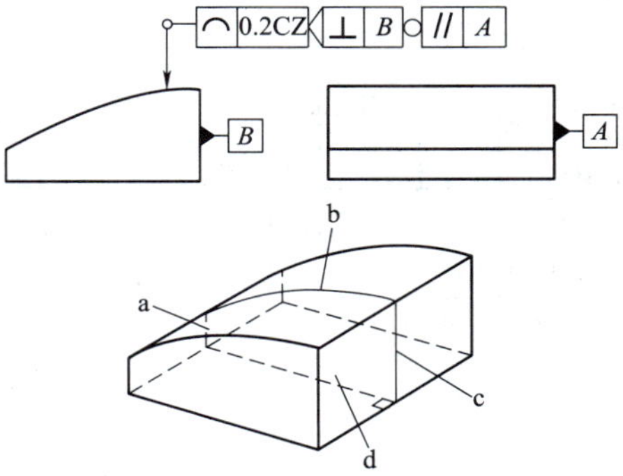
当被测要素为连续的非封闭要素时，用区间符号标识被测要素的起止点，如右图所示，表示从 J 到 K。联合要素标识 UF 表示从 J 到 K 的上部表面的面要素	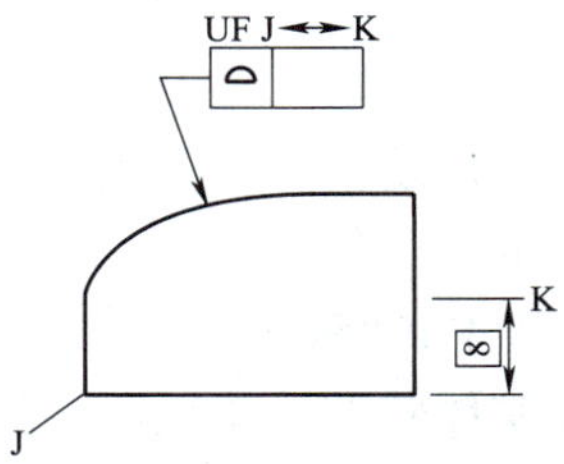

（5）几何公差标注中易出现的错误见表3-5。

表3-5　标注中易出现的错误举例

项目举例	错误	正确	简要说明
圆柱体素线的直线度	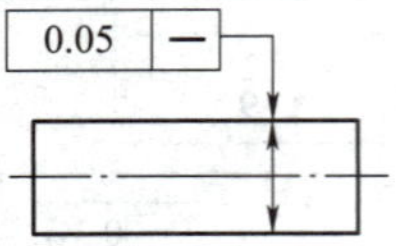	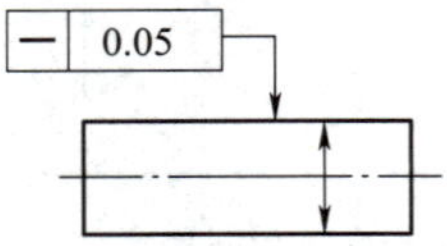	（1）公差框格水平放置时，书写顺序从左至右，公差框格垂直放置时，书写顺序是从下至上 （2）当被测要素（或基准要素）为组成要素时，箭头（或基准符号）应明显地与尺寸线错开
轴线的同轴度	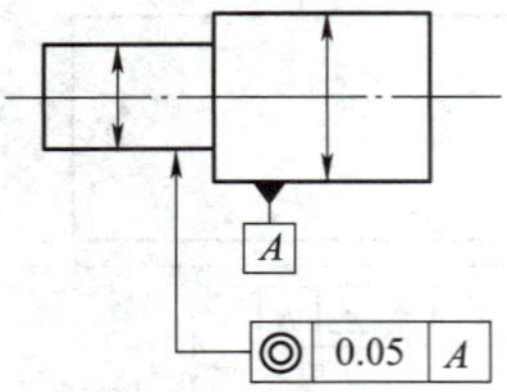	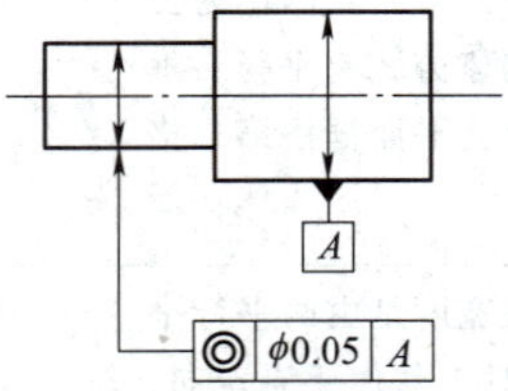	（1）当被测要素（或基准要素）为导出要素时，箭头（或基准符号）应与尺寸线对齐 （2）公差带为圆、圆柱面时，公差值前面应加“ϕ”
大端轴线在任意方向的直线度	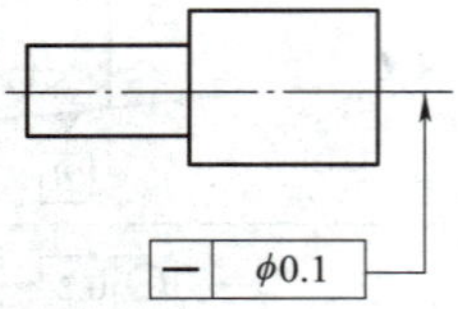	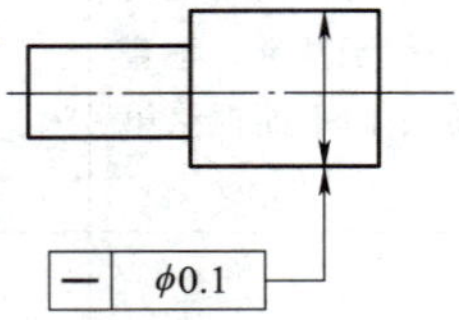	当被测要素（或基准要素）为轴线时，箭头（或基准符号）不允许直接指向该轴线
平面的平行度	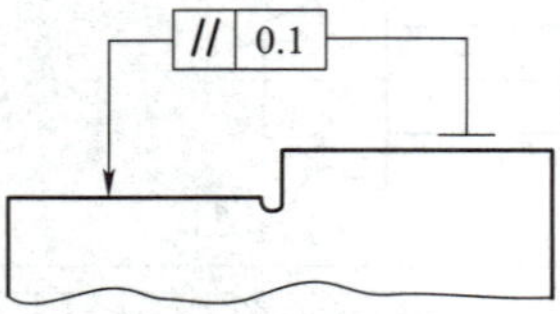	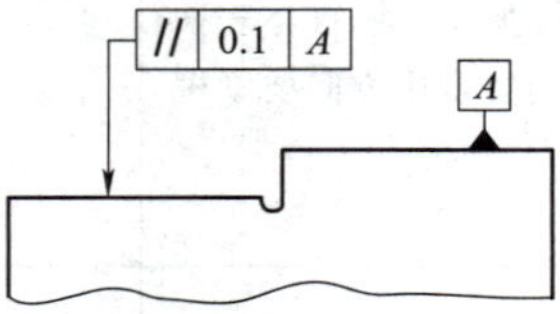	不允许将基准符号直接与公差框格相连
平面的平面度和平行度	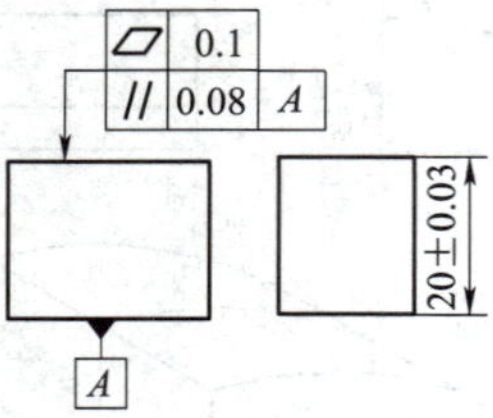	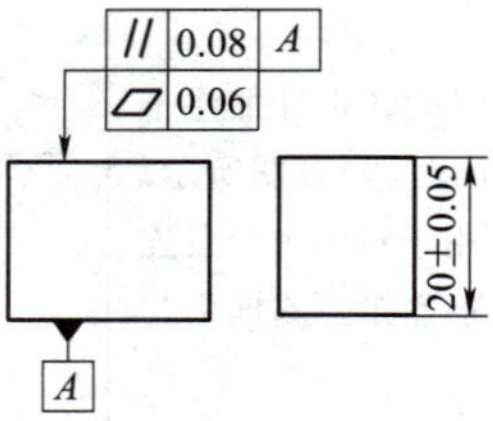	同一要素的各项公差值应协调，应该是形状公差<方向公差<位置公差；平行度公差<相应的距离公差

3.2　基准和几何公差带

3.3　基准

3.2.1　基准

基准是反映被测要素的方向或位置的参考对象，是确定要素之间几何关系的依据。

在GB/T 17851—2010中是这样定义基准的：基准是用来定义公差带的位置和/或方向或用来定义实体状态的位置和/或方向（当有相关要求时，如最大实体要求）的一个（组）方

位要素。

1. 基准的种类

在图样上标出的基准通常分为三种：单一基准、组合基准（公共基准）、基准体系。

（1）单一基准　由一个要素建立的基准称为单一基准，如图3-7所示。图中由一个平面要素建立基准，该基准就是基准平面A。

（2）组合基准（公共基准）　由两个或两个以上的要素建立的一个独立基准称为组合基准或公共基准，如图3-8所示。由两段轴线A、B建立起公共基准轴线A—B。在公差框格中标注时，将各个基准字母用短横线相连起来写在同一格内，以表示作为一个基准使用。

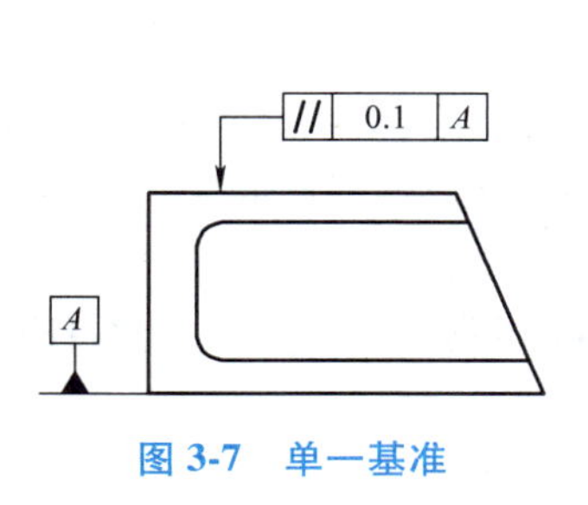

图3-7　单一基准

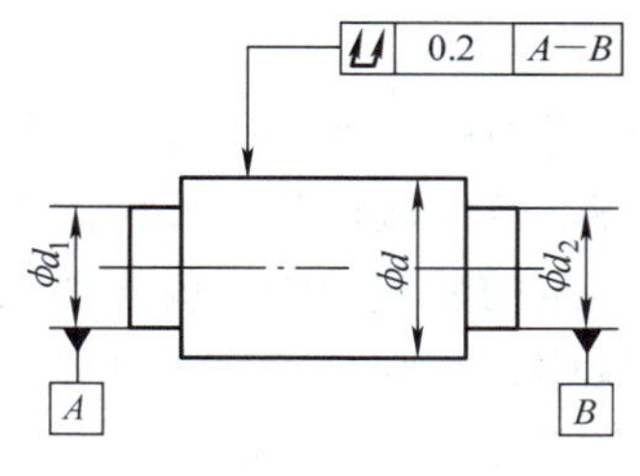

图3-8　组合基准

（3）基准体系　由两个或三个单独的基准构成的组合来确定被测要素的几何位置关系。由三个相互垂直的平面所构成的基准体系即三基面体系，如图3-9所示。应用三基面体系时，应注意基准的标注顺序，选最重要的或最大的平面作为第一基准A，选次要的或较长的平面作为第二基准B，选不太重要的平面作为第三基准C。

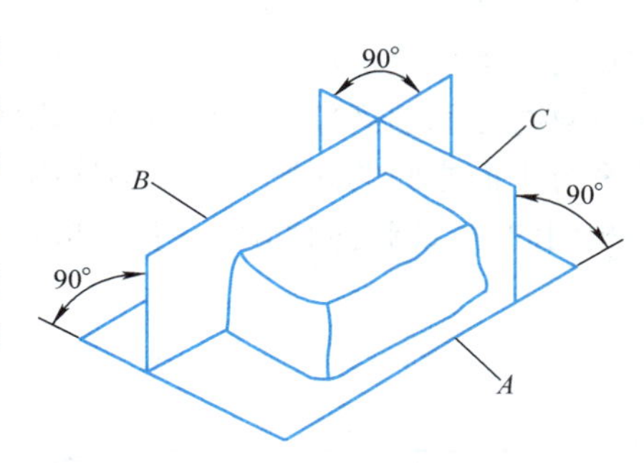

图3-9　三基面体系

2. 基准的建立和体现

基准应是理想的基准要素，但工作中常用零件上起基准作用的实际要素（如一条边、一个表面或一个孔）作为基准。基准要素本身也是实际加工出来的，也存在几何误差，在实际检测中，基准的体现方法用得最广的是模拟法。

模拟法是用形状足够精确的表面模拟基准平面，从而得到模拟基准要素。模拟基准要素是在加工和检测过程中用来建立基准并与实际基准要素相接触，且具有足够精度的实际表面（如一个平板、一个支撑或一根芯棒）。例如以平板表面体现基准平面，如图3-10所示；以心轴体现基准孔的轴线，如图3-11所示。

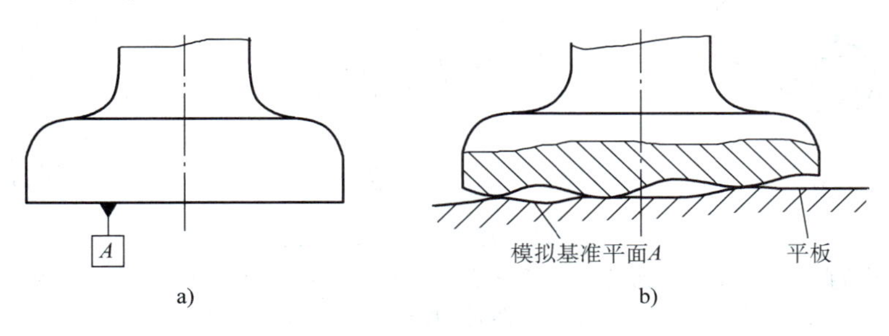

图3-10　用平板模拟基准平面

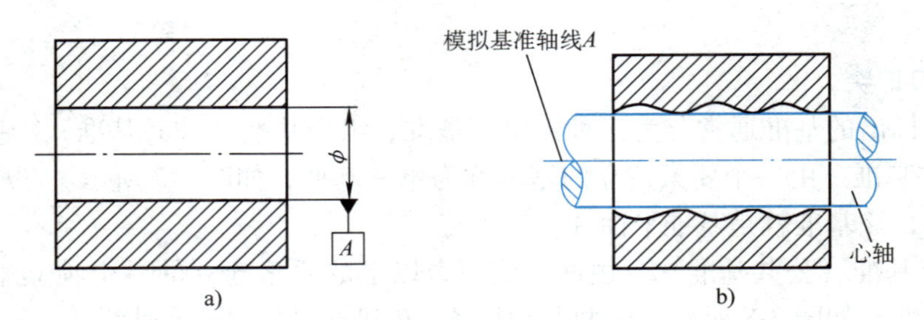

图 3-11　用心轴模拟基准孔轴线

3.2.2　几何公差带

几何公差带是由一个或两个理想的几何线或面要素所限定的，由一个或多个线性尺寸表示公差值的区域。这个区域是个几何图形，它可以是平面区域或空间区域。只要被测实际要素能全部落在给定的公差带内，就表明该被测实际要素是合格的。

除非另有说明，否则公差带的中心位于理论正确要素（TEF）上，将 TEF 作为参照要素，公差带相对于参照要素对称。

几何公差带具有形状、大小、方向和位置四个特征要素。

（1）形状　公差带的形状由被测要素的理想形状和给定几何公差的几何特征所决定。常见的几何公差带形状有：一个圆内的区域；两个同心圆之间的区域；两条等距曲线或两条平行直线之间的区域；一个圆柱面内的区域；两同轴圆柱面之间的区域；两个等距曲面或两个平行平面之间的区域；一个圆球面内的区域；一个圆锥面上两平行圆之间的区域；两个直径相同的平行圆之间的区域等，如图 3-12 所示。

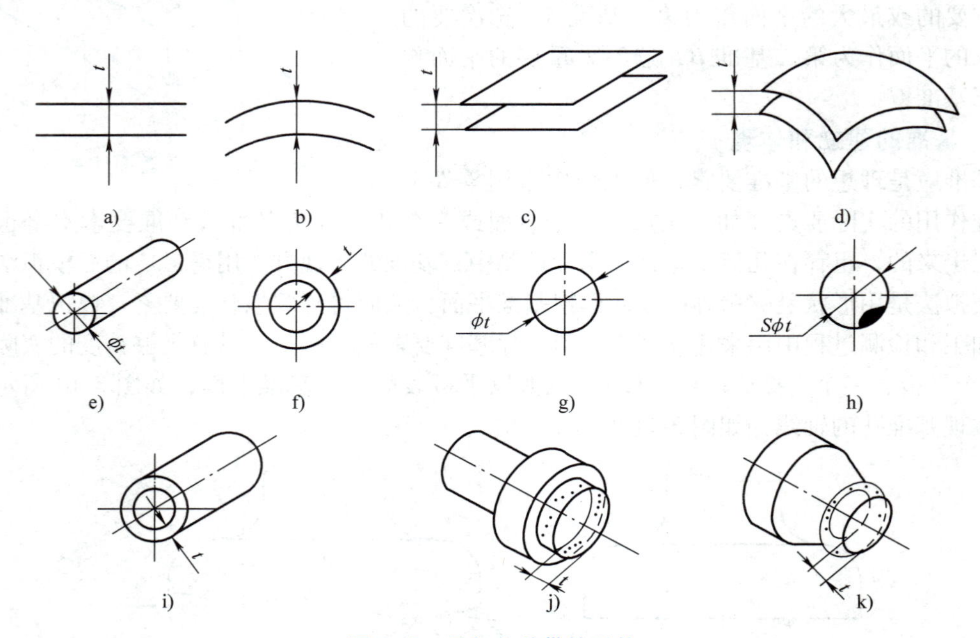

图 3-12　几何公差带的形状

a）两平行直线　b）两等距曲线　c）两平行平面　d）两等距曲面　e）圆柱面　f）两同心圆　g）一个圆　h）一个球　i）两同轴圆柱面　j）两等圆　k）两不等圆

（2）大小　公差带大小由公差值 t 确定，指公差带的宽度或直径。如果公差带是圆形或圆柱形的，则在公差值前加注 ϕ，如果是球形，则加注 $S\phi$。除非另有图形标注说明，否则公差值沿被测要素的长度方向保持定值。如图 3-13 所示，这是使用区间符号的变宽度公差带，从 J 到 K 两个位置之间，公差值沿着连接两位置的弧线从一个值 0.1 到另一个值 0.2 呈比例变化。

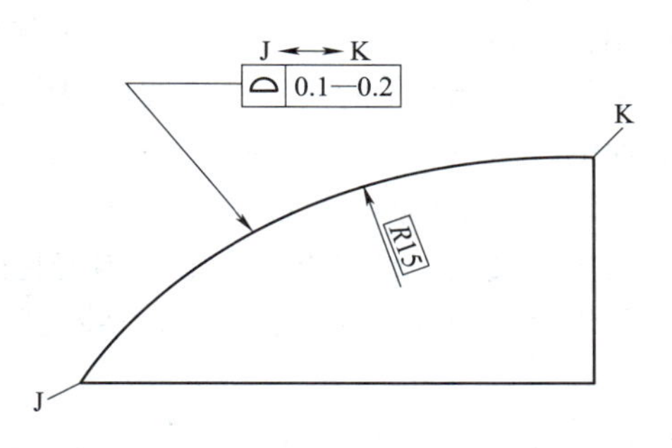

图 3-13　使用区间符号的变宽度公差带

（3）方向　公差带的宽度方向就是给定的公差带方向或垂直于被测要素的方向。除非另有说明，否则公差带的局部宽度应与规定的几何形状垂直。对于非圆柱形或球形的回转体表面的圆度（例如圆锥），用方向要素标注公差带宽度的方向。对于导出要素，如果公差带由两个平行平面组成，且用于约束中心线，或由一个圆柱组成，用于约束一个圆或圆球的中心点，则应使用定向平面框格控制该平面或圆柱的方向。

（4）位置　公差带的位置有固定和浮动两种。所谓固定是指公差带的位置不随实际要素尺寸的变动而变化，如导出要素的公差带位置均是固定的。所谓浮动是指公差带的位置随实际要素尺寸的变化而浮动，如组成要素的公差带位置都是浮动的。

1. 形状公差带

形状公差是指单一实际要素的形状所允许的最大变动量。形状公差包含直线度、平面度、圆度、圆柱度、线轮廓度和面轮廓度（无基准）。

（1）直线度公差　直线度公差是指实际直线对理想直线所允许的最大变动量。被测要素是线要素，它可以是组成要素或导出要素。直线度公差有以下几种情况。

1）给定平面内的直线度。如图 3-14 所示，被测要素是上表面与任一平行于基准 A 的平

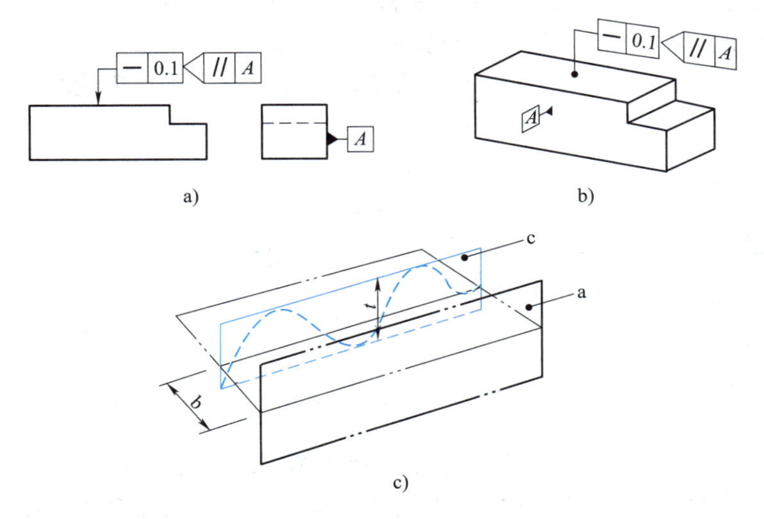

a——基准 A；b——任意距离；c——平行于基准 A 的相交平面

图 3-14　给定平面内的直线度公差

面相交所得的交线。公差带在相交平面框格规定的平面内，上表面的提取（实际）线应在间距等于公差值 t 的两平行直线所限定的区域内，即在任一平行于基准 A 的相交平面内，上表面的提取（实际）线应限定在间距等于0.1mm的两平行直线之间，如图3-14c所示。

2）圆柱体素线的直线度。如图3-15所示，被测要素是通过圆柱体轴线的纵向截面与圆柱表面的交线，这是在纵向截面内变化的直线。公差带是将被测素线控制在该纵向截面内距离等于公差值0.1mm的两平行直线之间的区域。

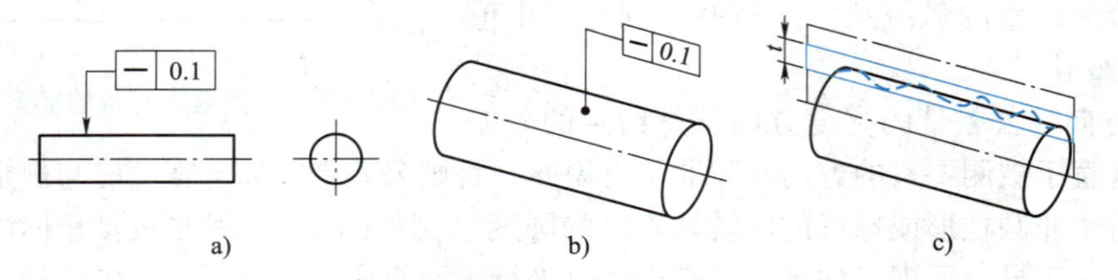

图3-15　圆柱体素线的直线度公差

3）任意方向上的直线度。任意方向是指围绕被测直线的360°方向。如图3-16所示，公差带为直径等于公差值 ϕt 的圆柱面所限定的区域，即外圆柱面的提取（实际）中心线应限定在直径等于0.08mm的圆柱面内，如图3-16c所示。

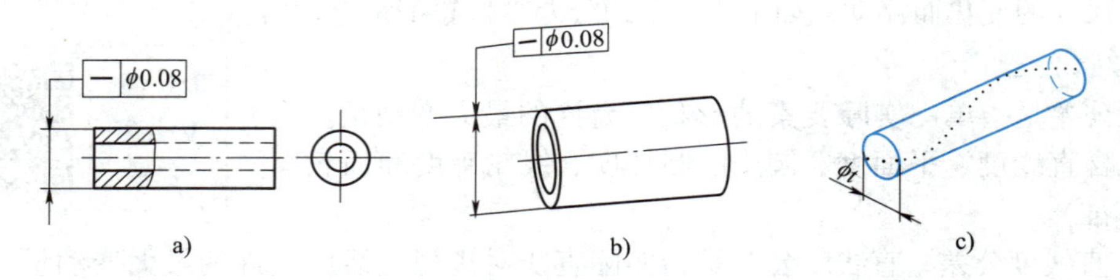

图3-16　任意方向上的直线度公差

（2）平面度公差　平面度公差用来限制被测提取平面的形状误差，它是对平面要素的控制要求，被测要素是平面，可以是组成要素或导出要素。如图3-17所示，公差带为间距等于公差值t的两平行平面所限定的区域，即提取（实际）表面应限定在间距等于0.08mm的两平行平面之间，如图3-17c所示。

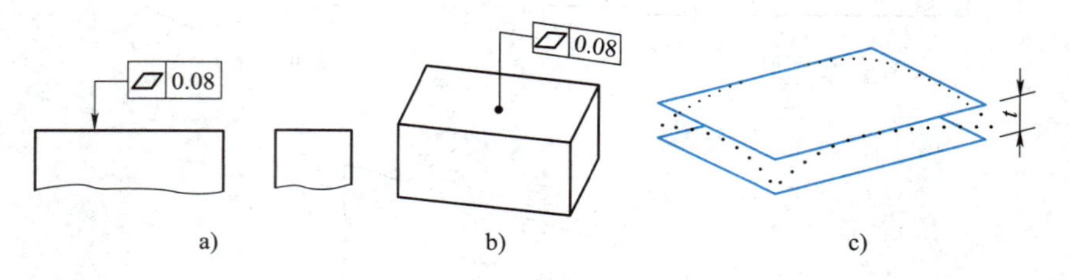

图3-17　平面度公差

（3）圆度公差　圆度公差的被测要素是给定的圆周线，是组成要素。圆柱体的圆度要求用在与被测要素轴线垂直的横截面上，球体的圆度要求用在包含球心的横截面上，圆锥体的圆度横截面由标注的方向要素确定。如图3-18所示，公差带为在给定横截面内，提取（实际）圆周应限定在半径差等于公差值 t 的两共面同心圆所限定的区域，即对于圆柱，公

差带是在垂直于圆柱轴线的任意横截面内，提取（实际）圆周应限定在半径差等于 0.03mm 的两共面同心圆之间；对于圆锥，公差带是在垂直于基准 D 的任意横截面内，提取（实际）圆周应限定在半径差等于 0.03mm 的两共面同心圆之间，如图 3-18c 所示。

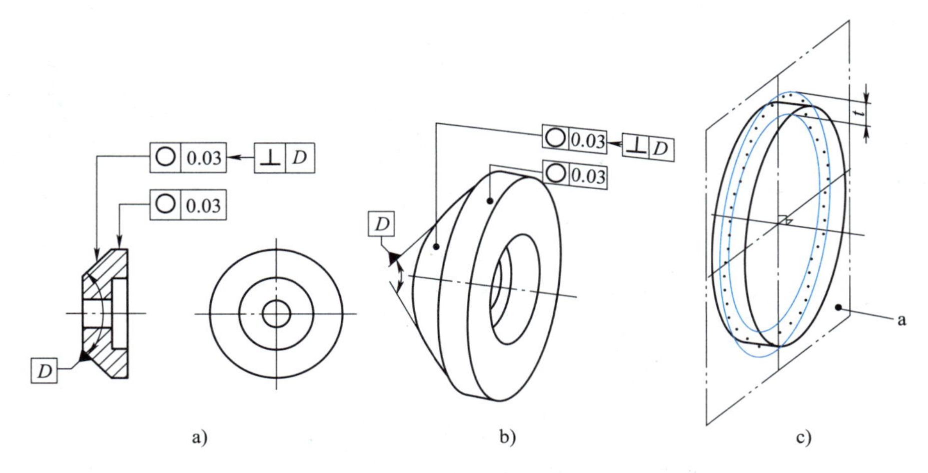

图 3-18　圆度公差

a—任意相交平面或任意横截面

（4）圆柱度公差　圆柱度公差用来限制被测提取圆柱面的形状误差。圆柱度公差的被测要素是圆柱表面，是组成要素，它不能用于圆锥或其他表面。圆柱度公差同时还控制圆柱体横截面和轴向的各项形状误差，如圆度、素线直线度、中心线直线度误差等，因此圆柱度是圆柱面各项形状误差的综合控制指标。如图 3-19 所示，公差带为半径差等于公差值 t 的两同轴圆柱面所限定的区域，即提取（实际）圆柱面应限定在半径差等于 0.1mm 的两同轴圆柱面之间，如图 3-19c 所示。

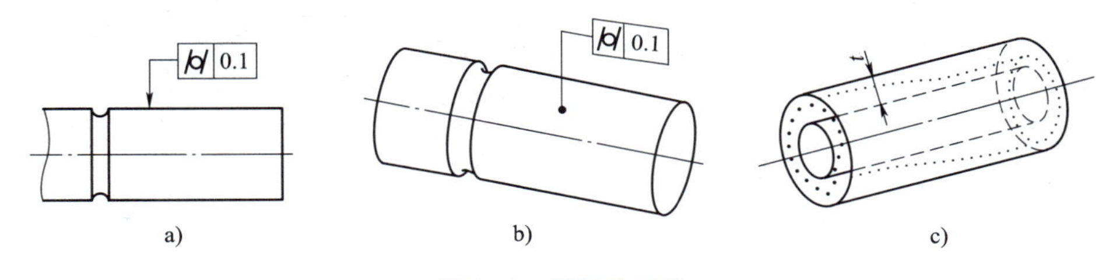

图 3-19　圆柱度公差

（5）轮廓度公差　轮廓度公差分为线轮廓度和面轮廓度。轮廓度无基准要求时为形状公差，有基准要求时为方向或位置公差。

线轮廓度公差的被测要素是线要素，可以是组成要素或导出要素。

1）与基准不相关的线轮廓度公差。如图 3-20 所示，公差带为直径等于公差值 t、圆心位于具有理论正确几何形状上的一系列圆的两等距包络线所限定的区域，即在任一由相交平面框格所规定的平行于基准平面 A 的截面内，提取（实际）轮廓线应限定在直径等于 0.04mm、圆心位于被测要素理论正确几何形状上的一系列圆的两等距包络线之间，如图 3-20c 所示。

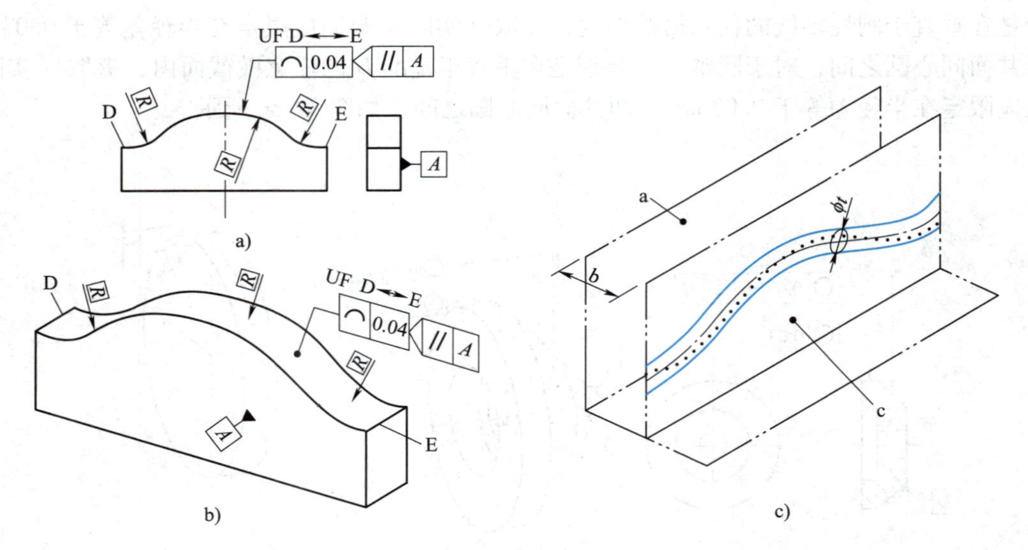

图 3-20　线轮廓度公差（无基准）

a—基准平面 A　b—任意距离　c—平行于基准平面 A 的平面

2）相对于基准的线轮廓度公差。如图 3-21 所示，公差带为直径等于公差值 t、圆心位于由基准平面 A 和基准平面 B 确定的被测要素理论正确几何形状上的一系列圆的两等距包络线所限定的区域，即在任一由相交平面框格规定的平行于基准平面 A 的截面内，提取（实际）轮廓线应限定在直径等于 0.04mm、圆心位于由基准平面 A 和基准平面 B 确定的被测要素理论正确几何形状上的一系列圆的两等距包络线之间，如图 3-21c 所示。

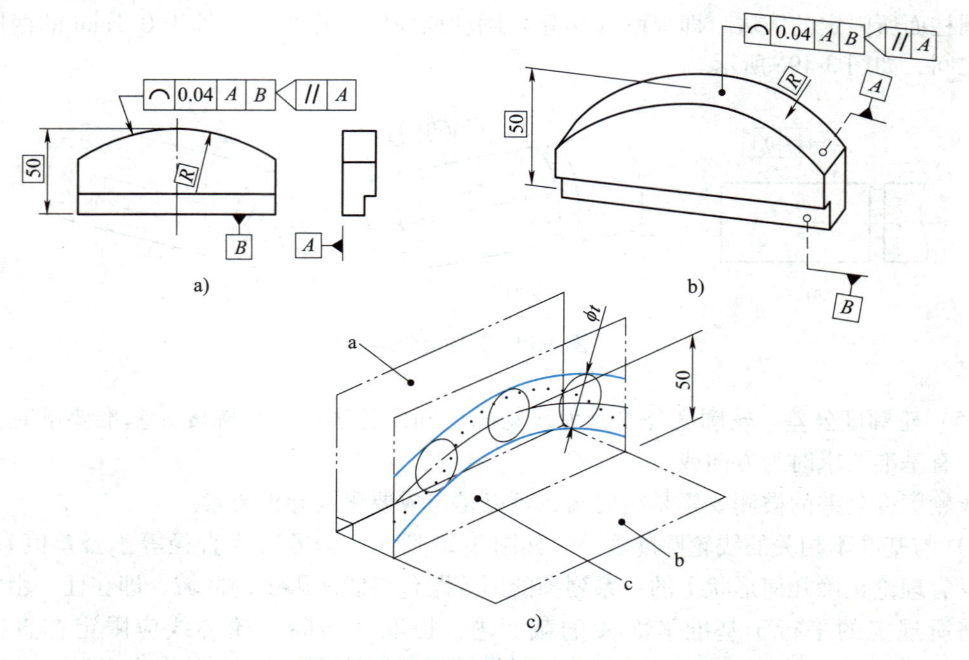

图 3-21　线轮廓度公差（有基准）

a—基准平面 A　b—基准平面 B　c—平行于基准 A 的平面

面轮廓度公差的被测要素是面要素，可以是组成要素或导出要素。

1）与基准不相关的面轮廓度公差。如图 3-22 所示，公差带为直径等于公差值 t、球心位于被测要素理论正确几何形状上的一系列圆球的两包络面所限定的区域，即提取（实际）轮廓面应限定在直径等于 0.02mm、球心位于被测要素理论正确几何形状上的一系列圆球的两等距包络面之间，如图 3-22c 所示。

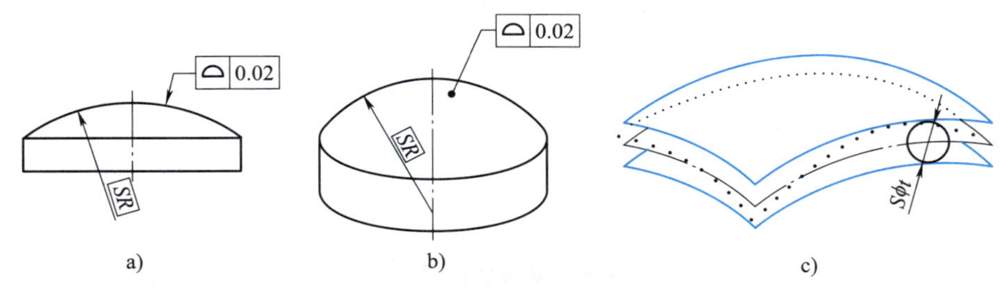

图 3-22　面轮廓度公差（无基准）

2）相对于基准的面轮廓度公差。如图 3-23 所示，公差带为直径等于公差值 t、球心位于由基准平面 A 确定的被测要素理论正确几何形状上的一系列圆球的两包络面所限定的区域，即提取（实际）轮廓面应限定在直径等于 0.1mm、球心位于由基准 A 确定的理论正确几何形状上的一系列圆球的两等距包络面之间，如图 3-23c 所示。

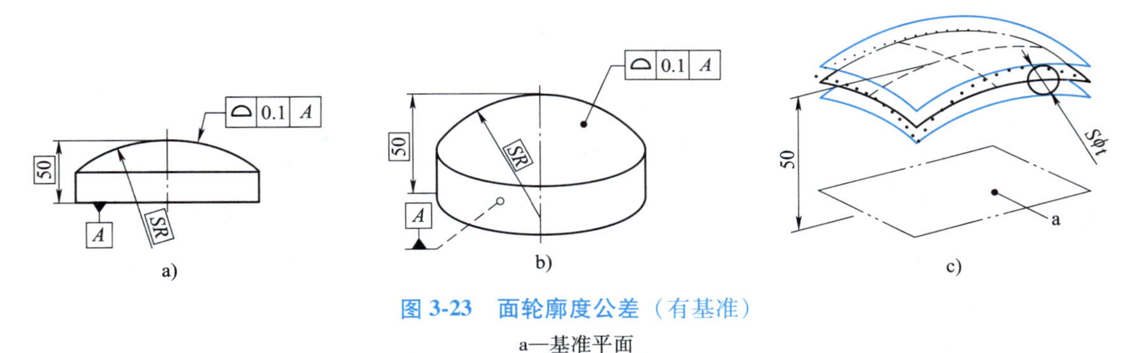

图 3-23　面轮廓度公差（有基准）

a—基准平面

轮廓度的公差带具有如下特点。

1）无基准要求的轮廓度，其公差带的形状只由理论正确尺寸决定。

2）有基准要求的轮廓度，其公差带的方向和位置需由理论正确尺寸和基准来决定。

直线度、平面度、圆度、圆柱度等形状公差带的特点是不涉及基准，公差带的方向和位置随相应实际要素的不同而浮动。也就是说，形状公差带只有形状和大小的要求，而没有方向和位置的要求。

2. 方向公差带

3.5　方向公差含义

方向公差是指提取关联要素对基准的方向上允许的变动量，它包括平行度、垂直度和倾斜度公差。方向公差的被测要素可以是面要素或线要素，可以是组成要素或导出要素。

（1）平行度公差　平行度公差用于限制被测要素与基准要素相平行的误差。平行度公差有以下几种类型。

1）面对基准面的平行度公差。如图3-24所示，公差带为间距等于公差值t、平行于基准平面D的两平行平面所限定的区域，即提取（实际）表面应限定在间距等于0.01mm、平行于基准平面D的两平行平面之间，如图3-24c所示。

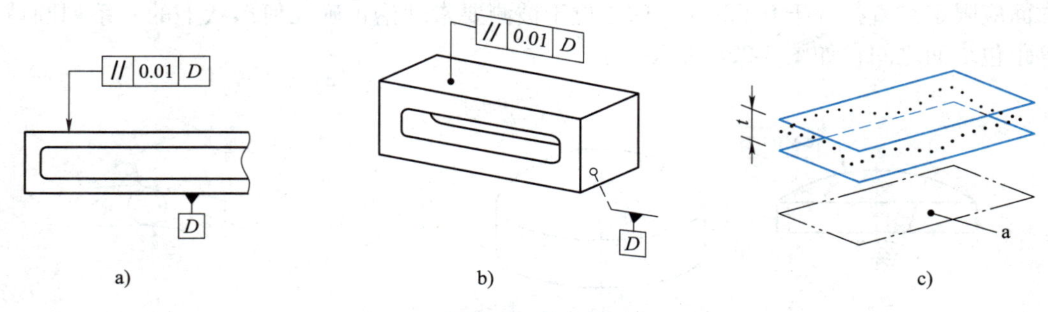

图3-24　面对基准面的平行度公差

a—基准平面D

2）面对基准线的平行度公差。如图3-25所示，公差带为间距等于公差值t、平行于基准轴线C的两平行平面所限定的区域，即提取（实际）表面应限定在间距等于0.1mm、平行于基准轴线C的两平行平面之间，如图3-25c所示。

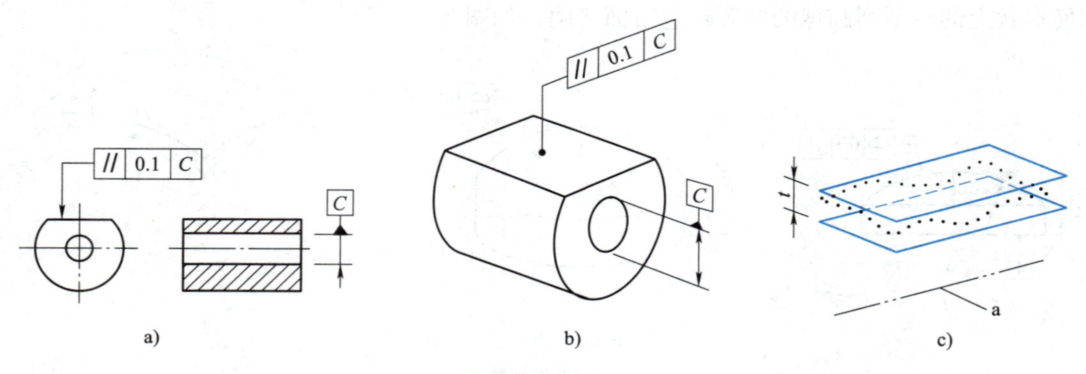

图3-25　面对基准线的平行度公差

a—基准轴线C

3）线对基准面的平行度公差。图3-26所示为孔的中心线对基准平面B的平行度公差。

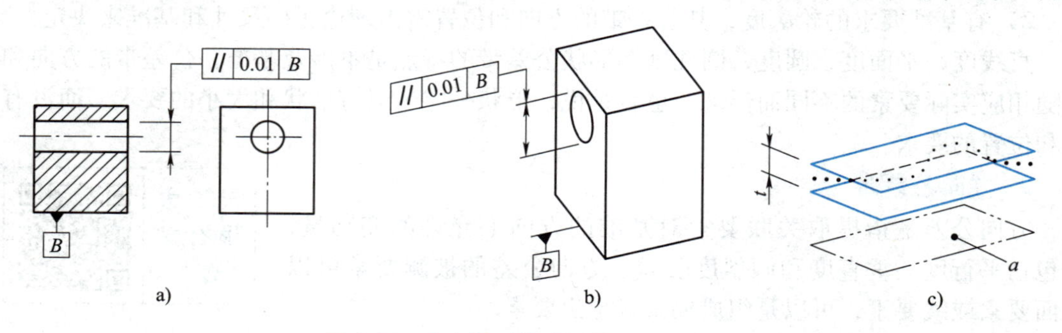

图3-26　中心线对基准面的平行度公差

a—基准平面B

公差带为间距等于公差值 t 且平行于基准平面 B 的两平行平面所限定的区域，即提取（实际）中心线应限定在平行于基准平面 B、间距等于 0.01mm 的两平行平面之间，如图 3-26c 所示。

图 3-27 所示为表面上的线对基准平面 A 的平行度公差，相交平面框格确定了线的方向。公差带为在由相交平面框格确定的平面内，平行于基准平面 A，间距等于公差值 t 的两平行直线所限定的区域，即每条由相交平面框格规定的平行于基准平面 B 的提取（实际）线应限定在间距等于 0.02mm、平行于基准平面 A 的两平行线之间，如图 3-27c 所示。

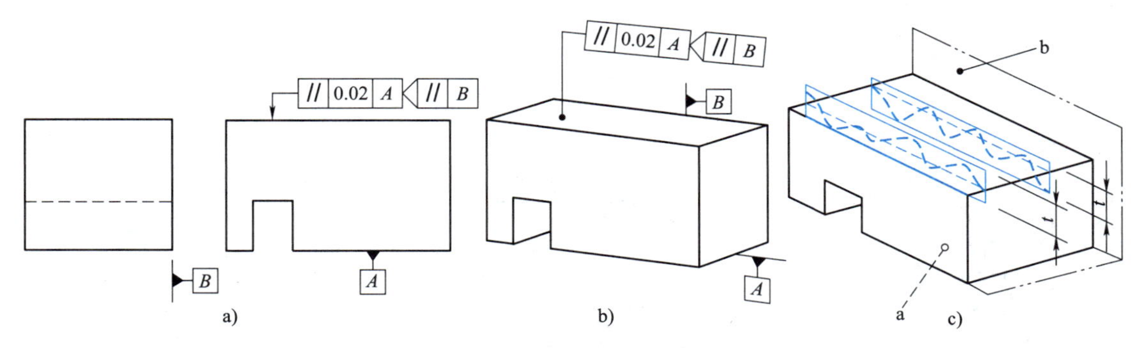

图 3-27　表面上的线对基准面的平行度公差

a—基准平面 A　b—基准平面 B

4）线对基准线的平行度公差。如图 3-28 所示，若公差值前加注了符号 ϕ，则公差带为平行于基准轴线、直径等于公差值 ϕt 的圆柱面所限定的区域，即提取（实际）中心线应限定在平行于基准轴线 A、直径等于 ϕ0.03mm 的圆柱面内，如图 3-28c 所示。

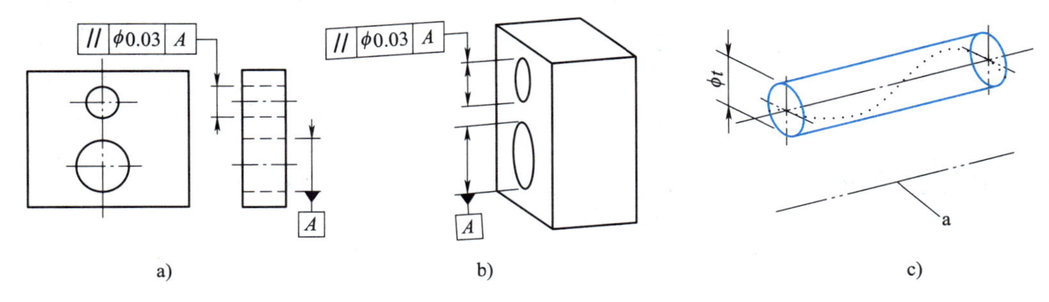

图 3-28　中心线对基准轴线的平行度公差（一）

a—基准轴线

如图 3-29 所示，公差带为间距等于公差值 t、平行于两基准且沿规定方向的两平行平面所限定的区域，即提取（实际）中心线应限定在间距等于 0.1mm、平行于基准轴线 A 的两平行平面之间。限定公差带的两平行平面均平行于由定向平面框格规定的基准平面 B。基准 B 为基准 A 的辅助基准。

如图 3-30 所示，公差带为间距等于公差值 t、平行于基准 A 且垂直于基准 B 的两平行平面所限定的区域，即提取（实际）中心线应限定在间距等于 0.1mm、平行于基准轴线 A 的两平行平面之间，如图 3-30c 所示。限定公差带的两平行平面均垂直于由定向平面框格规定的基准平面 B。基准 B 为基准 A 的辅助基准。

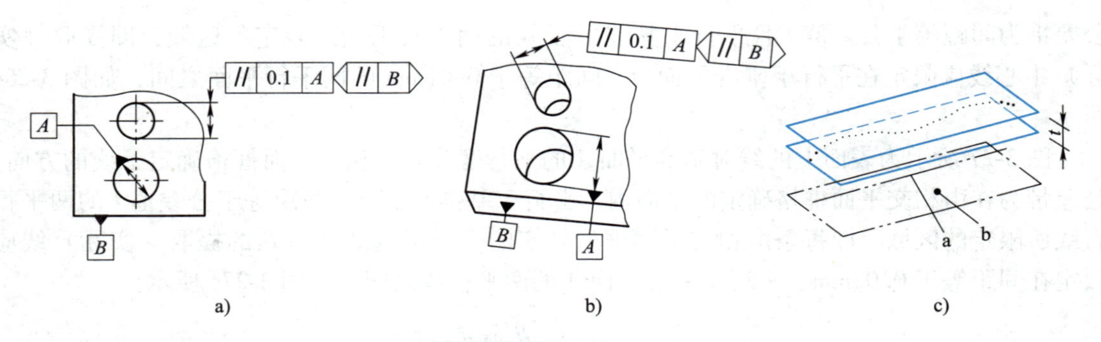

图 3-29　中心线对基准轴线的平行度公差（二）

a—基准轴线　b—基准平面

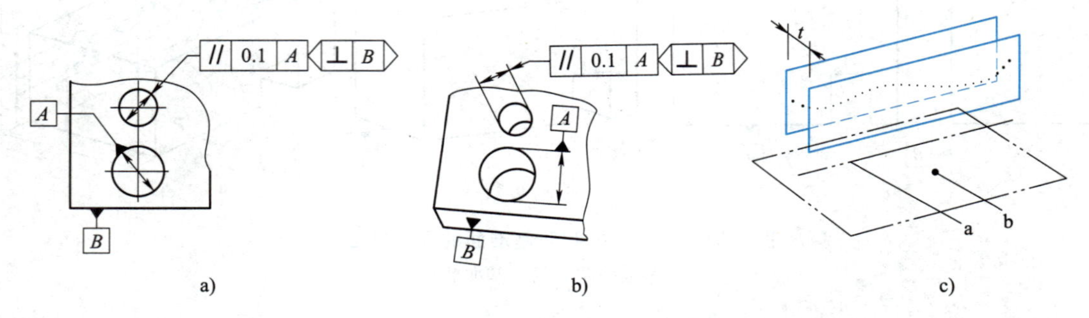

图 3-30　中心线对基准轴线的平行度公差（三）

a—基准轴线 A　b—基准平面 B

如图 3-31 所示，公差带为间距等于公差值 t_1 和 t_2，且平行于基准轴线的两对平行平面

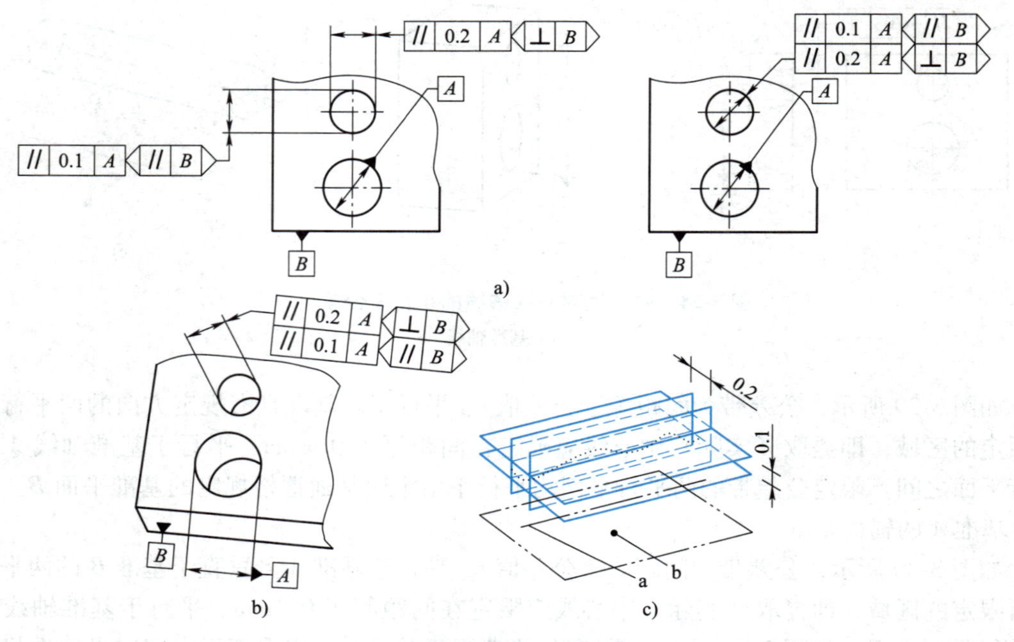

图 3-31　中心线对基准轴线的平行度公差（四）

a—基准轴线 A　b—基准平面 B

所限定的区域，即提取（实际）中心线应限定在两对间距分别等于0.1mm和0.2mm，且平行于基准轴线A的平行平面之间，如图3-31c所示。定向平面框格规定了公差带宽度相对于基准平面B的方向。0.2mm的公差带的限定平面垂直于定向平面B，0.1mm的公差带的限定平面平行于定向平面B。基准B为基准A的辅助基准。

（2）垂直度公差　垂直度公差用于限制被测要素和基准要素相垂直的误差。垂直度公差和平行度公差一样，也有类似的几种情况。

图3-32所示为面对基准平面的垂直度公差，公差带为间距等于公差值t、垂直于基准平面的两平行平面所限定的区域，即提取（实际）表面应限定在间距等于0.08mm、垂直于基准平面A（底面）的两平行平面之间，如图3-32c所示。垂直度公差的其他几种情况不再赘述。

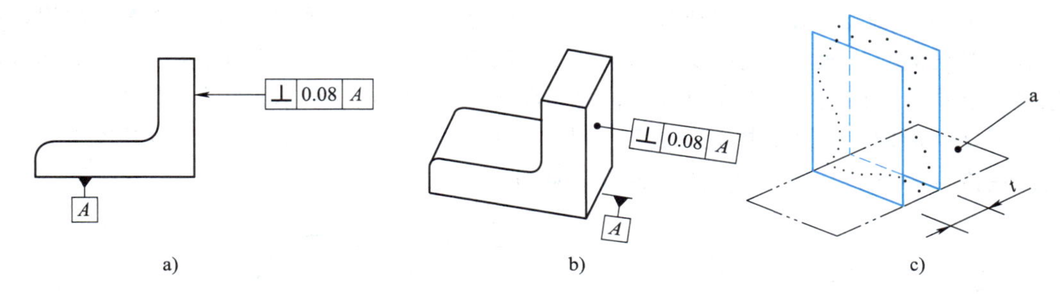

图3-32　面对基准面的垂直度公差

a—基准平面A

（3）倾斜度公差　倾斜度公差用于限制被测要素与基准要素有夹角（$0°<\alpha<90°$）的误差。被测要素相对于基准要素的倾斜角度必须用理论正确角度表示。倾斜度公差与垂直度公差和平行度公差一样，也有类似的几种情况。

图3-33所示为面对基准平面的倾斜度公差，公差带为间距等于公差值t的两平行平面所限定的区域，两平行平面按给定角度倾斜于基准平面，即提取（实际）表面应限定在间距等于0.08mm的两平行平面之间，如图3-33c所示。这两个平行平面按理论正确角度40°倾斜于基准平面A。倾斜度公差的其他几种情况不再赘述。

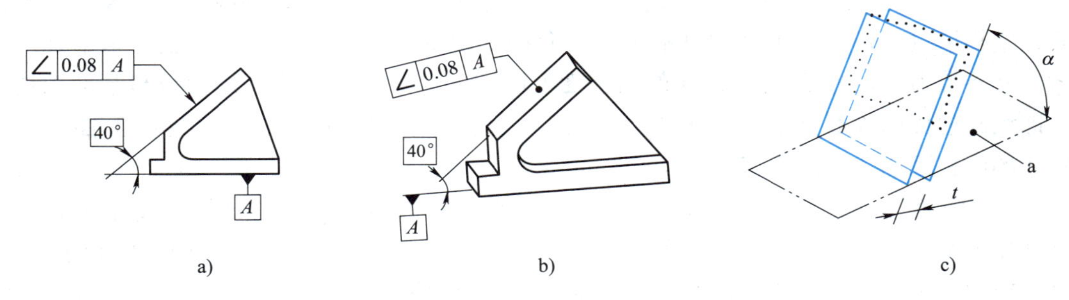

图3-33　面对基准面的倾斜度公差

a—基准平面

方向公差带具有如下特点。

1）方向公差带相对于基准有确定的方向，而其位置往往是浮动的。

2）方向公差带具有综合控制被测要素的方向和形状的功能。如平面的平行度公差，可以控制该平面的平面度和直线度误差；轴线的垂直度公差可以控制该轴线的直线度误差。在保证使用要求的前提下，对被测要素给出方向公差后，通常不再对该要素提出形状公差要求。需要对被测要素的形状有进一步的要求时，可再给出形状公差，但其形状公差值应小于方向公差值。

3. 位置公差带

位置公差是关联提取（实际）要素对基准在位置上所允许的变动量。根据被测要素和基准要素之间的功能关系，位置公差分为同轴度（同心度）、对称度、位置度三个特征项目。其中，同轴度和对称度可以视为位置度的特殊情况，即理论正确尺寸为零的情况。

（1）点的同心度公差　点的同心度公差涉及的被测要素是圆心，是点要素，指提取被测圆心对基准圆心（被测圆心的理想位置）的允许变动量。如图3-34所示，公差值前加注符号 ϕ，公差带为直径等于公差值 ϕt 的圆周所限定的区域。该圆周的圆心与基准点重合，即在任意横截面内，内圆的提取（实际）中心应限定在直径等于 ϕ0.1mm、以基准点 A 为圆心的圆周内（ACS指任意横截面），如图3-34c所示。

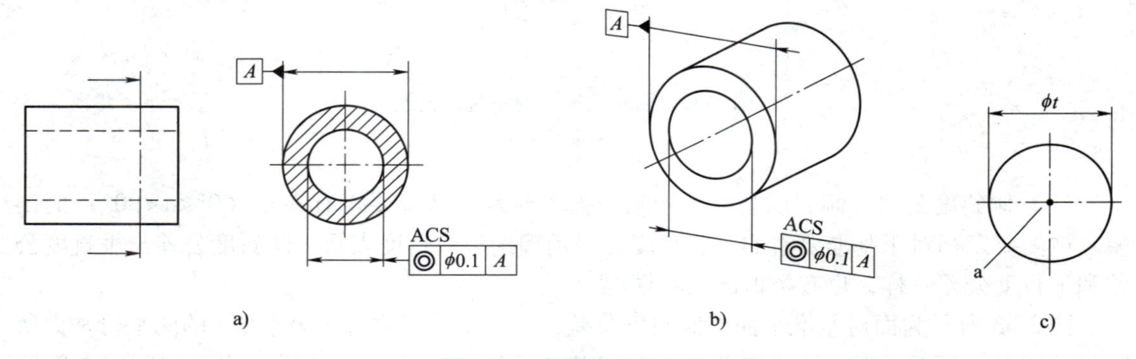

图3-34　点的同心度公差

a—基准点

（2）轴线的同轴度公差　轴线的同轴度公差涉及的被测要素是轴线，是线要素和导出要素，指提取（实际）中心线对基准轴线的允许变动量。如图3-35所示，公差值前加注符号 ϕ，公差带为直径等于公差值 ϕt 的圆柱面所限定的区域。该圆柱面的轴线与基准轴线重合，即大圆柱面的提取（实际）中心线应限定在直径等于 ϕ0.08mm、以公共基准轴线 A—B 为轴线的圆柱面内，如图3-35c所示。

（3）对称度公差　对称度公差用于限制被测要素中心线（或中心面）对基准要素中心线（或中心面）的共线性（或共面性）的误差。对称度公差涉及的要素是中心面和中心线。它是指提取（实际）导出要素的位置对基准的允许变动量。

图3-36所示为中心平面的对称度公差，公差带为间距等于公差值 t，对称于基准中心平面的两平行平面所限定的区域，即提取（实际）中心面应限定在间距等于0.08mm、对称于基准中心平面 A 的两平行平面之间，如图3-36c所示。

（4）位置度公差　位置度公差用于限制被测点、线或面的提取（实际）位置对其拟合

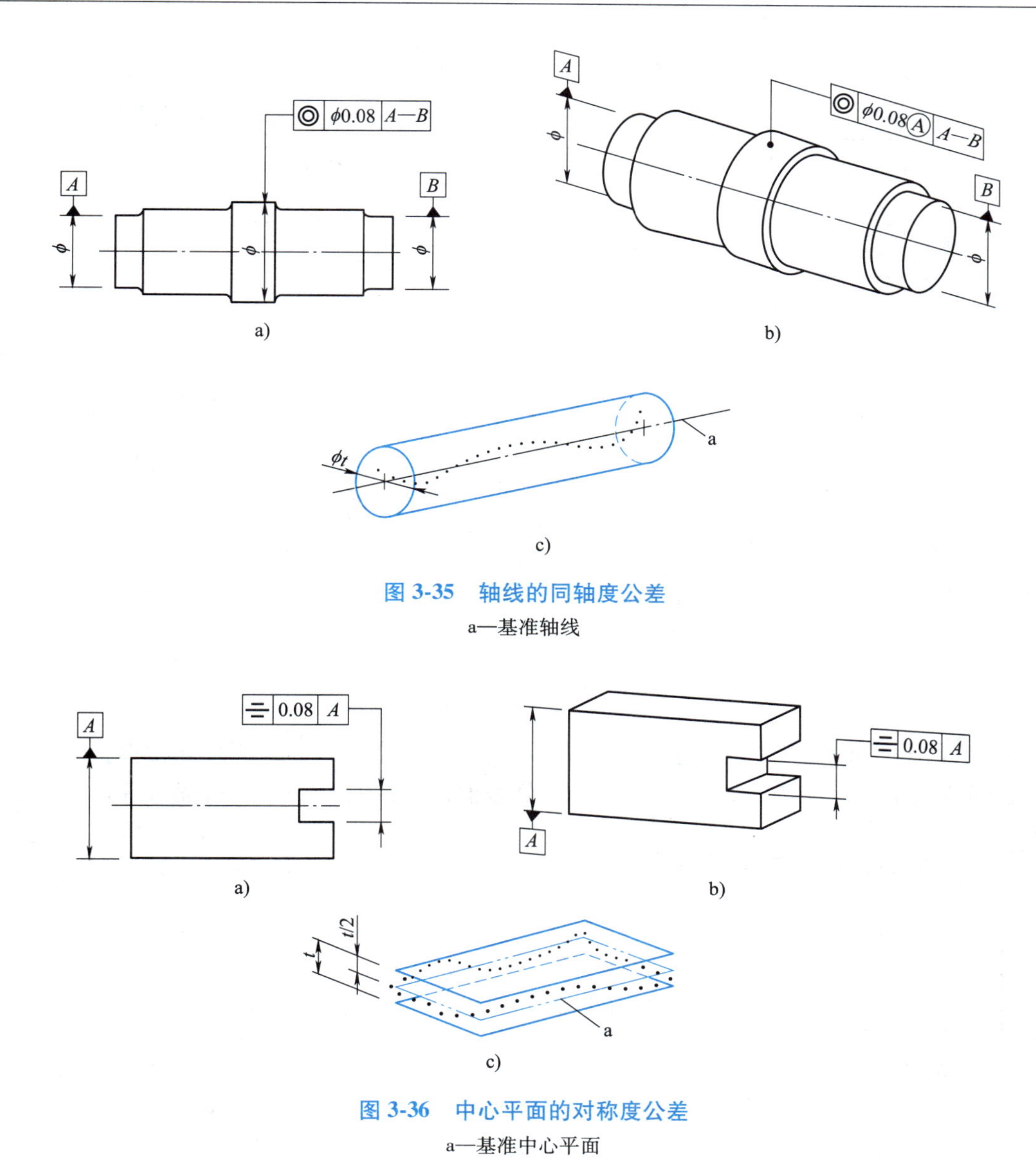

图 3-35　轴线的同轴度公差

a—基准轴线

图 3-36　中心平面的对称度公差

a—基准中心平面

位置的变动量。它涉及的被测要素有点要素、线要素或面要素，而涉及的基准要素通常为线要素或面要素。位置度是指被测要素位于由基准和理论正确尺寸确定的拟合位置的精度要求。位置度公差带相对于拟合被测要素的位置对称分布。位置度公差是综合性最强的指标之一，它同时控制了被测要素上的其他形状和方向公差。它的公差带位置是固定的，由理论正确尺寸确定。位置度公差有以下几种类型。

1）点的位置度公差。点的位置度以圆心或球心为被测要素，一般均要求在任意方向上加以控制。如图 3-37 所示，公差值前加注 $S\phi$，公差带为直径等于公差值 $S\phi t$ 的圆球面所限定的区域。该圆球面中心的理论正确位置由基准 A、B、C 和理论正确尺寸确定，即提取（实际）球心应限定在直径等于 $S\phi0.3$mm 的圆球面内，该圆球面的中心由基准平面 A、基准平面 B、基准中心平面 C 和理论正确尺寸 30、25 确定。

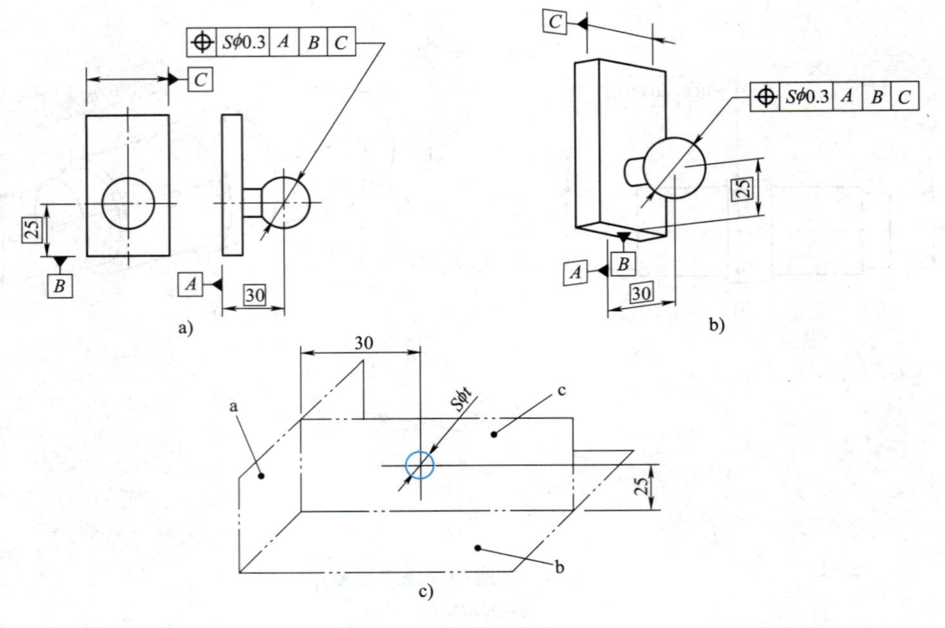

图 3-37　点的位置度公差

a—基准平面 A　b—基准平面 B　c—基准平面 C

2）直线的位置度公差。线的位置度可以在规定的一个方向上或两个互相垂直的方向上以及任意方向上加以控制。如图 3-38 所示，公差值前加注符号 ϕ，公差带为直径等于公差

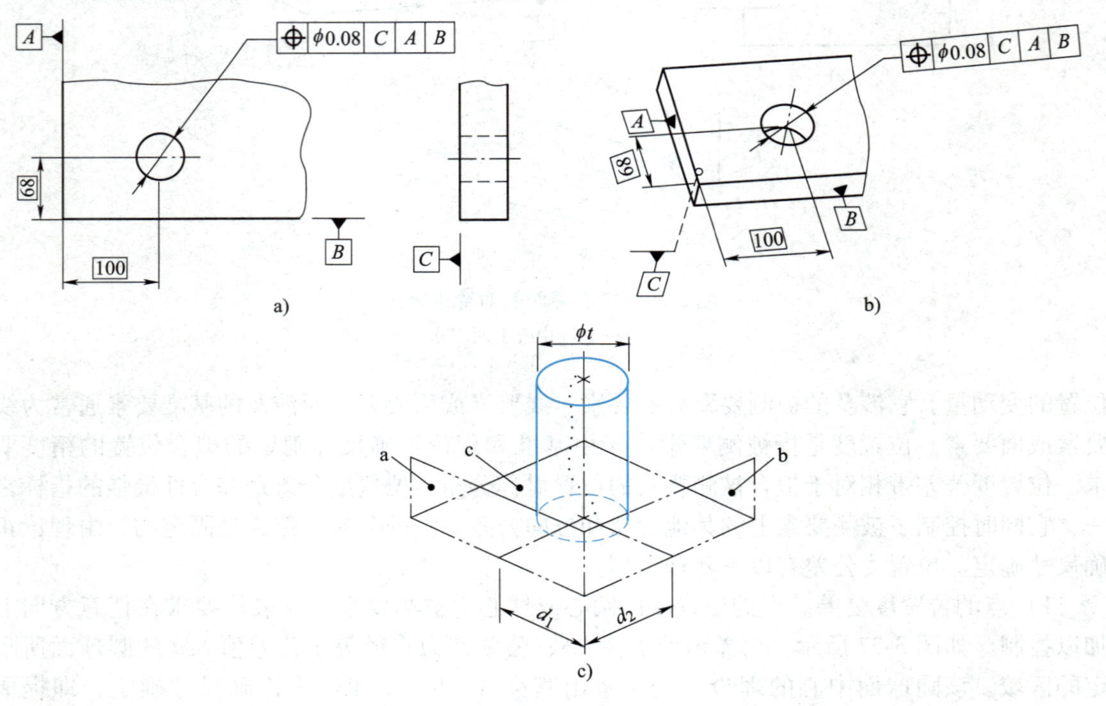

图 3-38　任意方向上线的位置度公差

a—基准平面 A　b—基准平面 B　c—基准平面 C

值 ϕt 的圆柱面所限定的区域。该圆柱面的轴线位置由相对于基准 C、A、B 的理论正确尺寸确定，即提取（实际）中心线应限定在直径等于 $\phi 0.08$mm 的圆柱面内，该圆柱面的轴线应处于由基准平面 C、A、B 和理论正确尺寸 100、68 确定的理论正确位置上，如图 3-38c 所示。

如图 3-39 所示，该公差在基准体系的两个方向上给定。公差带为间距分别等于公差值 t_1 和 t_2，且对称于理论正确位置的两对平行平面所限定的区域，即各孔的提取（实际）中心

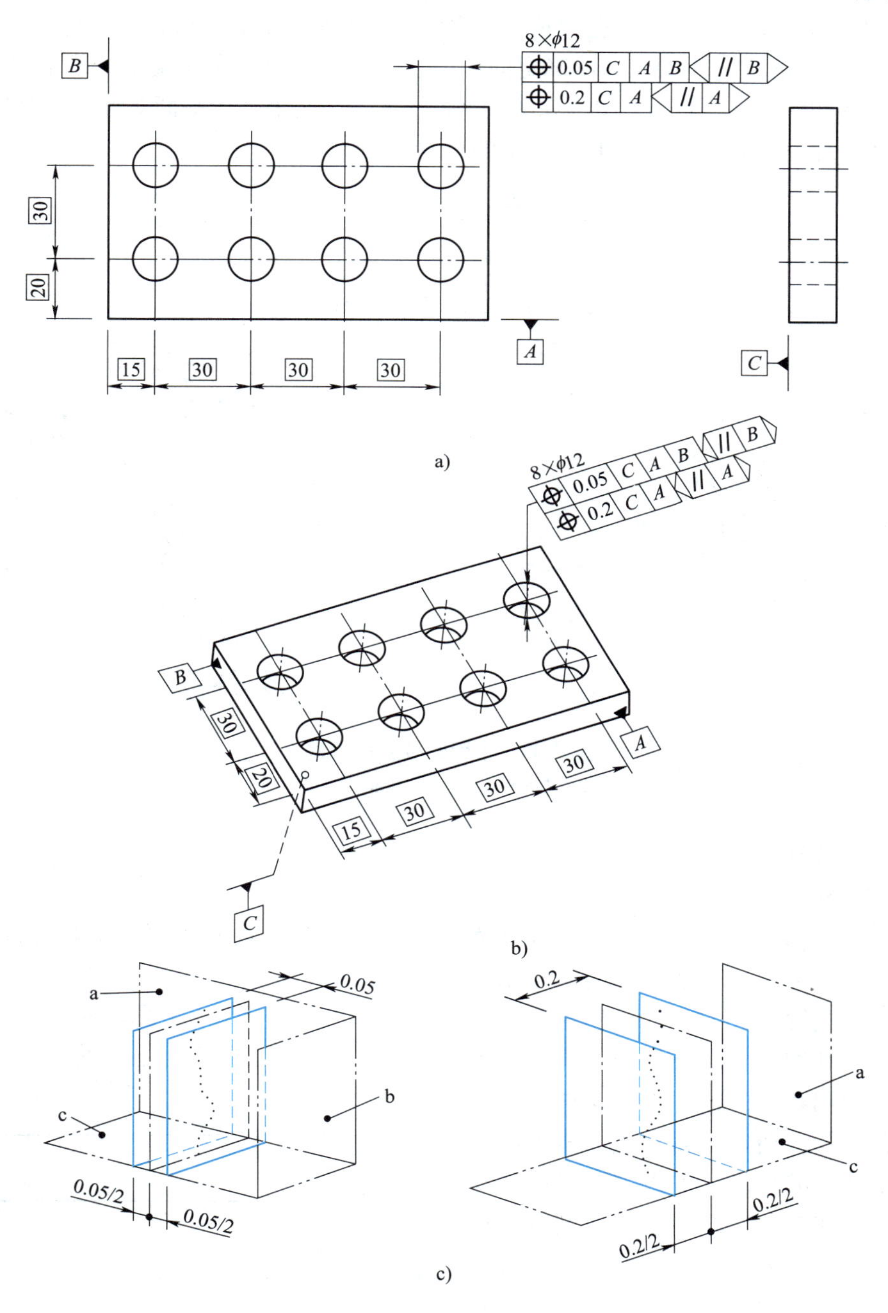

图 3-39　给定方向上线的位置度公差

a—基准平面 A　b—基准平面 B　c—基准平面 C

线在给定方向上应各自限定在间距分别等于 0.05mm 和 0.2mm，且相互垂直的两对平行平面内，如图 3-39c 所示。理论正确位置由相对于基准 *C*、*A*、*B* 的理论正确尺寸确定。定向平面框格规定了公差带相对于基准体系的方向。0.05mm 的公差带平行于定向平面 *B*，0.2mm 的公差带平行于定向平面 *A*。

3）平面的位置度公差。平面的位置度公差是对零件表面或中心平面的位置度要求。如图 3-40 所示，公差带为间距等于公差值 *t* 的两平行平面所限定的区域，两平行平面对称于由相对于基准 *A*、*B* 的理论正确尺寸所确定的理论正确位置，即提取（实际）表面应限定在间距等于 0.05mm 的两平行平面之间，如图 3-40c 所示，这两个平行平面对称于由基准平面 *A*、基准轴线 *B* 和理论正确尺寸 15、105°确定的理论正确位置。

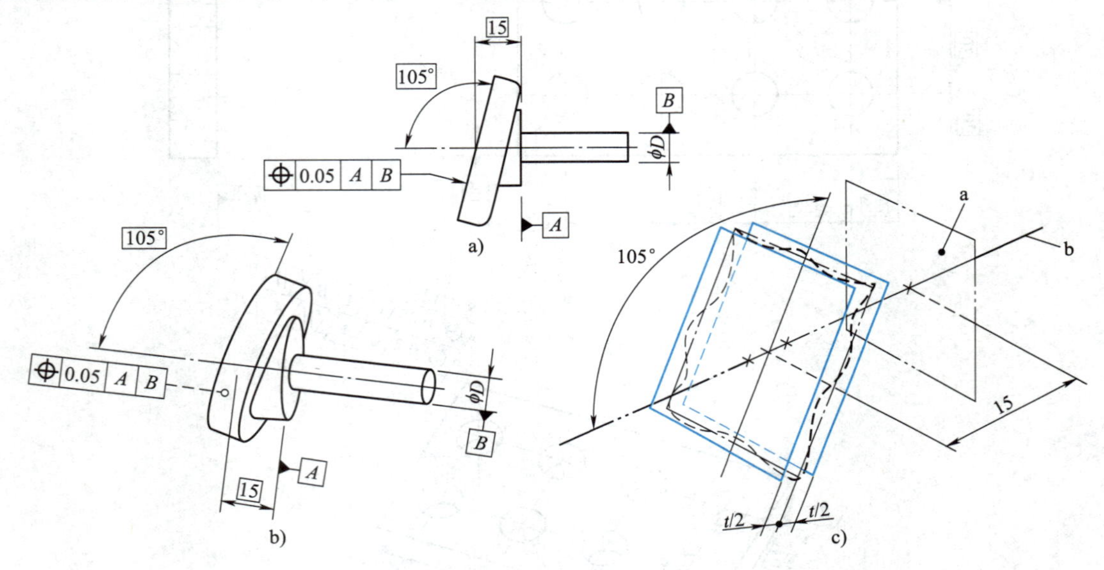

图 3-40　平面的位置度公差

a—基准平面 *A*　b—基准轴线 *B*

位置公差带具有如下特点。

1）位置公差带相对于基准有确定的位置。

2）位置公差带具有综合控制被测要素的位置、方向和形状的功能。如平面的位置度公差，可以控制该平面的平面度和相对于基准的方向误差；同轴度公差可以控制被测轴线的直线度误差和相对于基准轴线的平行度误差。在保证使用要求的前提下，对被测要素给出位置公差后，通常不再对该要素提出方向公差和形状公差要求。如果需要对被测要素的方向和形状有进一步的要求，则可另行给出方向或形状公差，但其形状公差值应小于方向公差值，方向公差值应小于位置公差值，如图 3-41 所示。

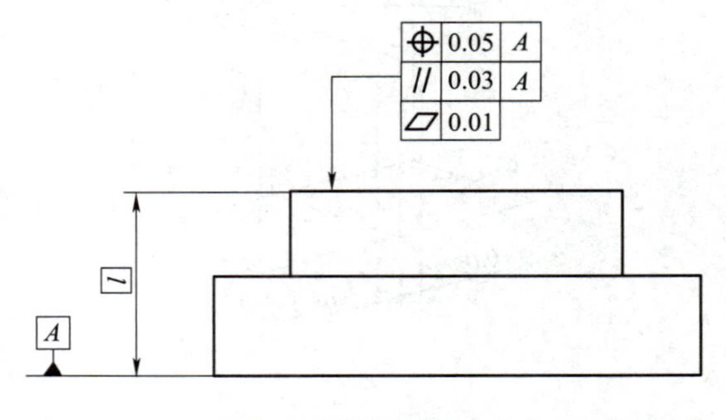

图 3-41　同一要素同时给出位置、方向、形状公差

4. 跳动公差带

跳动公差是指被测要素围绕基准要素旋转时，指示表沿给定方向测得的示值最大变动量的允许值。跳动公差分为圆跳动公差和全跳动公差两类。

（1）圆跳动公差　圆跳动公差是指被测要素围绕基准轴线旋转一周时（零件和测量仪器无轴向位移）测得的示值最大变动量的允许值。圆跳动公差的被测要素是圆环线，属于线要素。圆跳动公差分为径向圆跳动、轴向圆跳动、斜向圆跳动、给定方向的圆跳动。圆跳动公差适用于各个不同的测量位置。

1）径向圆跳动公差。径向圆跳动公差是指被测要素在垂直于基准轴线的方向上绕基准轴线旋转一周时允许的指示表最大示值的差值。一个圆柱面的径向圆跳动值应在多个有代表性的位置进行测量，并取得其最大值进行评定。

如图3-42所示，公差带为在任一垂直于基准轴线的横截面内、半径差等于公差值 t、圆心在基准轴线上的两共面同心圆所限定的区域，即在任一垂直于公共基准轴线 $A—B$ 的横截面内，提取（实际）圆应限定在半径差等于0.1mm、圆心在基准轴线 $A—B$ 上的两共面同心圆之间，如图3-42c所示。

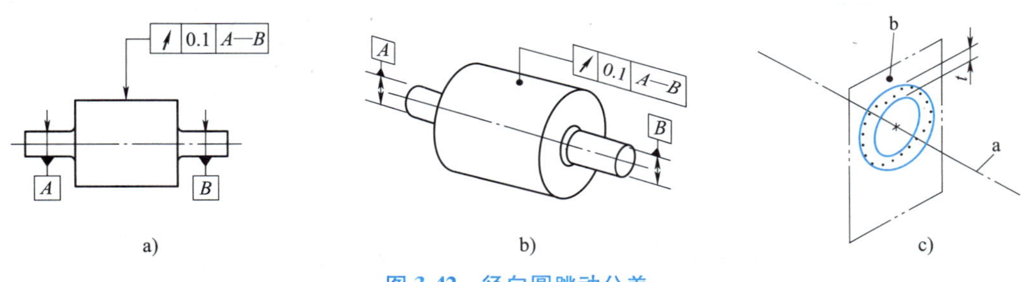

图3-42　径向圆跳动公差

a—基准轴线　b—横截面

2）轴向圆跳动公差。轴向圆跳动公差是指被测要素绕基准轴线旋转一周时，在平行于基准轴线的方向上允许的指示表最大示值的差值。对于一个端面，其圆跳动值往往是距基准轴线最远处误差值最大，因此，应在多个有代表性的部位，尤其是最远处（直径最大处）进行测量，并取得最大值。

如图3-43所示，公差带为与基准轴线同轴的任一半径的圆柱截面上，间距等于公差值 t 的两圆所限定的圆柱面区域，即在与基准轴线 D 同轴的任一圆柱形截面上，提取（实际）圆应限定在轴向距离等于0.1mm的两个等圆之间，如图3-43c所示。

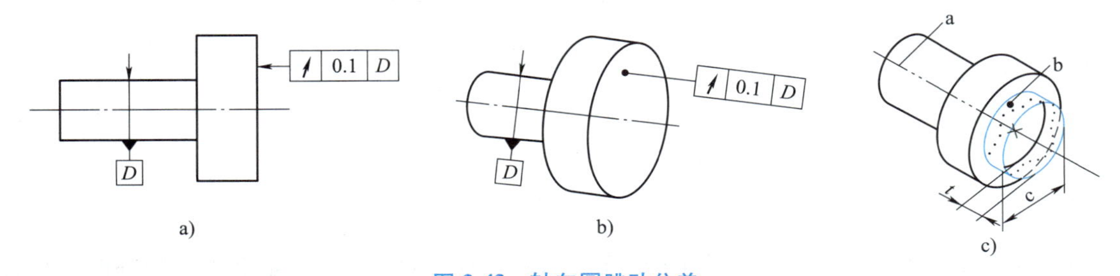

图3-43　轴向圆跳动公差

a—基准轴线 D　b—公差带　c—任意直径

3）斜向圆跳动公差。斜向圆跳动公差是被测要素绕基准轴线旋转一周时，在垂直于表面的方向上允许的指示表最大示值的差值。对于一个非圆柱回转表面，其斜向圆跳动值应在多个有代表性的位置进行测量，并取其最大值进行评定。斜向圆跳动反映了该非圆柱回转表面的部分形状误差和同轴度误差。

如图3-44所示，斜向圆跳动公差带为与基准轴线同轴的任一圆锥截面上，间距等于公差值 t 的两不等圆所限定的圆锥面区域。除另有规定外，公差带宽度应沿规定几何要素的法向。当被测要素的素线不是直线时，圆锥截面的锥角要随所测圆的实际位置而改变，以保持与被测要素垂直，如图3-45c所示。图3-44、图3-45表示的斜向圆跳动是指在与基准轴线 C 同轴的任一圆锥截面上，提取（实际）线应限定在素线方向间距等于0.1mm的两不等圆之间，且截面的锥角与被测要素垂直。

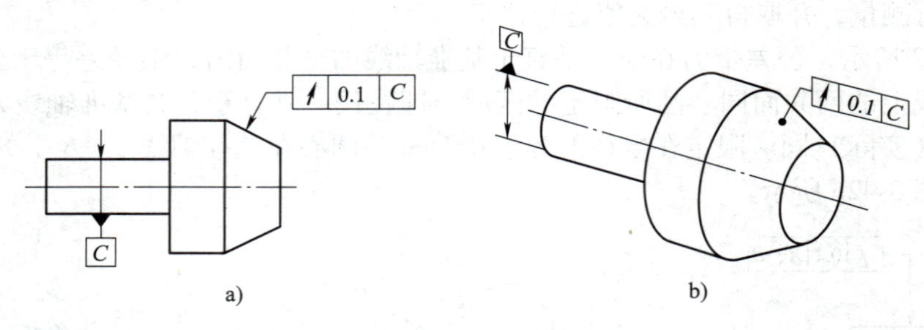

图3-44　素线为直线的斜向圆跳动公差

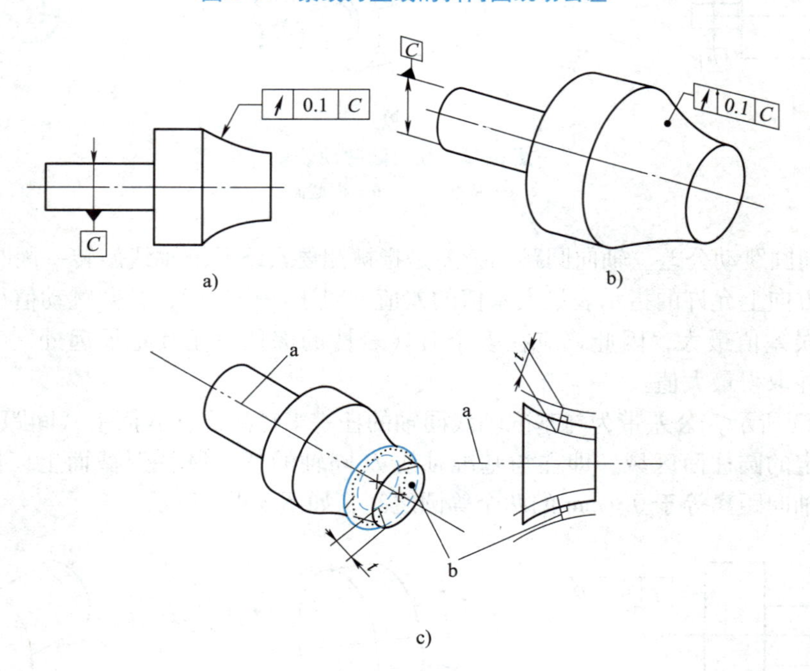

图3-45　素线为曲线的斜向圆跳动公差

a—基准轴线　b—公差带

4）给定方向的圆跳动公差。如图3-46所示，公差带为在轴线与基准轴线同轴的，具有给定锥角的任一圆锥截面上，间距等于公差值 t 的两不等圆所限定的圆锥面区域，即在相对

于方向要素（给定角度 α）的任一圆锥截面上，提取（实际）线应限定在圆锥截面内间距等于 0.1mm 的两不等圆之间，如图 3-46c 所示。

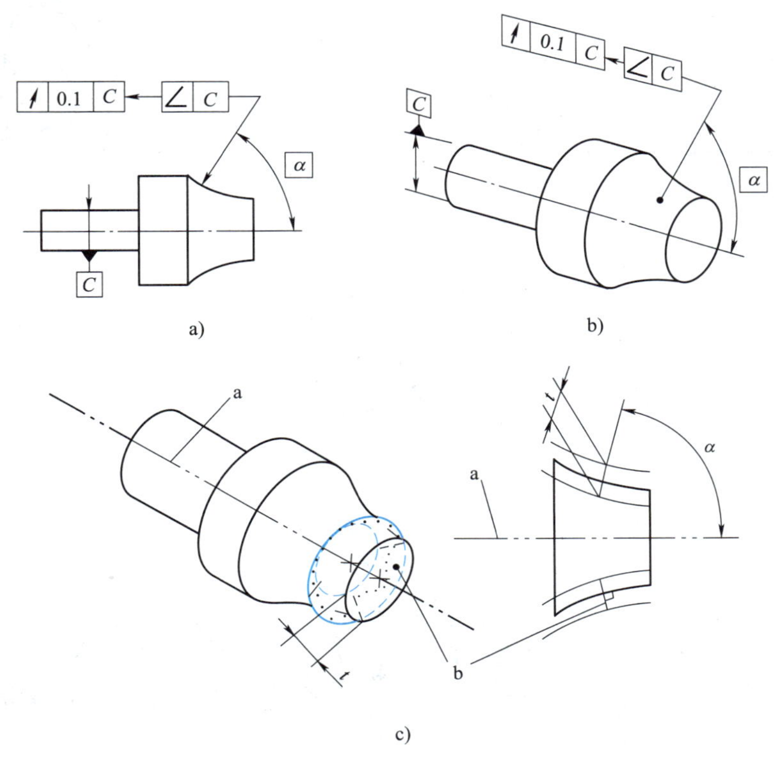

图 3-46　给定方向的圆跳动公差

a—基准轴线　b—公差带

（2）全跳动公差　全跳动公差是被测要素绕基准轴线作若干次旋转，同时指示表作平行或垂直于基准轴线的直线移动时，在整个表面上的最大跳动量。全跳动公差的被测要素是组成要素，属于面要素。全跳动公差分为径向全跳动和轴向全跳动。在实际测量中，被测要素上取点的多少直接影响跳动量的数值。为尽量接近真实值，应取尽量多的测量点，各点之间的轴向变化也尽量地少。

1）径向全跳动公差。径向全跳动公差是指被测圆柱面上各点围绕基准旋转时，在垂直于基准的方向上允许的指示表最大示值的差值。

如图 3-47 所示，公差带为半径差等于公差值 t，与基准轴线同轴的两同轴圆柱面所限定的区域，即提取（实际）圆柱表面应限定在半径差等于 0.1mm，与公共基准轴线 $A—B$ 同轴的两同轴圆柱面之间，如图 3-47c 所示。

2）轴向全跳动公差。轴向全跳动公差是指被测端面上各点围绕基准旋转时，在平行于基准的方向上允许的指示表最大示值的差值。

如图 3-48 所示，公差带为间距等于公差值 t，垂直于基准轴线的两平行平面所限定的区域，即提取（实际）表面应限定在间距等于 0.1mm、垂直于基准轴线 D 的两平行平面之间，如图 3-48c 所示。

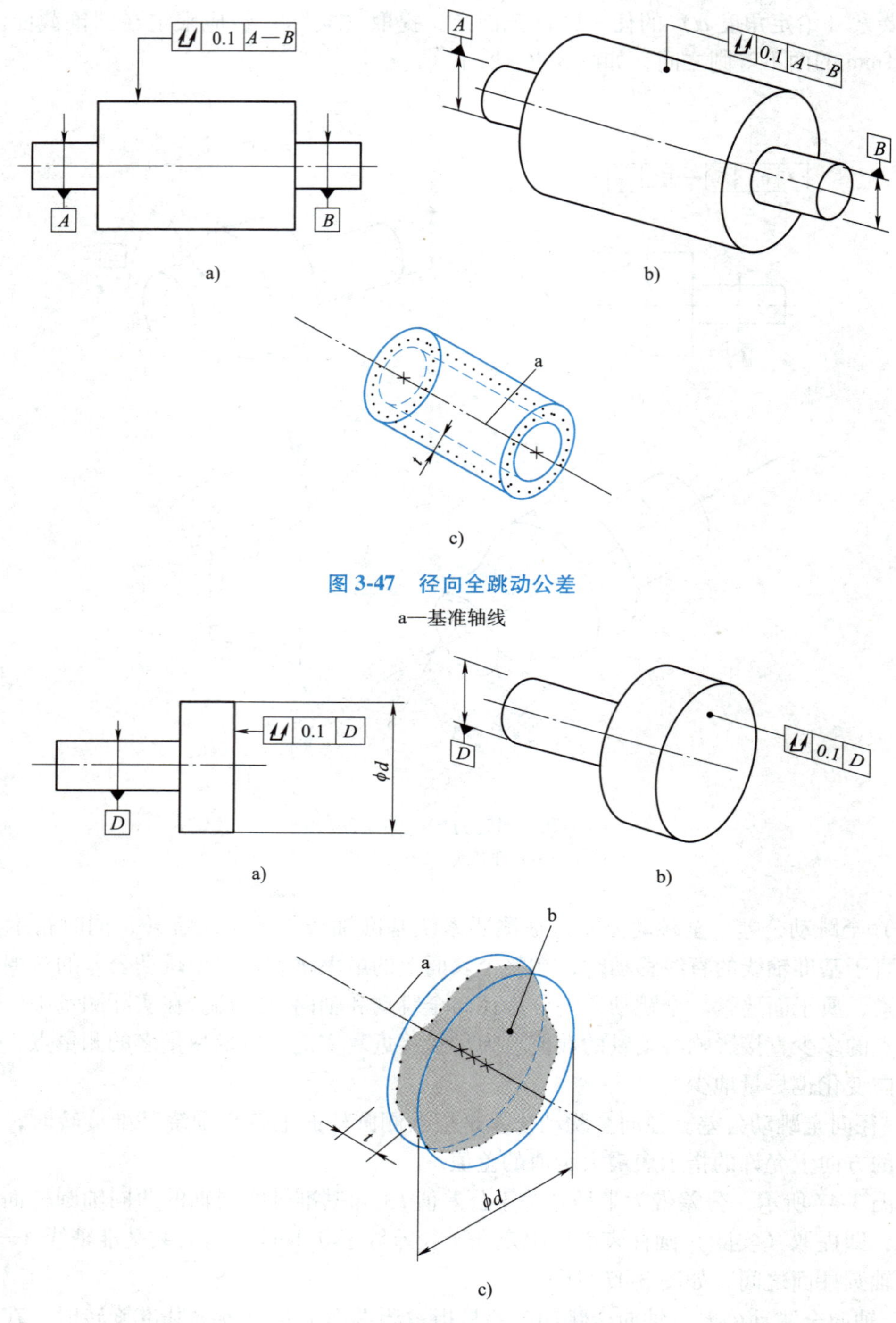

图 3-47　径向全跳动公差

a—基准轴线

图 3-48　轴向全跳动公差

a—基准轴线　b—提取表面

跳动公差带具有如下特点。

1）跳动公差带的位置具有固定和浮动双重特点，一方面公差带的中心（或轴线）始终

与基准轴线同轴，另一方面公差带的半径又随实际要素的变动而变动。

2）跳动公差具有综合控制被测要素的位置、方向和形状的作用。例如径向圆跳动公差带可综合控制圆柱度和圆度误差。径向全跳动公差带可综合控制圆度、圆柱度、素线和中心线的直线度以及同轴度误差。轴向全跳动公差带可综合控制端面对基准轴线的垂直度误差和端面的平面度误差。在满足使用要求的前提下，对被测要素给出跳动公差后，通常对该要素不再给出方向公差、位置公差和形状公差要求。如果需要对被测要素的方向、位置和形状有进一步的要求，则可另行给出方向、位置或形状公差，但其公差数值应小于跳动公差值。

3）跳动公差适用于回转表面或其端面。

3.3　公差原则

零件上几何要素的实际状态是由要素的尺寸误差和几何误差综合作用的结果，两者都会影响零件的配合性质，因此在设计和检测时需要明确几何公差与尺寸公差之间的关系。处理几何公差与尺寸公差之间相互关系的原则称为公差原则。公差原则分为独立原则和相关要求。相关要求又分为包容要求、最大实体要求、最小实体要求、可逆要求。

3.3.1　相关术语及定义

（1）提取组成要素的局部尺寸　一切提取组成要素上两对应点之间距离的统称。为方便起见，可将提取组成要素的局部尺寸简称为提取要素的局部尺寸。

（2）提取圆柱面的局部尺寸（直径）　要素上两对应点之间的距离。其中：两对应点之间的连线通过拟合圆的圆心；横截面垂直于由提取表面得到的拟合圆柱面的轴线。

（3）最大实体状态（MMC）　当提取要素的局部尺寸处处位于极限尺寸且使其具有材料最多（实体最大）时的状态。如孔直径最小时和轴直径最大时。

（4）最大实体尺寸（MMS）　确定要素最大实体状态的尺寸，即外尺寸要素的上极限尺寸，内尺寸要素的下极限尺寸。

$$D_M = D_{\min} \tag{3-1}$$

$$d_M = d_{\max} \tag{3-2}$$

式中，D_M 为孔的最大实体尺寸；d_M 为轴的最大实体尺寸。

（5）最小实体状态（LMC）　当提取要素的局部尺寸处处位于极限尺寸且使其具有材料最少（实体最小）时的状态。如孔直径最大时和轴直径最小时。

（6）最小实体尺寸（LMS）　确定要素最小实体状态的尺寸，即外尺寸要素的下极限尺寸，内尺寸要素的上极限尺寸。

$$D_L = D_{\max} \tag{3-3}$$

$$d_L = d_{\min} \tag{3-4}$$

式中，D_L 为孔的最小实体尺寸；d_L 为轴的最小实体尺寸

（7）最大实体边界（MMB）　最大实体状态理想形状的极限包容面。

（8）最小实体边界（LMB）　最小实体状态理想形状的极限包容面。

（9）最大实体实效尺寸（MMVS）　尺寸要素的最大实体尺寸（MMS）和其导出要素的几何公差（形状、方向或位置）共同作用产生的尺寸。

对于外尺寸要素，最大实体实效尺寸为

$$d_{MV}=d_M+t_{几何}=d_{max}+t_{几何} \tag{3-5}$$

对于内尺寸要素，最大实体实效尺寸为

$$D_{MV}=D_M-t_{几何}=D_{min}-t_{几何} \tag{3-6}$$

式中，D_{MV} 为孔的最大实体实效尺寸；d_{MV} 为轴的最大实体实效尺寸；$t_{几何}$ 为几何公差。

(10) 最大实体实效状态（MMVC）　拟合要素的尺寸为其最大实体实效尺寸（MMVS）时的状态。

(11) 最大实体实效边界（MMVB）　最大实体实效状态对应的极限包容面称为最大实体实效边界。

(12) 最小实体实效尺寸（LMVS）　尺寸要素的最小实体尺寸（LMS）和其导出要素的几何公差（形状、方向或位置）共同作用产生的尺寸。

对于外尺寸要素，最小实体实效尺寸为

$$d_{LV}=d_L-t_{几何}=d_{min}-t_{几何} \tag{3-7}$$

对于内尺寸要素，最小实体实效尺寸为

$$D_{LV}=D_L+t_{几何}=D_{max}+t_{几何} \tag{3-8}$$

式中，d_{LV} 为轴的最小实体实效尺寸；D_{LV} 为孔的最小实体实效尺寸；$t_{几何}$ 为几何公差。

(13) 最小实体实效状态（LMVC）　拟合要素的尺寸为其最小实体实效尺寸（LMVS）时的状态。

(14) 最小实体实效边界（LMVB）　最小实体实效状态对应的极限包容面称为最小实体实效边界。

当几何公差是方向公差时，最大（小）实体实效状态和最大（小）实体实效边界受其方向所约束；当几何公差是位置公差时，最大（小）实体实效状态和最大（小）实体实效边界受其位置所约束。

3.3.2　独立原则及相关要求

1. 独立原则

独立原则是指被测要素在图样上给出的尺寸公差与几何公差各自独立，无相互关系，应分别满足公差要求的原则。如图3-49所示，图样上注出的尺寸公差仅控制轴的提取要素的局部尺寸，即不管轴线怎样弯曲，各局部尺寸只能在 $\phi19.97\sim\phi20$mm 的范围内。同样，不论轴的提取要素的局部尺寸如何变动，轴线的直线度误差不得超过 $\phi0.02$mm。独立原则是几何公差与尺寸公差相互关系的基本原则。

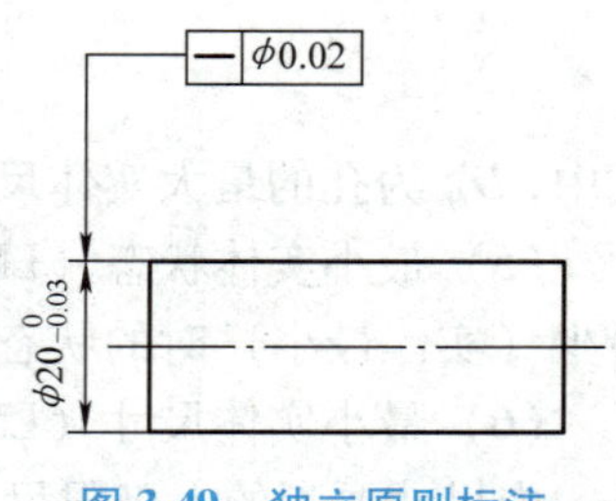

图3-49　独立原则标注

对于大多数机械零件，采用独立原则给出尺寸公差和几何公差。应用时注意以下几点。

1）对尺寸公差无严格要求，对几何公差有较高要求时可采用独立原则。例如印刷机的滚筒，重要的是控制其圆度误差，以保证印刷时与纸面接触均匀，保证图文清晰，而滚筒的直径大小对印刷质量影响不大，故可按独立原则给出圆度公差，尺寸公差按一般公差处理。

2）要保证运动精度要求时，可采用独立原则。例如，当孔和轴配合后有轴向运动精度要求时，除了给出孔和轴的直径公差外，还需给出直线度公差以满足轴向运动精度要求，给出圆度（或圆柱度）公差以满足回转精度要求，并且不允许随着孔和轴提取要素的局部尺

寸变化而使直线度误差和圆度（圆柱度）误差超过给定的公差值。这时要求尺寸公差和几何公差相互独立，可采用独立原则。

3）对于非配合要求的要素，采用独立原则。例如各种长度尺寸、退刀槽、间距和圆角等。

2. 相关要求

相关要求是指图样上给定的尺寸公差与几何公差相互有关的公差要求，分为包容要求、最大实体要求、最小实体要求和可逆要求。

（1）包容要求　包容要求是指尺寸要素的非理想要素不得超出其最大实体边界（MMB）的一种尺寸要素要求，即提取圆柱面不得超出其最大实体边界（MMB），其局部尺寸不得超出最小实体尺寸（LMS）。如图 3-50a 所示，采用包容要求的尺寸要素应在其尺寸极限偏差或公差带代号之后加注符号Ⓔ。包容要求适用于圆柱表面或两平行对应面。

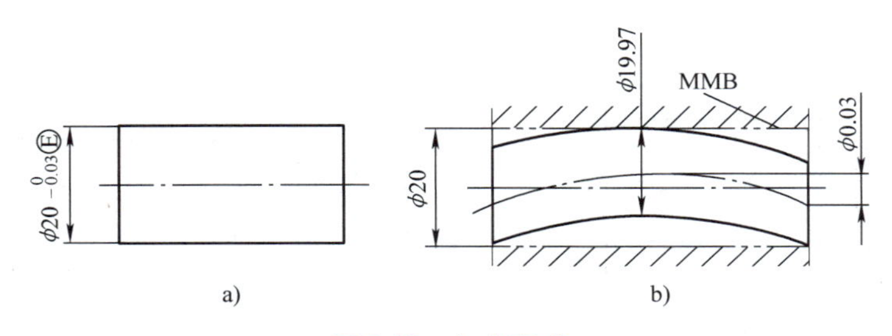

图 3-50　包容要求

采用包容要求时，尺寸公差不仅限制了提取圆柱面的局部直径，还控制了要素的几何误差。例如图 3-50a 所示的轴按包容要求给出了尺寸公差，其表达的含义如下：①该轴的提取要素不得违反其最大实体状态 MMC，最大实体尺寸 MMS = ϕ20mm。如当提取圆柱面的局部直径为最大实体尺寸 ϕ20mm 时，轴的直线度误差为零。②当轴的提取圆柱面的局部直径偏离最大实体尺寸，如为 ϕ19. 98mm 时，偏离量 0. 02mm 可补偿给轴的直线度公差，此时允许轴线的直线度误差等于或小于 ϕ0. 02mm；当提取圆柱面的局部直径为最小实体尺寸 ϕ19. 97mm 时，允许轴线具有等于或小于 ϕ0. 03mm 的直线度误差，如图 3-50b 所示。③轴的提取要素各处的局部直径应等于或大于最小实体尺寸（LMS = ϕ19. 97mm）且应等于或小于最大实体尺寸（MMS = ϕ20mm）。

（2）最大实体要求 MMR　尺寸要素的非理想要素不得违反其最大实体实效状态（MMVC）的一种尺寸要素要求，即尺寸要素的非理想要素不得超出其最大实体实效边界（MMVB）的一种尺寸要素要求。

最大实体要求可规定尺寸要素的尺寸及其导出要素几何要求（形状、方向或位置）之间的组合要求。

最大实体要求应用于注有几何公差的要素（被测要素）时，在图样上的几何公差框格内用符号Ⓜ标注在导出要素的几何公差值之后，如图 3-51 所示；当其应用于基准要素时，在图样上用符号Ⓜ标注在基准字母之后。

下面仅就最大实体要求用于被测要素加以举例分析，如图 3-51 ~ 图 3-53 所示。

如图 3-51a 所示，该轴预期的功能是和一个等长的被测孔形成间隙配合。该轴的最大实体尺寸 MMS=ϕ35mm、最小实体尺寸 LMS=ϕ34.9mm、最大实体实效尺寸 MMVS=ϕ35.1mm。

1）该轴的提取要素不得违反其最大实体实效状态 MMVC，其尺寸 MMVS=ϕ35.1mm。当轴的提取圆柱面的局部尺寸为 ϕ35mm 时，允许轴线的直线度误差等于或小于给定的公差值 ϕ0.1mm；当轴的提取圆柱面的局部尺寸偏离最大实体尺寸，如为 ϕ34.95mm 时，偏离量 0.05mm 可补偿给直线度公差，此时允许轴线的直线度误差等于或小于 ϕ0.15mm（即为给定的公差值 ϕ0.1mm 与偏离量 ϕ0.05mm 之和）；当轴的提取圆柱面的局部尺寸为最小实体尺寸 ϕ34.9mm 时，偏离量达到最大值（等于尺寸公差 0.1mm），这时允许轴线的直线度误差等于或小于 ϕ0.2mm（即为给定的公差值 ϕ0.1mm 与尺寸公差 ϕ0.1mm 之和）。

2）轴的提取要素各处的局部直径应大于或等于最小实体尺寸（LMS=ϕ34.9mm）且应小于或等于最大实体尺寸（MMS=ϕ35mm），如图 3-51b 所示。

3）MMVC 的方向和位置无约束。

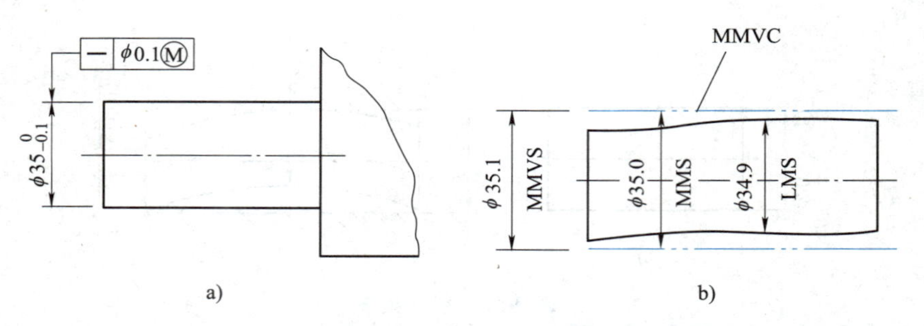

图 3-51　一个外圆柱要素具有尺寸要求和对其轴线具有直线度要求的最大实体要求示例

如图 3-52a 所示，该孔预期的功能是和一个等长的被测轴形成间隙配合。其最大实体尺寸 MMS=ϕ35.2mm、最小实体尺寸 LMS=ϕ35.3mm、最大实体实效尺寸 MMVS=ϕ35.1mm。

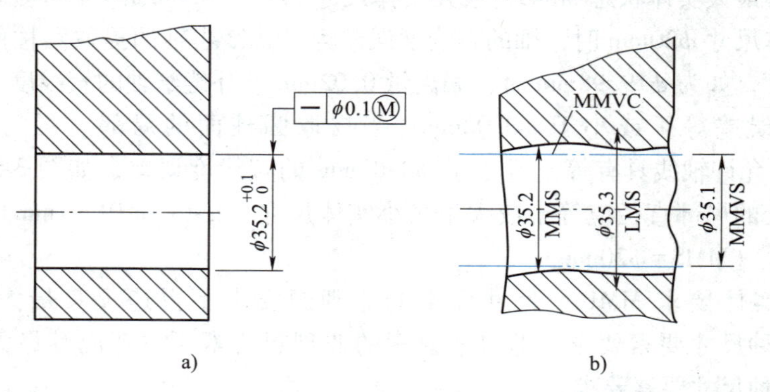

图 3-52　一个内圆柱要素具有尺寸要求和对其轴线具有直线度要求的最大实体要求示例

1）该孔的提取要素不得违反其最大实体实效状态 MMVC，其尺寸 MMVS=ϕ35.1mm。当孔的提取圆柱面的局部尺寸为 ϕ35.2mm 时，允许轴线的直线度误差等于或小于给定的公差值 ϕ0.1mm；当孔的提取圆柱面的局部尺寸偏离最大实体尺寸，如为 ϕ35.26mm 时，偏离量 0.06mm 可补偿给直线度公差，此时允许轴线的直线度误差等于或小于 ϕ0.16mm（即为给定的公差值 ϕ0.1mm 与偏离量 ϕ0.06mm 之和）；当孔的提取圆柱面的局部尺寸为最小实体尺寸 ϕ35.3mm 时，偏离量达到最大值（等于尺寸公差 0.1mm），这时允许轴线的直线度

误差等于或小于 ϕ0.2mm（即为给定的公差值 ϕ0.1mm 与尺寸公差 ϕ0.1mm 之和）。

2）孔的提取要素各处的局部直径应大于或等于最大实体尺寸（MMS=ϕ35.2mm）且应小于或等于最小实体尺寸（LMS=ϕ35.3mm），如图 3-52b 所示。

3）MMVC 的方向和位置无约束。

图 3-53 所示标注中具有 0Ⓜ的最大实体要求，它是最大实体要求的特殊情况。当几何公差为形状公差时，才可以标注 0Ⓜ，它的意义和包容要求Ⓔ相同。轴的提取要素不得违反其最大实体实效状态 MMVC，其尺寸 MMVS=ϕ35.1mm；轴的提取要素各处的局部直径应大于或等于最小实体尺寸（LMS=ϕ34.9mm）且应小于或等于最大实体尺寸（MMS=ϕ35.1mm）。

图 3-53　具有 0Ⓜ的最大实体要求

最大实体要求与包容要求相比，可得到较大的尺寸制造公差和几何制造公差，具有良好的制造性和经济性。因此，最大实体要求一方面可用于零件尺寸精度和几何精度较低、配合性质要求不严的情况，另一方面可用于保证自由装配的情况，例如盖板、箱体及法兰盘上孔系的位置度等。

值得注意的是，最大实体要求只有零件的导出要素才具备应用条件。对于平面、直线等组成要素，由于不存在尺寸公差对几何公差的补偿问题，因而不具备应用条件。

（3）最小实体要求 LMR　尺寸要素的非理想要素不得违反最小实体实效状态（LMVC）的一种尺寸要素要求，即尺寸要素的非理想要素不得超越最小实体实效边界（LMVB）的一种尺寸要素要求。

最小实体要求也是规定尺寸要素的尺寸及其导出要素几何要求（形状、方向或位置）之间的组合要求。

最小实体要求应用于被测要素时，在图样上几何公差框格内用符号Ⓛ标注在导出要素的几何公差值之后，如图 3-54 所示；当其应用于基准要素时，在图样上用符号Ⓛ标注在基准字母之后。

下面仅就最小实体要求用于被测要素加以举例分析。

如图 3-54a 所示，外尺寸要素的最大实体尺寸 MMS=ϕ70mm、最小实体尺寸 LMS=ϕ69.9mm、最小实体实效尺寸 LMVS=ϕ69.8mm。

1）外尺寸要素的提取要素不得违反其最小实体实效状态 LMVC，其尺寸 LMVS=ϕ69.8mm。当外尺寸的提取要素的局部尺寸为 ϕ69.9mm 时，允许轴线的同轴度误差等于或小于给定的公差值 ϕ0.1mm；当外尺寸的提取要素的局部尺寸偏离最小实体尺寸，如为 ϕ69.95mm 时，偏离量 0.05mm 可补偿给同轴度公差，此时允许轴线的同轴度误差等于或小于 ϕ0.15mm（即为给定的公差值 ϕ0.1mm 与偏离量 ϕ0.05mm 之和）；当外尺寸的提取要素的局部尺寸为最大实体尺寸 ϕ70mm 时，偏离量达到最大值（等于尺寸公差 0.1mm），这时允许轴线的同轴度误差等于或小于 ϕ0.2mm（即为给定的公差值 ϕ0.1mm 与尺寸公差 ϕ0.1mm 之和）。

2）外尺寸要素的提取要素各处的局部直径应小于或等于最大实体尺寸（MMS = ϕ70mm）且应大于或等于最小实体尺寸（LMS = ϕ69.9mm）。

3）LMVC 的方向和基准 *A* 相平行，并且其位置在和基准 *A* 同轴的理论正确位置上，如图 3-54b 所示。

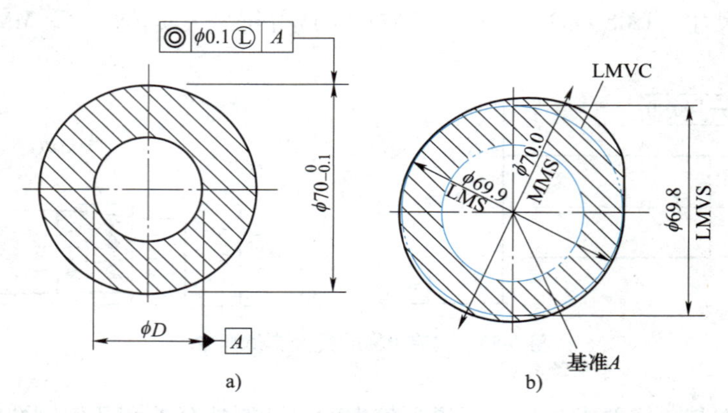

图 3-54　一个外尺寸要素与一个作为基准的同心内尺寸要素具有同轴度要求的最小实体要求示例

对于保证零件设计强度和最小壁厚时，可以采用最小实体要求。但图 3-54、图 3-55 中的最小实体要求还不能控制最小壁厚，因图样标注不全，在其他要素上缺少最小实体要求。

最大实体要求、最小实体要求应用于关联基准要素的例子，可以参见 GB/T 16671—2018《产品几何技术规范（GPS）几何公差 最大实体要求（MMR）、最小实体要求（LMR）和可逆要求（RPR）》，这里不再赘述。

（4）可逆要求 RPR　可逆要求是最大实体要求、最小实体要求的附加要求，表示尺寸公差可以在实际几何误差小于几何公差之间的差值范围内相应地增大。

当可逆要求用于最大实体要求或最小实体要求时，只是在原有尺寸公差补偿几何公差关系的基础上，增加几何公差补偿尺寸公差的关系，为加工时根据需要分配尺寸公差和几何公差提供方便。可逆要求用于最大实体要求或最小实体要求的标注方法是在图样上用符号Ⓡ标注在Ⓜ或Ⓛ之后。可逆要求仅用于注有几何公差的要素（被测要素）。图 3-55 所示为可逆要求用于最小实体要求的实例。

如图 3-55 所示，内尺寸要素的最大实体尺寸 MMS = ϕ35mm，最小实体尺寸 LMS = ϕ35.1mm，最小实体实效尺寸 LMVS = ϕ35.2mm。

1）内尺寸要素的提取要素不得违反其最小实体实效状态 LMVC，其尺寸 LMVS = ϕ35.2mm。当内尺寸的提取要素的局部尺寸为最小实体尺寸 ϕ35.1mm 时，允许轴线的同轴度误差等于或小于给定的公差值 ϕ0.1mm；当内尺寸的提取要素的局部尺寸偏离最小实体尺寸，如为 ϕ35.05mm 时，偏离量 0.05mm 可补偿给同轴度公差，此时允许轴线的同轴度误差等于或小于 ϕ0.15mm（即为给定的公差值 ϕ0.1mm 与偏离量 ϕ0.05mm 之和）；当内尺寸的提取要素的局部尺寸为最大实体尺寸 ϕ35mm 时，偏离量达到最大值（等于尺寸公差

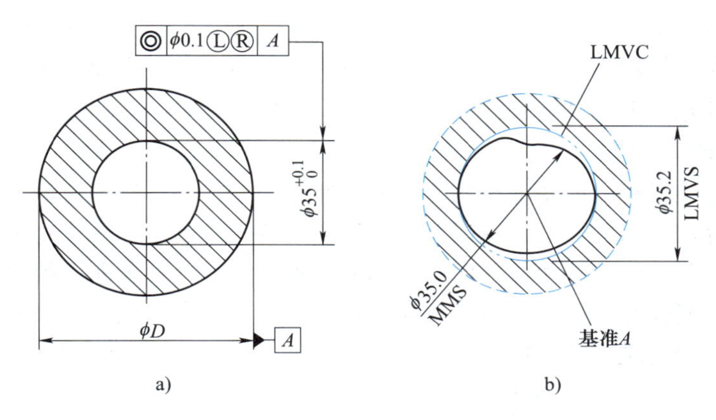

图3-55　可逆要求与最小实体要求

0.1mm)，这时允许轴线的同轴度误差等于或小于φ0.2mm（即为给定的公差值φ0.1mm与尺寸公差φ0.1mm之和）。

2）当内尺寸要素的同轴度度误差小于公差φ0.1mm时，可逆要求允许内尺寸要素的局部直径上限增加。例如，当同轴度误差为零时，内尺寸要素的局部直径可增加到φ35.2mm，如图3-55b所示。所以，内尺寸要素的提取要素各处的局部直径应大于或等于最大实体尺寸（MMS=φ35mm）且应小于或等于最小实体实效尺寸（LMVS=φ35.2mm）。

3）LMVC的方向平行于基准且LMVC的位置在和基准A同轴的理论正确位置上，如图3-55b所示。

3.4　几何公差的选择

任何一个机械零件都是由简单的几何要素组成的，在机械加工中，零件上的几何要素总是存在着几何误差。几何误差会直接影响零部件的旋转精度、连接强度和密封性及载荷均匀性等，因此，正确地选择几何公差项目，合理地确定几何公差值，对提高产品的质量、保证机器或仪器的功能要求和提高经济效益具有十分重要的意义。

3.4.1　几何公差项目的选择

几何公差项目的选择原则上是从要素的几何特征、结构特点及零件的功能要求、检测的方便性和经济性等方面来考虑。

1. 考虑零件的几何特征

零件的几何特征不同，会产生不同的几何误差。对圆柱类零件，可选择圆度、圆柱度、轴线直线度、素线直线度等。阶梯轴、阶梯孔类零件可选择同轴度。对平面类零件可选择平面度、平行度、垂直度、倾斜度等。窄长平面可选择直线度。槽类零件可选择对称度。

2. 考虑零件的功能要求

根据零件不同的功能要求，给出不同的几何公差项目。比如说圆柱类零件，当仅需要顺利装配时，可给出轴线的直线度公差。如果孔轴之间有相对运动，则应均匀接触，或为保证密封性，应给出圆柱度公差以综合控制圆度、素线直线度和轴线直线度，如柱塞与柱塞套、阀芯与阀体等。再比如，为保证机床工作台或刀架运动轨迹的精度，要对机床导轨给出直线度公差要求，对安装齿轮轴的箱体孔，为保证齿轮的正确啮合，需要给出孔中心线的平行度公差要求。这些都是根据零件的功能要求给出的几何公差项目。

3. 考虑检测的方便性

确定几何公差项目时，还要考虑到检测的方便性与经济性。例如对轴类零件，可给出径向圆跳动公差综合控制圆度、圆柱度误差，给出径向全跳动公差综合控制圆柱度、同轴度误差，用轴向全跳动公差代替端面的平面度和端面对轴线的垂直度公差。因为跳动误差检测方便，简单易行，又能较好地控制相应的几何误差，所以在不影响设计要求的前提下，轴类零件尽量选用圆跳动和全跳动公差项目。

3.4.2　几何公差等级和公差值的选择

国家标准对除线轮廓度、面轮廓度和位置度以外的11项公差项目均规定了公差等级。对圆度和圆柱度划分为13级，从0级、1级直到12级。对其余公差项目划分为12级，从1级、2级到12级。精度等级依次降低，12级精度等级最低。

几何公差等级的选择与尺寸公差等级的选择原则相同，在满足零件使用要求的前提下，尽可能使用低的公差等级。确定几何公差等级的方法有类比法和计算法两种，一般多采用类比法。选择公差等级和公差数值时，可查询表3-6~表3-10相应的公差等级和公差数值表。同时表3-11~表3-14中列出了几何公差等级的应用举例，供大家选用时参考。

对于位置度，由于被测要素类型繁多，国家标准只规定了公差值数系，而未规定公差等级，见表3-10。

表3-6　直线度、平面度公差值　（单位：μm）

主参数 L/mm	公差等级											
	1	2	3	4	5	6	7	8	9	10	11	12
≤10	0.2	0.4	0.8	1.2	2	3	5	8	12	20	30	60
>10~16	0.25	0.5	1	1.5	2.5	4	6	10	15	25	40	80
>16~25	0.3	0.6	1.2	2	3	5	8	12	20	30	50	100
>25~40	0.4	0.8	1.5	2.5	4	6	10	15	25	40	60	120
>40~63	0.5	1	2	3	5	8	12	20	30	50	80	150
>63~100	0.6	1.2	2.5	4	6	10	15	25	40	60	100	200

注：主参数 L 指轴、直线、平面的长度。

表3-7　圆度、圆柱度公差值　（单位：μm）

主参数 $d(D)$/mm	公差等级												
	0	1	2	3	4	5	6	7	8	9	10	11	12
≤3	0.1	0.2	0.3	0.5	0.8	1.2	2	3	4	6	10	14	25
>3~6	0.1	0.2	0.4	0.6	1	1.5	2.5	4	5	8	12	18	30
>6~10	0.12	0.25	0.4	0.6	1	1.5	2.5	4	6	9	15	22	36
>10~18	0.15	0.25	0.5	0.8	1.2	2	3	5	8	11	18	27	43
>18~30	0.2	0.3	0.6	1	1.5	2.5	4	6	9	13	21	33	52
>30~50	0.25	0.4	0.6	1	1.5	2.5	4	7	11	16	25	39	62
>50~80	0.3	0.5	0.8	1.2	2	3	5	8	13	19	30	46	74

注：主参数 $d(D)$ 指轴（孔）的直径。

表 3-8　平行度、垂直度、倾斜度公差值　　（单位：μm）

主参数 L、$d(D)$/mm	公差等级											
	1	2	3	4	5	6	7	8	9	10	11	12
≤10	0.4	0.8	1.5	3	5	8	12	20	30	50	80	120
>10~16	0.5	1	2	4	6	10	15	25	40	60	100	150
>16~25	0.6	1.2	2.5	5	8	12	20	30	50	80	120	200
>25~40	0.8	1.5	3	6	10	15	25	40	60	100	150	250
>40~63	1	2	4	8	12	20	30	50	80	120	200	300
>63~100	1.2	2.5	5	10	15	25	40	60	100	150	250	400

注：1. 主参数 L 为给定平行度时轴线或平面的长度，或给定垂直度、倾斜度时被测要素的长度。

2. 主参数 $d(D)$ 为给定面对线的垂直度时，被测要素的轴或孔的直径。

表 3-9　同轴度、对称度、圆跳动和全跳动公差值　　（单位：μm）

主参数 $d(D)$、B、L/mm	公差等级											
	1	2	3	4	5	6	7	8	9	10	11	12
≤1	0.4	0.6	1.0	1.5	2.5	4	6	10	15	25	40	60
>1~3	0.4	0.6	1.0	1.5	2.5	4	6	10	20	40	60	120
>3~6	0.5	0.8	1.2	2	3	5	8	12	25	50	80	150
>6~10	0.6	1	1.5	2.5	4	6	10	15	30	60	100	200
>10~18	0.8	1.2	2	3	5	8	12	20	40	80	120	250
>18~30	1	1.5	2.5	4	6	10	15	25	50	100	150	300
>30~50	1.2	2	3	5	8	12	20	30	60	120	200	400
>50~120	1.5	2.5	4	6	10	15	25	40	80	150	250	500

注：1. 主参数 $d(D)$ 为给定同轴度时轴的直径，或给定圆跳动、全跳动时的轴（孔）直径。

2. 圆锥体斜向圆跳动公差的主参数为平均直径。

3. 主参数 B 为给定对称度时槽的宽度。

4. 主参数 L 为给定两孔对称度时的孔心距。

表 3-10　位置度公差值数系　　（单位：μm）

1	1.2	1.5	2	2.5	3	4	5	6	8
1×10^n	1.2×10^n	1.5×10^n	2×10^n	2.5×10^n	3×10^n	4×10^n	5×10^n	6×10^n	8×10^n

注：n 为正整数。

表 3-11　直线度、平面度公差等级应用

公差等级	应用举例
5	1 级平板，2 级宽平尺，平面磨床的纵导轨、垂直导轨、立柱导轨及工作台，液压龙门刨床和转塔车床床身导轨，柴油机进气、排气阀门导杆
6	普通机床的导轨面，如卧式车床、龙门刨床、滚齿机、自动车床等的床身导轨、立柱导轨，柴油机壳体
7	2 级平板，机床主轴箱，摇臂钻床底座和工作台，镗床工作台，液压泵盖，减速器壳体结合面
8	机床传动箱体，挂轮箱体，车床溜板箱体，柴油机汽缸体，连杆分离面，缸盖结合面，汽车发动机缸盖，曲轴箱结合面，液压管件和端盖连接面
9	3 级平板，自动车床床身底面，摩托车曲轴箱体，汽车变速箱壳体，手动机械的支承面

表3-12　圆度、圆柱度公差等级应用

公差等级	应用举例
5	一般计量仪器主轴，测杆外圆柱面，陀螺仪轴颈，一般机床主轴轴颈及主轴轴承孔，柴油机、汽油机活塞、活塞销，与6级滚动轴承配合的轴颈
6	仪表端盖外圆柱面，一般机床主轴与前轴承孔，泵、压缩机的活塞，汽缸，汽油发动机凸轮轴，纺机锭子，减速传动轴轴颈，高速船用柴油机、拖拉机曲轴主轴颈，与6级滚动轴承配合的外壳孔，与0级滚动轴承配合的轴颈
7	大功率低速柴油机曲轴轴颈、活塞、活塞销、连杆、汽缸，高速柴油机箱体轴承孔，千斤顶或压力油缸活塞，机车传动轴，水泵及通用减速器转轴轴颈，与0级滚动轴承配合的外壳孔
8	低速发动机、大功率曲柄轴轴颈，压力机连杆盖、体，拖拉机汽缸、活塞，炼胶机冷铸轴辊，印刷机传墨辊，内燃机曲轴轴颈，柴油机凸轮轴承孔，凸轮轴，拖拉机、小型船用柴油机汽缸套
9	空气压缩机缸体，液压传动筒，通用机械杠杆与拉杆用套筒销子，拖拉机活塞环、套筒孔

表3-13　平行度、垂直度、倾斜度公差等级应用

公差等级	应用举例
4，5	卧式车床导轨，重要支承面，机床主轴孔对基准的平行度，精密机床重要零件，计量仪器、量具、模具的基准面和工作面，主轴箱体上重要的孔，通用减速器壳体孔，齿轮泵的油孔端面，发动机轴和离合器的凸缘，汽缸支承端面，安装精密滚动轴承的壳体孔的凸肩
6，7，8	一般机床的基准面和工作面，压力机和锻锤的工作面，中等精度钻模的工作面，机床一般轴承孔对基准面的平行度，变速器箱体孔，主轴花键对定心直径部位轴线的平行度，重型机械轴承盖端面，卷扬机、手动传动装置中的传动轴，一般导轨，主轴箱体孔，刀架，砂轮架，汽缸配合面，滚动轴承内、外圈端面
9，10	低精度零件，重型机械滚动轴承端盖，柴油机、煤气发动机箱体曲轴孔、曲轴颈、花键轴和轴肩端面，带式运输机端盖等端面，手动卷扬机及传动装置中的轴承端面，减速器壳体平面

表3-14　同轴度、对称度、跳动公差等级应用

公差等级	应用举例
5，6，7	这是应用范围较广的公差等级，用于几何精度要求较高、尺寸公差等级为IT8及高于IT8的零件。5级常用于机床轴颈，计量仪器的测量杆，汽轮机主轴，柱塞液压泵转子，高精度滚动轴承外圈，一般精度滚动轴承内圈，回转工作台端面跳动。7级用于内燃机曲轴、凸轮轴、齿轮轴，水泵轴，汽车后轮输出轴，电动机转子，印刷机传墨辊的轴颈，键槽
8，9	常用于形位精度要求一般，尺寸公差等级IT9至IT11的零件。8级用于拖拉机发动机分配轴轴颈，与9级精度以下齿轮相配的轴，水泵叶轮，离心泵体，棉花精梳机前后滚子，键槽等。9级用于内燃机汽缸套配合面，自行车中轴

表3-15和表3-16所示为各种加工方法可达到的公差值，仅供选择时参考。

表3-15　几种主要加工方法能达到的直线度、平面度公差等级范围

加工方法		公差等级范围	加工方法		公差等级范围
车	粗车	11~12	磨	粗磨	9~11
	细车	9~10		细磨	7~9
	精车	5~8		精磨	2~7
铣	粗铣	11~12	研磨	粗研	4~5
	细铣	10~11		细研	3
	精铣	6~9		精研	1~2
刨	粗刨	11~12	刮研	粗刮	6~7
	细刨	9~10		细刮	4~5
	精刨	7~9		精刮	1~3

表 3-16　几种主要加工方法能达到的同轴度公差等级范围

加工方法	车～镗		铰	磨		珩磨	研磨
	孔	轴		孔	轴		
公差等级范围	4～9	3～8	5～7	2～7	1～6	2～4	1～3

3.4.3　公差原则和公差要求的选择

对同一个零件上的同一要素，既有尺寸公差要求又有几何公差要求时，要确定它们之间的关系，也就是确定选用何种公差原则或公差要求。

当对零件有特殊功能要求时，采用独立原则。如测量用的平板要求其工作面平面度精度要高，应提出平面度公差。检验直线度误差用的刀口尺，要求刃口直线度精度要高，应提出直线度公差。独立原则是处理几何公差和尺寸公差关系的基本原则，应用较为普遍。

为了严格保证零件的配合性质，即保证相配合件的极限间隙和极限过盈满足设计要求，对重要的配合常采用包容要求。例如齿轮内孔与轴的配合，如需严格保证配合性质，则齿轮内孔与轴颈都应采用包容要求。当采用包容要求，几何误差由尺寸公差来控制，若用尺寸公差来控制几何误差仍满足不了要求，可以在包容要求的前提下，对几何公差再提出更严格的要求，当然，此时的几何公差值只能占尺寸公差的一部分。

仅需要保证零件的可装配性，并便于零件的加工制造时，可以采用最大实体要求和可逆要求等。例如法兰盘或箱体盖上孔的位置度公差采用最大实体要求，螺钉孔与螺钉之间的间隙可以给孔间位置度公差以补偿值，从而降低加工成本，利于装配。

需保证零件的设计强度和最小壁厚时，可以采用最小实体要求。

表 3-17 对公差原则的应用场合进行了总结，仅供选择时参考。

表 3-17　公差原则应用场合

公差原则	应　用　场　合
独立原则	尺寸精度和几何精度需要分别满足要求，如齿轮箱体孔、连杆活塞销孔、滚动轴承内圈及外圈滚道
	尺寸精度和几何精度要求相差较大，如滚筒类零件、平板、导轨、汽缸等
	尺寸精度与几何精度之间没有联系，如滚子链条的套筒或滚子内、外圆柱面的轴线与尺寸精度，发动机连杆上尺寸精度与孔轴线间的位置精度
	未注尺寸公差或未注几何公差，如退刀槽、倒角、圆角
包容要求	用于单一要素，保证配合性质，如 40H7 孔与 40h7 轴配合，保证最小间隙为零
最大实体要求	用于中心要素，保证零件可装配性，如轴承盖和法兰盘上用于穿过螺栓的通孔，同轴度的基准轴线
最小实体要求	保证零件强度和最小壁厚

3.4.4　几何公差的未注公差值

几何公差国家标准中，将几何公差分为注出公差和未注公差两类。几何公差要求不高，用一般的机械加工方法和加工设备都能保证加工精度，或由尺寸公差、角度公差所控制的几何公差已能保证零件的精度时，不必将几何公差在图样上注出，而用未注公差来控制，这样做既能简化制图又能突出注出公差要求。

图样上没有标注几何公差的要素，其几何精度按下列规定执行。

1）对未注直线度、平面度、垂直度、对称度和圆跳动各规定了 H、K、L 三个公差等级，见表 3-18～表 3-21。采用规定的未注公差值时，应在技术要求中注出“GB/T 1184—K”。

2）未注圆度公差值等于直径公差值，但不能大于表 3-21 中径向圆跳动的未注公差值。

3）未注圆柱度公差值不作规定，由要素的圆度公差、素线直线度和相对素线平行度的注出或由未注公差控制。

4）未注平行度公差值等于被测要素和基准要素间的尺寸公差和被测要素的形状公差（直线度或平面度）的未注公差值中的较大者，并取两要素中较长者作为基准。

5）未注同轴度公差值未作规定。必要时，可取同轴度的未注公差值等于圆跳动的未注公差值（见表3-21）。

6）未注线轮廓度、面轮廓度、倾斜度、位置度的公差值均由各要素的注出或由未注线性尺寸公差或角度公差控制。

7）未注全跳动公差值未作规定。轴向全跳动未注公差值等于端面对轴线的垂直度未注公差值；径向全跳动可由径向圆跳动和相对素线的平行度控制。

表3-18　直线度、平面度未注公差值（摘自GB/T 1184—1996）　（单位：mm）

公差等级	基本长度范围					
	≤10	>10~30	>30~100	>100~300	>300~1000	>1000~3000
H	0.02	0.05	0.1	0.2	0.3	0.4
K	0.05	0.1	0.2	0.4	0.6	0.8
L	0.1	0.2	0.4	0.8	1.2	1.6

表3-19　垂直度未注公差值（摘自GB/T 1184—1996）　（单位：mm）

公差等级	基本长度范围			
	≤100	>100~300	>300~1000	>1000~3000
H	0.2	0.3	0.4	0.5
K	0.4	0.6	0.8	1
L	0.6	1	1.5	2

表3-20　对称度未注公差值（摘自GB/T 1184—1996）　（单位：mm）

公差等级	基本长度范围			
	≤100	>100~300	>300~1000	>1000~3000
H	0.5			
K	0.6		0.8	1
L	0.6	1	1.5	2

表3-21　圆跳动未注公差值（摘自GB/T 1184—1996）　（单位：mm）

公差等级	圆跳动公差值
H	0.1
K	0.2
L	0.5

3.5　几何误差评定与检测

3.5.1　几何误差检测原则

几何公差项目较多，为了能正确地测量几何误差和选择合理的检测方案，在国标中规定了几何误差有五种检测原则。可以按照这些原则，根据被测对象的特点和有关条件，选择最合理的检测方案，也可根据这些原则，采用其他的检测方法和测量装置。

1. 与理想要素比较原则

将被测实际要素与理想要素相比较，从而获得几何误差值。具体的量值可以由直接法或间接法获得。应用该检测原则时，理想要素一般用模拟法来体现，例如刀口尺的刃口、平尺的工作面、一条拉紧的钢丝绳、平台和平板的工作面以及样板的轮廓等都可以作为理想要素。图 3-56 所示为用刀口尺测量零件的直线度误差，以刀口作为理想直线，将被测直线与它比较。根据光隙大小或者用塞尺（或者用厚薄规）测量来确定直线度误差。

2. 测量坐标值原则

测量被测实际要素的坐标值，经数据处理获得几何误差值。几何要素的特征总是可以在坐标中反映出来，用坐标测量装置（如三坐标测量仪、工具显微镜等）测得被测要素上各测点的坐标值后，经数据处理获得几何误差值。该原则对轮廓度、位置度测量应用较为广泛。如图 3-57 所示，用坐标测量装置测得这四个孔的实际位置坐标值（x_1，y_1）、（x_2，y_2）、（x_3，y_3）、（x_4，y_4），计算出实际坐标相对于理论正确尺寸的偏差为

$$\Delta x_i = x_i - \boxed{x_i} \tag{3-9}$$

$$\Delta y_i = y_i - \boxed{y_i} \tag{3-10}$$

于是，各孔的位置度误差值为

$$\Delta f_i = 2\sqrt{(\Delta x_i)^2 + (\Delta y_i)^2} \quad (i = 1,\ 2,\ 3,\ 4) \tag{3-11}$$

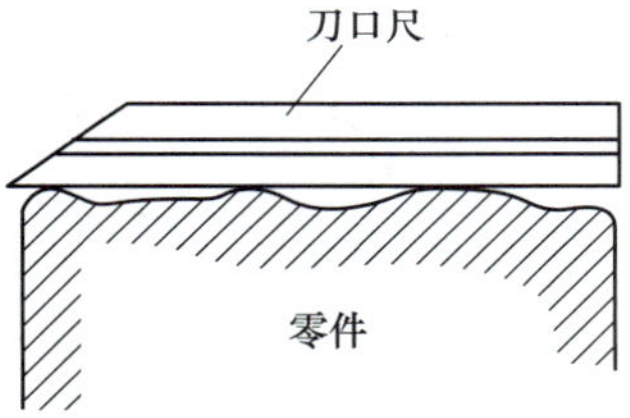

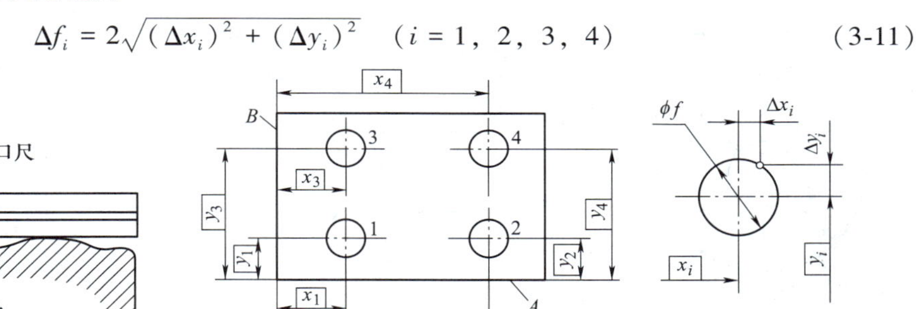

图 3-56　与理想要素比较原则

图 3-57　测量坐标值原则

3. 测量特征参数原则

测量被测实际要素具有代表性的参数表示几何误差值。用该原则所得到的几何误差值与按定义确定的几何误差值相比只是一个近似值，但应用此原则可以简化过程和设备，也不需要复杂的数据处理，所以它在生产现场应用较多。例如，以平面上任意方向的最大直线度来近似表示该平面的平面度误差；用两点法测量圆度误差时，在一个横截面内的几个方向上测量直径，取最大直径与最小直径之差的一半作为圆度误差等。如图 3-58 所示，测量厚度尺寸 a 和 b，取它们的差值作为槽的中心面相对于基准中心平面的对称度误差。

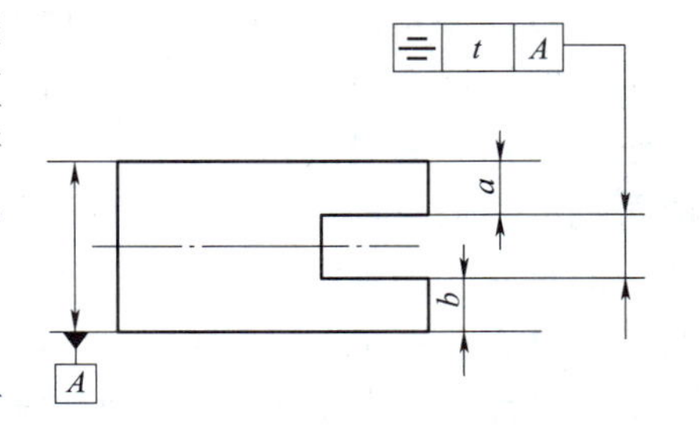

图 3-58　测量特征参数原则

4. 测量跳动原则

将被测实际要素绕基准轴线回转过程中，沿给定方向测量其对参考点或线的变动量。如图 3-59 所示，用 V 形架模拟基准轴线，并对零件轴向限位，在被测要素回转一周的过程中，指示器最大与最小读数之差为该截面的径向圆跳动误差；若被测要素回转的同时，指示器缓慢沿轴向移动，在

整个过程中指示器最大与最小读数之差为该零件的径向全跳动误差。

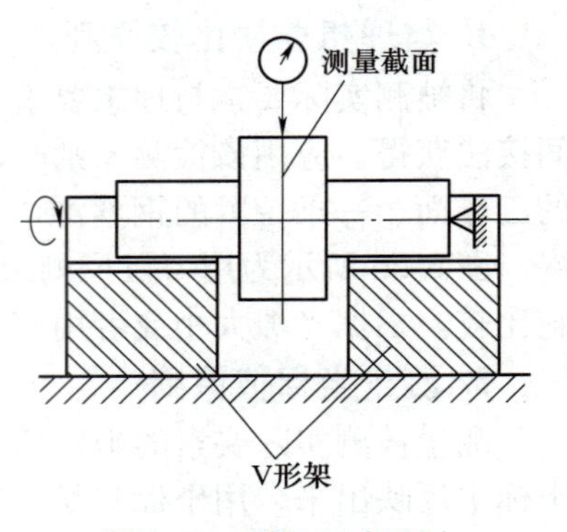

图 3-59　测量跳动原则

5. 控制实效边界原则

检验被测实际要素是否超过实效边界，以判断被测实际要素合格与否。比如，按最大实体要求给出几何公差时，意味着给出了一个理想边界——最大实体实效边界，要求被测实体不得超越该边界。判断被测实体是否超越最大实体实效边界的有效方法是用功能量规检验。若被测实际要素能被功能量规通过，则表示该项几何公差要求合格。如图 3-60 所示，零件四个孔的位置度误差可用功能量规检测。被测小孔的最大实体实效尺寸为 ϕ7.506mm，故量规的四个小测量圆柱的公称尺寸也为 ϕ7.506mm，基准要素 *B* 本身遵循最大实体要求，或遵循最大实体实效边界，边界尺寸为 ϕ10.015mm，故量规定位部分的公称尺寸也为 ϕ10.015mm（图中量规各部分的尺寸都是公称尺寸，在设计量规时，还应按有关标准规定一定的公差）。检验时，量规能插入零件中，并且其端面与零件 *A* 面之间无间隙，零件上四个孔的位置度误差就是合格的。

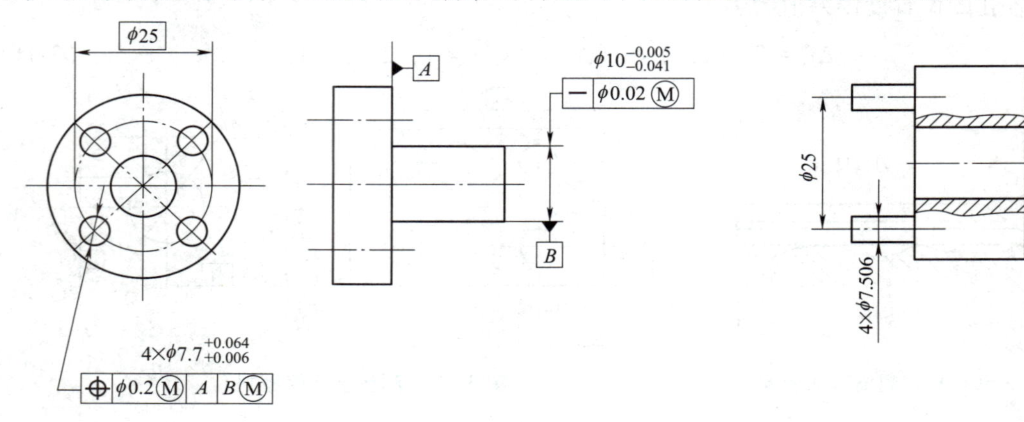

图 3-60　控制实效边界原则

3.5.2　几何误差评定

1. 形状误差评定

形状误差是被测要素的提取要素对其理想要素的变动量。理想要素的形状由理论正确尺寸或/和参数化方程定义，位置由被测要素的提取要素进行拟合得到，拟合的方法有最小区域法 C（切比雪夫法）、最小二乘法 G、最小外接法 N 和最大内切法 X 等。评估形状误差值时可用的参数有峰谷参数 T、峰高参数 P、谷深参数 V 和标准差参数 Q。如果工程图样上无相应的符号专门规定，获得理想要素位置的拟合方法一般默认为最小区域法，评估参数一般默认为峰谷参数 T。如图 3-61 所示，理想要素位置的获得方法和形状误差值的评估参数均采用了默认标注，即采用最小区域法拟合确定理想要素的位置，采用峰谷参数 T 作为评估参数。如图 3-62 所示，符号 G 表示获得理想要素位置的拟合方法采用最小二乘法，形状误差值的评估参数采用默认标注，是峰谷参数 T。如图 3-63 所示，符号 G 表示获得理想要素位置的拟合方法采用最小二乘法，符号 V 表示形状误差值的评估参数采用谷深参数。

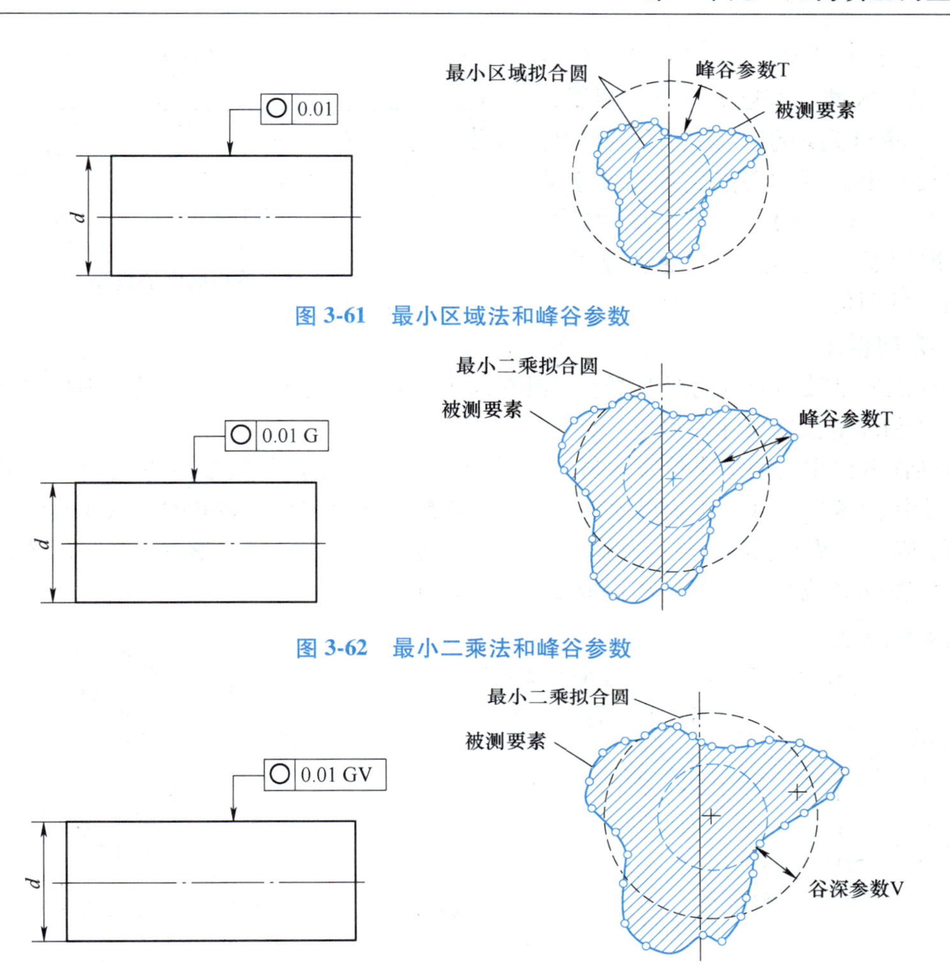

图 3-61　最小区域法和峰谷参数

图 3-62　最小二乘法和峰谷参数

图 3-63　最小二乘法和谷深参数

最小区域法指被测要素的提取要素相对于理想要素的最大距离为最小。采用该理想要素包容被测要素的提取要素时，具有最小宽度 f 或直径 d 的包容区域称为最小包容区域（简称最小区域）。最小包容区域的形状与其相应的公差带形状相同。

图 3-64 表示不同约束情况下的最小区域法：无约束的最小区域法 C、实体外约束的最

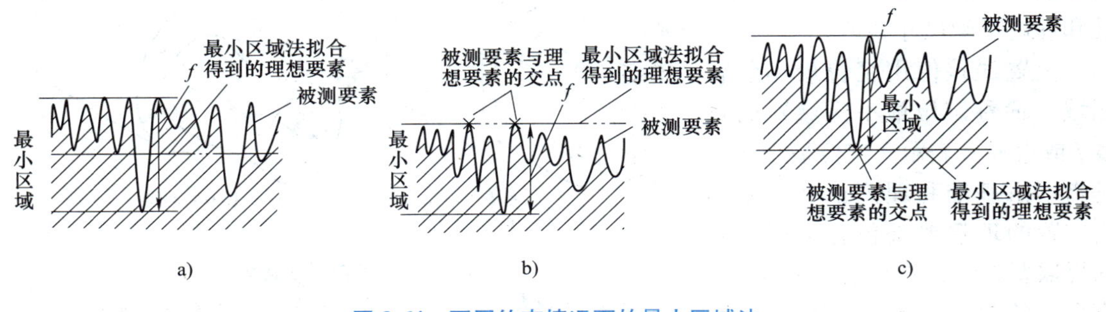

图 3-64　不同约束情况下的最小区域法

a）无约束（C）　b）实体外约束（CE）　c）实体内约束（CI）

小区域法CE和实体内约束的最小区域法CI。最小区域的宽度f等于被测要素上最高的峰点到理想要素的距离（P）与被测要素上最低的谷点到理想要素的距离（V）之和（T）。最小区域的直径d等于被测要素上的点到理想要素的最大距离值的两倍，如图3-65所示。

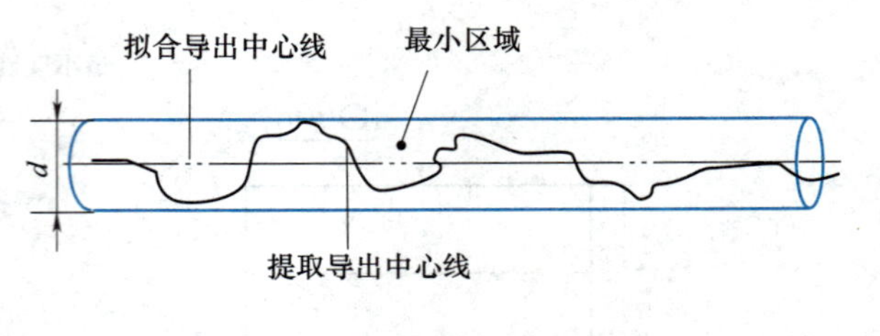

图3-65　最小区域的直径

2. 方向误差评定

方向误差是被测要素的提取要素对具有确定方向的理想要素的变动量。理想要素的方向由基准（和理论正确尺寸）确定。

方向误差值用定向最小包容区域（简称定向最小区域）的宽度或直径表示。定向最小区域是指用由基准和理论正确尺寸确定方向的理想要素包容被测要素的提取要素时，具有最小宽度f或直径d的包容区域，如图3-66所示。各定向最小区域的形状与各自的公差带形状一致，但宽度（或直径）由被测提取要素本身决定。

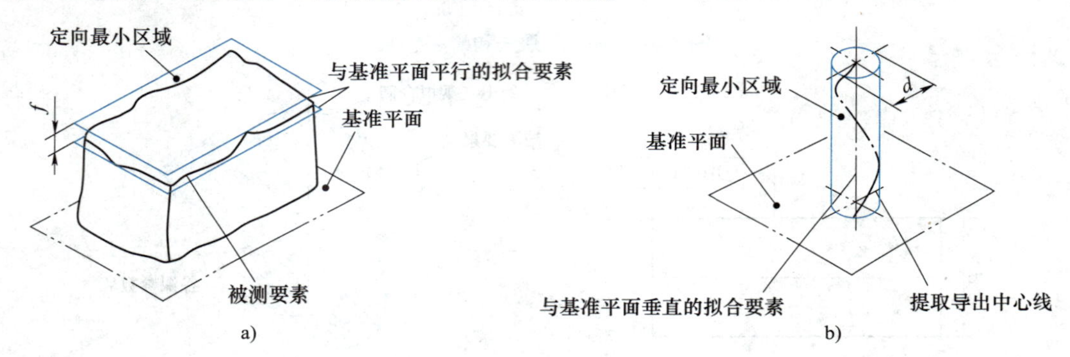

图3-66　定向最小区域

a）误差值为最小区域的宽度　b）误差值为最小区域的直径

3. 位置误差评定

位置误差是被测要素的提取要素对具有确定位置的理想要素的变动量。理想要素的位置由基准和理论正确尺寸确定。

位置误差值用定位最小包容区域（简称定位最小区域）的宽度f或直径d表示。定位最小区域是指用由基准和理论正确尺寸确定位置的理想要素包容被测要素的提取要素时，具有最小宽度f或直径d的包容区域，如图3-67所示。定位最小区域的形状与各自的公差带形状一致，但宽度（或直径）由被测提取要素本

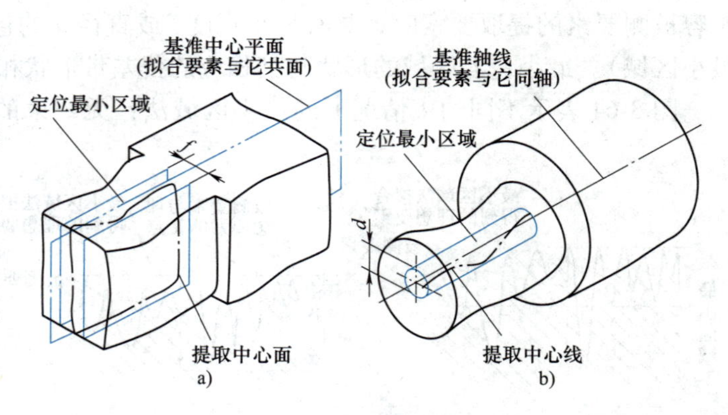

图3-67　定位最小区域

a）误差值为最小区域的宽度　b）误差值为最小区域的直径

身决定。

3.6 几何误差测量

3.6.1 直线度误差测量

直线度情况比较复杂，其检测方法也很多。零件较小时，常以刀口尺、检验平尺作为模拟理想直线，用光隙法或间隙法确定被测提取要素的直线度误差。当零件较大时，则常按国家标准规定的测量坐标原则进行测量，取得必要的一组数据，经作图法或计算法得到直线度误差。

测量车床导轨直线度误差常用的仪器有框式水平仪、合像水平仪和自准式直仪等。这类仪器的特点是：测定微小角度的变化，换算为线值误差。下面以合像水平仪测量车床导轨的直线度误差为例，分析直线度误差的测量原理和数据处理方法。

1. 仪器及测量原理

（1）合像水平仪的结构、原理　合像水平仪主要应用于测量平面对水平面的倾斜度，以及机床与光学机械仪器的导轨或机座等的平面度、直线度和设备安装位置的正确度等。它因具有测量准确、效率高、价格便宜、携带方便等特点，在直线度误差的测量中得到了广泛采用。其结构如图 3-68 所示。

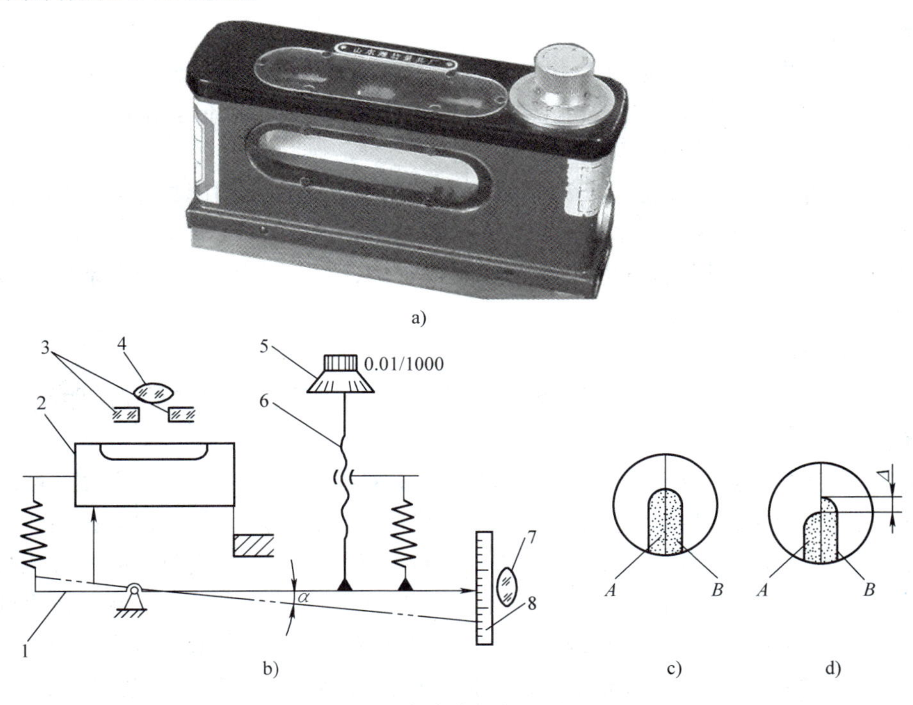

图 3-68　合像水平仪结构原理

a）外形图　b）结构原理图　c）、d）水准器气泡像图

1—杠杆　2—水准器　3—棱镜　4—目镜　5—旋钮　6—测微螺杆　7—放大镜　8—指针标尺

水准器 2 的一端支承在座体上，另一端支承在杠杆 1 的短臂端。杠杆 1 的长臂端和测微螺杆 6 相连，臂端装有指针。水准器 2 内气泡的两端圆弧，通过棱镜 3 反射到目镜 4，形成

左右两个半圆弧像。当水准器 2 处于水平位置时，两个半圆弧像合成一个完整的圆弧像，如图 3-68c 所示；当水准器 2 不在水平位置时，两个半圆弧像不重合，圆弧头端有一差值 Δ，如图 3-68d 所示。

合像水平仪的主要技术指标如下。

分度值：$i=0.01\text{mm/m}$；最大测量范围：±5mm/m；桥板跨距：$L=165\text{mm}$；示值误差：±1mm/m 范围内是±0.01mm/m，全部测量范围内是±0.02mm/m。

（2）合像水平仪的使用方法　测量时，将合像水平仪放置在被测导轨上，旋转旋钮 5，通过测微螺杆 6、杠杆 1 将水准器的气泡像调至重合，如图 3-68c 所示。然后通过放大镜 7 从指针标尺 8 上读取指针示值，再从旋钮 5 上的微分分度盘上读取微分示值，此时便可得知被测两点相对自然水平面的高度差。刻度盘读数 a 与桥板跨距 L 之间的关系为

$$h=i\cdot L\cdot a$$

式中，h 为被测表面相邻两点的高度差；i 为分度值；L 为桥板跨距；a 为刻度盘读数（格数）。

例如，当 $i=0.01\text{mm/m}$，$L=165\text{mm}$，$a=5$（格数）时

$$h=i\cdot L\cdot a=\frac{0.01}{1000}\times 165\times 5\times 10^{3}\mu\text{m}=8.25\mu\text{m}$$

即此时一格表示的数据为 1.65μm。

2. 测量步骤

（1）布点，依次测量各点数据　将被测直线按水平仪跨距分为 n 段，先将水平仪置于 0~1 段上，调节旋钮 5，使错开的气泡像重合，得到第一个测点数值。依次在 1~2、2~3 等位置进行测量，得到各点读数。

（2）自终点再进行一次回测　回测时桥板不能调头，得到回测读数记录。同一测点两次读数的平均值为该点的测量数据。

（3）数据处理　把测得的值依次填入检测报告中，并用作图法按最小条件进行数据处理，求出被测导轨的直线度误差。

作图法的步骤如下。

1）选择合适的 X 轴、Y 轴放大比例。X 坐标表示分段长度（即水平仪跨距），Y 坐标表示高度差的累计值。

2）根据相邻两点差（格数）描点。作图时不要漏掉首点（零点），且后一点的坐标位置是在前一点坐标位置的基础上进行累加。用直线依次连接各点，得出误差折线。

3）作两条平行直线包容误差折线，其中一条直线必须与误差折线两个最高（或最低）点相切，在两切点之间有一个最低（或最高）点与另一条平行线相切。这两条平行直线之间的区域就是最小包容区域。两平行线在纵坐标上的截距即为被测直线的直线度误差值 a（格值）。

例如，用分度值为 0.01mm/m 的合像水平仪测量某车床导轨的直线度，其跨距为 165mm。测点数据见表 3-22。

表 3-22　合像水平仪测量数据

点序	0	1	2	3	4	5	6	7	8
顺测读数/格	—	513	516	512	519	508	502	515	517
回测读数/格	—	511	514	510	517	510	500	513	517

（续）

点序	0	1	2	3	4	5	6	7	8
读数平均值/格	—	512	515	511	518	509	501	514	517
相对差/格	0	0	+3	−1	+6	−3	−11	+2	+5
累计值/格	0	0	+3	+2	+8	+5	−6	−4	+1

用作图法在坐标轴上作出误差折线图，按照最小包容区域作出两条包容线（平行线），沿纵坐标方向量出两平行线的间距，即纵向格数，如图 3-69 所示，$a=12$ 格。

则直线度误差为

$$f = h = i \cdot L \cdot a = (0.01/1000) \times 165 \times 12 \times 10^3 \mu m = 19.8 \mu m$$

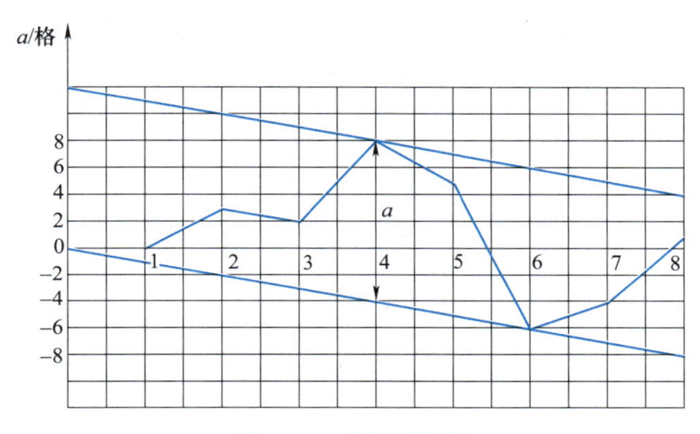

图 3-69　误差折线图

3.6.2　平面度误差测量

平面度误差的测量方法很多。对于平面度要求很高的小平面，可用干涉法，如用平晶检测平面度误差。对于大平面，特别是刮削平面，生产现场多用涂色法做合格性检验。对于一般平面，则广泛应用打表法、水平仪等方法检测平面度误差。

1. 打表法测量平面度误差

打表法可分为三点法和对角线法，即将零件用可调支承固定在作为测量基准的平板上，再将被测实际表面的最远三点调平（或两对角线两两调节），然后在整个被测表面上逐点打表，指示表的最大与最小读数之差即为平面度误差。

测量步骤如下。

1）如图 3-70 所示，被测表面用可调支承置于平板上，并调整到与平板平行（通过调整三个支承点至等高）。

2）以平板作为基面，将指示表放在被测表面的某一点并调零。

3）将指示表在被测表面来回移动，观察表的变动量，其最大值与最小值之差即为所求的平面度误差值。

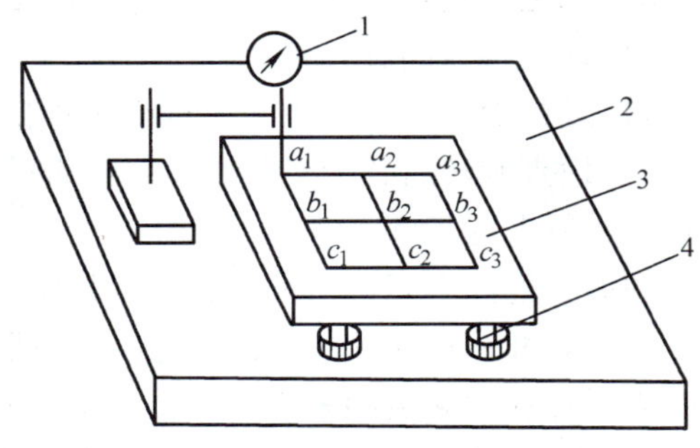

图 3-70　打表法测量平面度误差

1—指示表　2—平板　3—被测平面　4—可调支承

2. 水平仪测量平面度误差

打表法调平的过程往往很费时间，特别是当零件较大时，测量面不易调整。生产中也常采用水平仪按一定的布线方式测量若干直线上的各点，经过适当的坐标变换，换算出各测点对基准的新偏差值。当换算出的偏差值符合最小包容区域的三种判别准则之一时（如图 3-71 所示），其最大偏差的绝对值即为被测表面的平面度误差值。

图 3-71 是按最小包容区域法评定平面度误差的三种准则。最小包容区域法是指两个平行平面包容实际被测表面时，实际被测表面上应至少有 3~4 点分别与这两个平行平面接触，此时这两个包容平面之间的区域称为最小包容区域。图 3-71a 为三个等值最高点（或最低点）与一个最低点（或最高点），且最低（或最高）点投影位于三个最高（或最低）点组成的三角形之内，称此为三角形准则。图 3-71b 为两个等值最高点与两个等值最低点，且两最高点投影位于两最低点连线之两侧，称此为交叉准则。图 3-71c 为两个等值最高点（或最低点）与一个最低点（或最高点），且最低（或最高）点的投影位于两最高（或最低）点的连线之上，称此为直线准则。

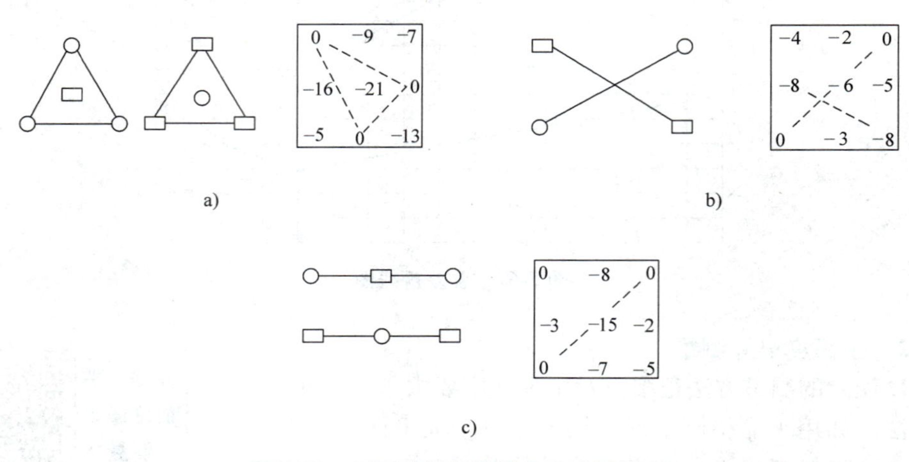

图 3-71　平面度误差的最小区域判别法

a）三角形准则　b）交叉准则　c）直线准则

水平仪测量平面度误差坐标变换时数据旋转的步骤如下。

1）初步判断被测表面的类型，以便选择相应的最小区域判断准则。

2）拟定最高点和最低点，选定旋转轴的位置。

3）计算各点的旋转量。

4）进行旋转，即对各测点进行坐标换算。

5）检查旋转后各测点的新坐标是否符合最小区域判断准则。如不符合，则应做第二次旋转，重复上述步骤。

例如：如图 3-72a 所示，根据图上数据可以判断被测表面为中间突出。具有三个最低点 a_1、b_1、c_2 和一个最高点 b_2，故选用三角形准则得到最小区域。

为了容易判断被测表面的类型，可将各点的数值同减去一个最大值，使全部数据变为同号，此例减去 80，得到图 3-72b。此时，两个最低点是−110 和−120，它们不在同一基准面上，要使这两点旋转成等高点。选 c_1−a_3 为旋转轴，逆时针旋转，其旋转量为

$$S=\left|\frac{m_1-m_2}{i_1+i_2}\right|=\left|\frac{-110-(-120)}{1+1}\right|=5$$

式中，m_1，m_2 为要旋转成等高点的两点值；i_1，i_2 为这两点到旋转轴的距离。

其他各点的旋转量为：c_2、b_3 为 +5，c_3 为 +10(2×5)，b_1、a_2 为–5，a_1 为–10(–5×2)。结果如图 3-72c 所示。

此时，初步得到了两个–115 的等值最低点 b_1、c_2，若要得到第三个–115 的点，使三个最低点等值，这一点即为 a_3，再选定 a_1–c_3为旋转轴，进行第二次旋转，其旋转量为

$$S=\left|\frac{m_1-m_2}{i_1+i_2}\right|=\left|\frac{-115-(-70)}{1+2}\right|=15$$

经转换后的各点新坐标值如图 3-72d 所示，此时由图可以看出，已经符合三角形判断准则。故可判定这两个平行平面之间的区域是包容被测实际表面的最小包容区域，它们之间的距离可直观地求得，故该被测平面的平面度误差为

$$f_{\square}=0.01\times165[0-(-100)]\mu m=165\mu m$$

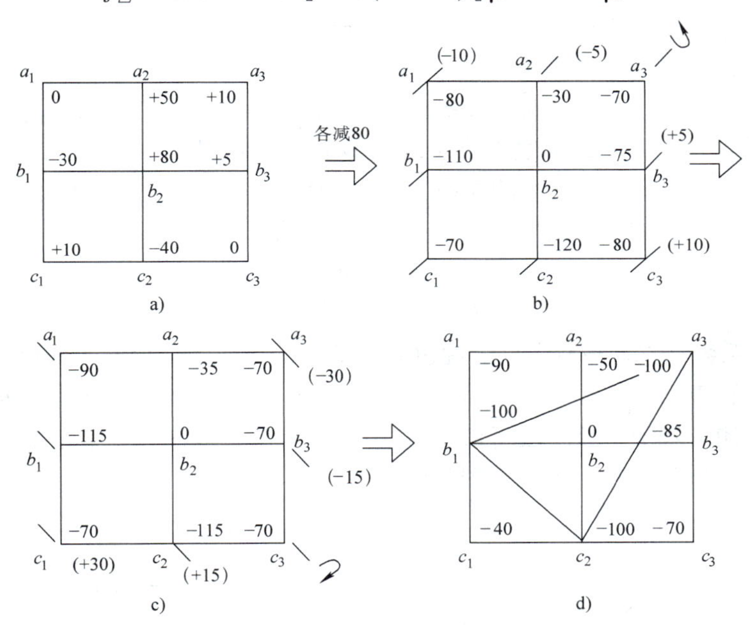

图 3-72　旋转法数据处理

水平仪测量平面度误差的步骤如下。

1）调整平板的水平位置。将水平仪放在平板中间互相垂直的两个位置上，调整支承平板的千斤顶，使平板水平。

2）在被测平板上沿纵横方向上画好网格，网格密度根据被测平面大小而定，可以是 9 点、16 点、25 点，四周离边缘约 10~20mm。

3）按选择的布点方式用水平仪进行测量，取正反两次测量的平均值作为各点的读数。

4）数据处理。水平仪测出的数据是后一点相对于前一点的高度差，所以应将测得的各点读数换算为对同一坐标的坐标值。取原点的坐标值为 0，其余各点按测量方向将测得的读数顺序累积。再通过坐标变换，用最小包容区域法评定该平面度误差值，并作合格性判断。

5）填写检测报告。

3.6.3　圆度误差测量

圆度误差是指回转体零件在垂直于轴线的横截面内（球体的圆度是在包含球心的横截面内），被测实际轮廓圆对其拟合圆的变动量。

圆度误差最理想的测量方法是用圆度仪测量，可通过记录装置将被测表面的实际轮廓形象地描绘在坐标纸上，然后按最小区域法求出圆度误差。实际测量中也可以采用近似测量方法，如两点法、三点法、两点三点组合法等。

1. 两点和三点法测量圆度误差

两点法和三点法测量圆度误差是一般生产车间可采用的简便易行的方法，它只需要普通的计量器具，如百分表或比较仪等。

两点法测量适宜找出轮廓圆具有偶数棱的圆度误差。两点法测量圆度误差的原理是在垂直于被测零件轴线的横截面内测量轮廓圆的直径，取其中最大直径与最小直径差的一半 $(d_{max}-d_{min})/2$ 作为该截面的圆度误差。测量多个径向截面，取其中最大值作为被测零件的圆度误差。两点法测量圆度误差可以用游标卡尺、千分尺等通用量具，也可以用打表法测量（见图 3-73）。

三点法测量适用于找出轮廓圆具有奇数棱的圆度误差。三点法测量圆度误差的原理是将被测零件放在 V 形块上，使其轴线垂直于测量截面，同时固定轴向位置，百分表接触圆轮廓的上面，如图 3-74 所示。将被测零件回转一周，百分表读数的最大值与最小值之差 $(M_{max}-M_{min})$，反映了该截面的圆度误差 f。其关系式为

$$f=\frac{M_{max}-M_{min}}{K}$$

式中，K 为反映系数，它是被测零件的棱边数及所用 V 形块的夹角 α 的函数，其关系比较复杂。在不知棱数的情况下，可采用 V 形块支承夹角 $\alpha=90°$ 和 $120°$ 或 $\alpha=108°$ 和 $72°$ 两个 V 形块分别测量（各测量若干个径向截面），取其中读数差最大值作为测量结果，此时可近似地取反映系数 $K=2$，然后计算出被测件的圆度误差。

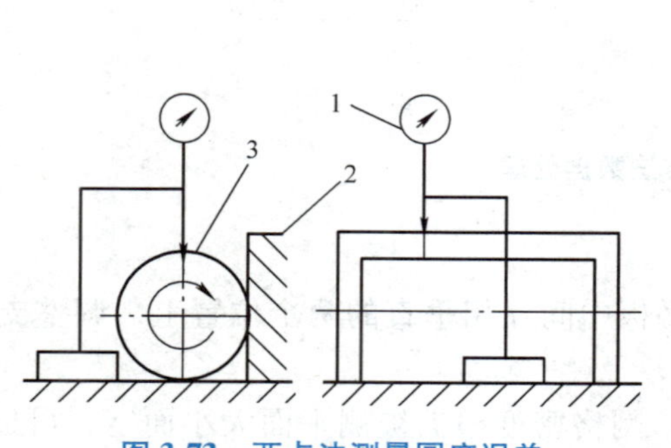

图 3-73　两点法测量圆度误差

1—百分表　2—直角座　3—被测件

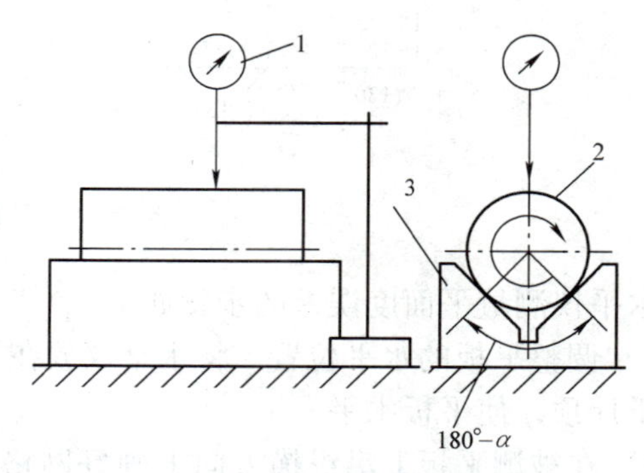

图 3-74　三点法测量圆度误差

1—百分表　2—被测件　3—V 形块

一般情况下，偶数棱形圆出现在用顶尖夹持工件车、磨外圆的加工过程中，奇数棱形圆出现在无心磨削圆的加工过程中，且大多为三棱圆形状。因此在车间中可根据工艺特点进行分析，选取合适的测量方法。

在测量前，往往不知道被测量零件截面是偶数棱圆还是奇数棱圆，因而不便确定采用两点法还是三点法。比较可靠的办法是用两点法测量一次和两种三点法（V形块夹角 $\alpha=90°$ 和 $120°$ 或 $\alpha=108°$ 和 $72°$）各测量一次，取三次所得误差值中的最大值作为零件的圆度误差。

两点法和三点法测量圆度误差的步骤如下。

1）如图3-73所示，将被测轴放在平板上，并紧靠直角座，使百分表的测头接触被测轴，并垂直于被测轴线，转动被测轴一周，百分表读数的最大值与最小值之差的一半作为该截面的圆度误差。

2）按上述方法分别测量多个不同的径向截面，取圆度误差中的最大值作为该被测轴的圆度误差 $f_{\bigcirc 1}$。

3）再将被测轴放置在 $\alpha=90°$（或 $72°$）的V形块上，如图3-74所示，平稳移动百分表座，使表的测头接触被测轴，并垂直于被测轴线，转动被测轴一周，记下百分表读数的最大值与最小值，将最大值与最小值之差的一半作为该截面的圆度误差。

4）按步骤3）的方法分别测量被测轴上多个不同的径向截面，取最大值作为该被测轴的圆度误差 $f_{\bigcirc 2}$。

5）将被测轴放置在 $\alpha=120°$（或 $108°$）的V形块上，按步骤3）和4）再测一轮，测出圆度误差 $f_{\bigcirc 3}$。最后取以上三次测得圆度误差中的最大值作为该被测轴的圆度误差 $f_{\bigcirc}$。

6）填写检测报告，把测量所得的圆度误差 $f_{\bigcirc}$ 与圆度公差进行比较，若 $f_{\bigcirc} \leqslant t_{\bigcirc}$，则零件的圆度合格。

在两点法和三点法测量圆度误差的过程中，如果沿被测轴轴向移动表架，测量若干横截面，所得各个截面内所有示值中最大与最小示值差的一半，便是该被测轴的圆柱度误差。

2. 圆度仪测量圆度误差

Y9025C型圆度仪主要用于轴承行业各种轴承套圈内外径及内外滚道圆度、波纹度的测量。可测量滚动体，如各类滚子、钢球的圆度、波纹度及油泵油嘴、液压件、纺机等配件的圆度、波纹度、同心度、垂直度、平行度、平面度，并可对被测轮廓的表面状态做频谱分析，适于在车间及计量室使用，可直接用于机床故障分析、机床调整、零件工艺分析试验、工序检验或成品零件终检。Y9025C型圆度仪的主要结构如图3-75所示。

图3-75　Y9025C型圆度仪结构

1—传感器　2—传感器左右移动螺钉　3—立柱　4—微调装置
5—手轮　6—工作台　7—调偏心装置　8—计算机

Y9025C型圆度仪的主要技术指标如下。

1）测量被测件尺寸范围：最小内径 ϕ5mm

最大外径 ϕ250mm

最大高度 300mm

最大重量 10kg

2）测量圆度误差范围≤30μm

3）主轴工作压力 $4\times10^5 \sim 5\times10^5$Pa

圆度仪的工作原理是采用旋转式工作台，用半径法测量圆度误差。将零件放在工作台上，大致与主轴同心，起动电动机将零件调整到与主轴同心，此时，传感器可将零件的轮廓形状变化转换为电信号，通过前置放大器进行滤波放大，再经A/D转换为数字信号，最后在主机内进行处理计算，在显示器上显示出用四种评定方法（最小二乘法、最小区域法、最小外接圆法、最大内切圆法）计算出的圆度值和被测截面的轮廓。除此之外还可以进行波纹度、频谱分析等，并可以根据需要在绘图仪上绘出图形和数据。

圆度仪测量圆度误差的步骤如下。

1）接通气源，让压力表数值达到 4×10^5Pa以上。

2）将被测件和工作台擦洗干净，被测件放在工作台上，大致与主轴同心。

3）起动主轴电动机，使工作台逆时针旋转，将调偏心位置的顶杆调到距离零件1.5~2mm左右。

4）打开计算机中的圆度仪测量软件，在显示器上显示出白色的扫描圆与红色参考圆基本相重合的图形。

5）调整微调装置，使传感器接触零件，此时显示器中显示图3-76所示的图形，凸出部分表示测头已接触零件。此时，用调偏心位置的顶杆推动零件向轴心位置移动（或用小木棒轻轻敲动零件向轴心位置移动），凸出的图形会逐渐变小直至消失。再调整微调装置，让传感器进给3个小格，显示器中又会显示图3-76所示的图形，用上述同样的方法调整，凸出

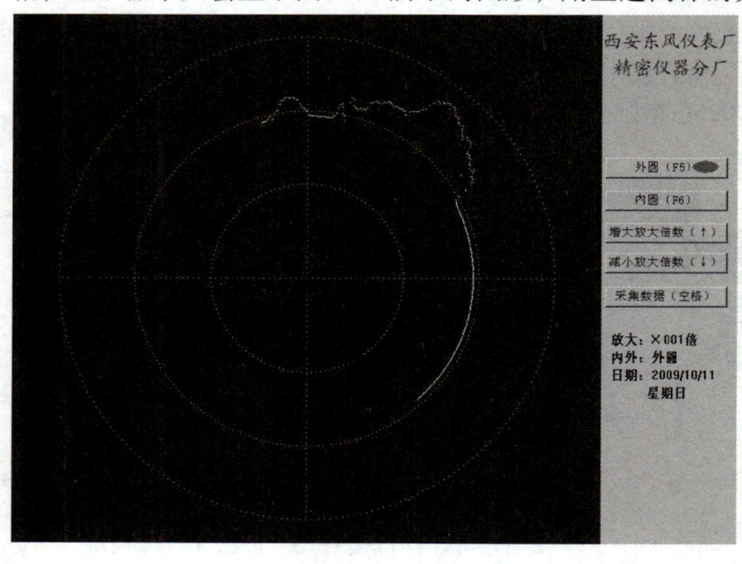

图3-76　圆度仪测量圆度误差

的图形又会逐渐变小直至消失，如此反复进行调整，最后可将零件调整到与主轴同心（误差小于 10μm 即可）。这时，让传感器再进给 30μm，即旋转微调装置上的微调螺杆转动 3 个小格，显示器上显示的图形稳定后即可进行测量。

6）显示器中显示的图形稳定后，按下计算机空格键，显示器上出现“数据分析与计算”对话框，右侧菜单中有“圆度评估标准”，其中提供了四种评定方法，选择 LSC（最小二乘法）、MZC（最小区域法）、MIC（最大内切圆法）、MCC（最小外接圆法）中的一种，同时选择测量“外圆”，滤波为“2~500 波”档，任意放大倍率，即可查看圆度值，如图 3-77 所示。

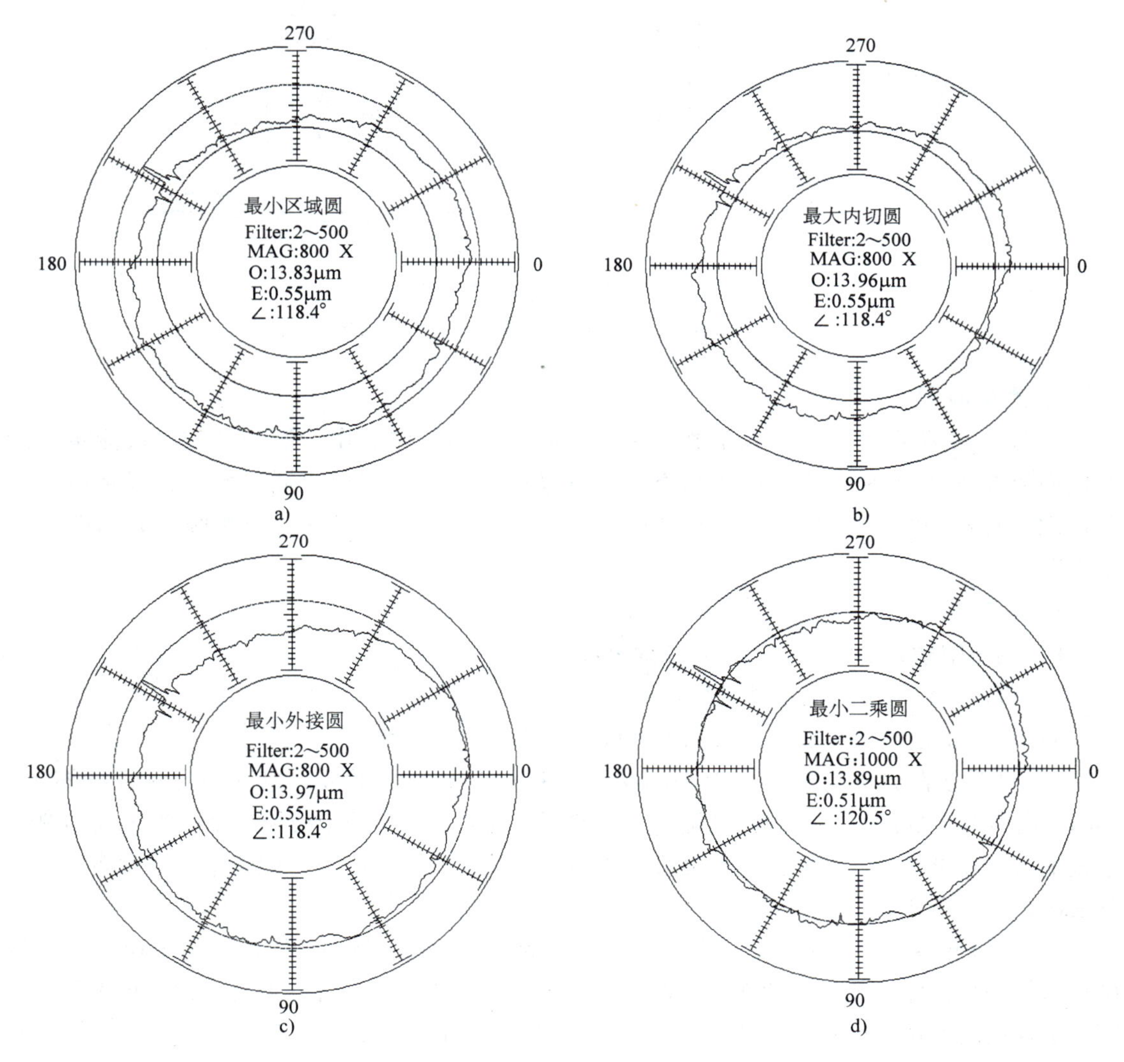

图 3-77　圆度误差评定

a）最小区域法　b）最大内切圆法　c）最小外接圆法　d）最小二乘法

用同样的方法，可测量被测件两端和中间三个不同的截面，取圆度误差最大值作为被测件的圆度误差。如果圆度误差小于或等于圆度公差，则被测件的圆度合格。

3.6.4　对称度误差测量

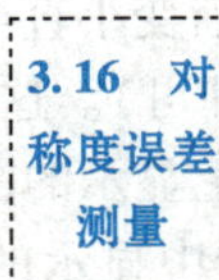
3.16　对称度误差测量

对称度按照不同的基准要素可以归纳为以中心平面为基准和以轴线为基准两类，它有中心平面对基准中心平面、中心平面对基准轴线、轴线对基准中心平面、轴线对基准轴线四种情况。键槽对称度误差属于中心平面对基准轴线。

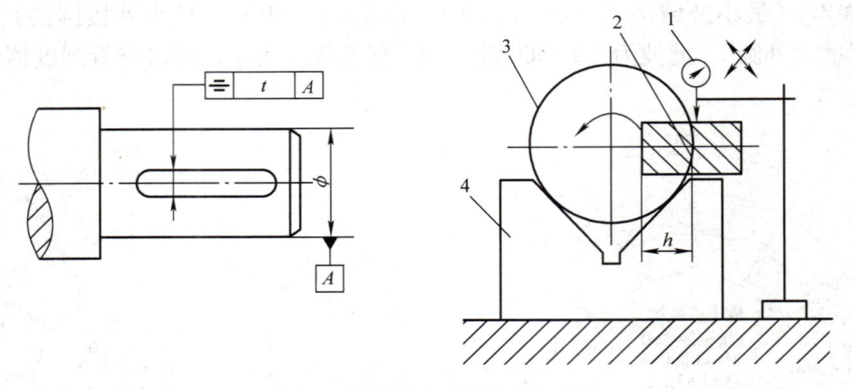

图 3-78　键槽对称度误差测量原理

1—百分表　2—定位块　3—被测轴　4—V 形块

1. 测量原理

如图 3-78 所示，将 V 形块放在平板上，以平板的工作面作为测量基准，被测零件的圆柱面放在 V 形块内，以 V 形块来模拟体现基准轴线。将定位块插入键槽，以定位块两工作面的对称中心模拟体现被测键槽的对称中心平面。然后用百分表测两个方向的对称度误差。

2. 测量步骤

1）测量键槽处轴的实际直径 d 和键槽深度 h。

2）将定位块装入被测零件键槽当中。

3）将 V 形块放在平板上，被测零件放在 V 形块内，并装夹好。

4）将百分表测头与定位块上平面接触，并垂直于测量平板，把百分表测杆压缩 1～2mm，沿被测零件的直径方向拉动测量架，并调整被测零件，使定位块上平面沿径向与测量平板平行，在键槽长度两端的径向截面内测量定位块至平板的距离，记录这两个截面内的百分表读数 $M_{左1}$ 和 $M_{右1}$。

5）将被测零件旋转 180°，重复上述操作。此时要注意，将被测零件转动 180°后，测量位置与前一次操作的测量位置在同一截面上，记录两个截面内的百分表读数 $M_{左2}$ 和 $M_{右2}$。计算两个径向测量截面内距离差的一半 Δ_1 和 Δ_2。按下式求键槽对称度误差

$$f=\frac{d(\Delta_1-\Delta_2)+2\Delta_2 h}{d-h}$$

式中，d 为轴的直径；h 为键槽深度；$\Delta_1=(M_{左1}-M_{左2})/2$，$\Delta_2=(M_{右1}-M_{右2})/2$，以绝对值大者为 Δ_1，小者为 Δ_2。

6）根据零件图的技术要求判别零件对称度是否合格。

3.6.5　径向圆跳动误差测量

将被测轴夹持在偏摆检查仪的顶尖座上，锁紧定位手柄，在轴向定位。被测零件回转一周过程中，指示器最大读数与最小读数之差即为该截面的径向圆跳动误差。按同样的方法测量若干截面，取各截面上测得的跳动量中的最大值，作为该零件的径向圆跳动误差。

1. 偏摆检查仪的结构

如图3-79所示，偏摆检查仪由底座、左顶尖座、左顶尖、指示表、右顶尖、球头手柄、右顶尖座、指示表支架、锁紧手柄等部分组成。偏摆检查仪主要用于测量轴类零件的径向跳动误差，它利用两顶尖定位轴类零件，转动被测零件，指示表测头在被测零件径向方向上直接测量零件的径向跳动误差。偏摆检查仪具有结构简单、操作方便、维护容易等特点，应用十分广泛。

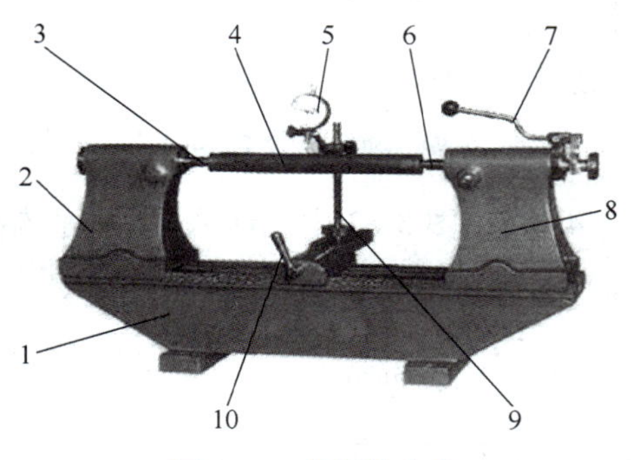

图3-79　偏摆检查仪

1—底座　2—左顶尖座　3—左顶尖　4—被测件　5—指示表　6—右顶尖　7—球头手柄　8—右顶尖座　9—指示表支架　10—锁紧手柄

使用偏摆检查仪安装被测件时，要特别小心，防止碰坏仪器顶尖。顶尖座的滑动部分要经常加润滑油，但油层不宜过厚，以免影响仪器示值精度。使用完毕后，顶尖、仪器导轨等重要零件和部位应用汽油洗净并涂上防锈油，然后盖上防尘罩。

2. 测量步骤

1）将被测轴安装在偏摆仪的两顶尖之间，锁紧手柄，公共基准轴线由两顶尖来模拟。

2）将指示表固定在支架中，前后、上下、左右调整支架，使指示表与被测轴最高点接触，测杆垂直于被测轴线，并将指示表压缩1~2圈。

3）缓慢旋转被测轴一圈，记录指示表数值的变动量。该变动量为单个测量截面上的径向圆跳动误差。

4）按上述方法测量多个不同的径向截面，取各截面数值变动量的最大值作为被测轴的径向圆跳动误差。

5）按零件图样的技术要求判别合格性。

用同样的方法测量若干不同的径向截面，记录每个截面的最大值与最小值，所有示值中的最大与最小值之差可作为该被测零件的径向全跳动误差。

用偏摆仪除了可以测量径向圆跳动误差、径向全跳动误差外，还可以测量同轴度误差。若指示表的测量方向平行于基准轴线，则可以测出轴向圆跳动和轴向全跳动误差。

以上介绍的都是传统的几何误差测量方法，用三坐标测量机测量几何误差见后面的第7单元。

3.7　想一想、做一做

1. 几何公差项目共有哪几项？其名称和符号是什么？
2. 改正图3-80中各项几何公差标注中的错误（不得改变原几何公差项目）。

3. 改正图 3-81 中各项几何公差标注中的错误（不得改变原几何公差项目）。

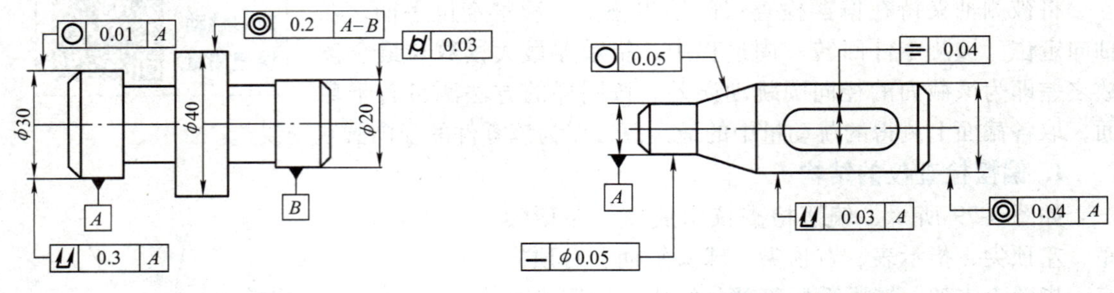

图 3-80　第 2 题图　　　　图 3-81　第 3 题图

4. 指出图 3-82 中几何公差的标注错误，并加以改正（不改变几何公差特征符号）。

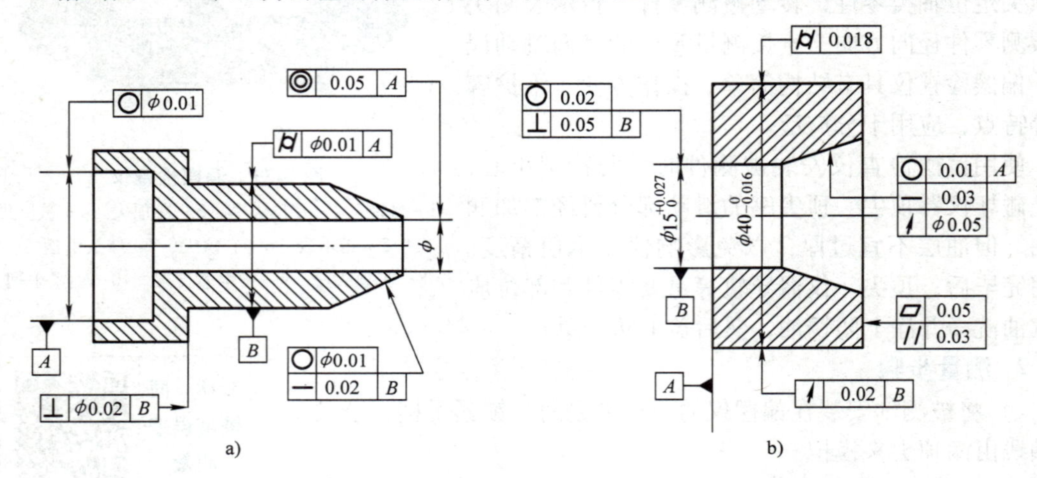

图 3-82　第 4 题图

5. 将下列技术要求标注在图 3-83 上。

1）圆锥面的圆度公差为 0. 01mm，圆锥素线直线度公差为 0. 02mm。

2）圆锥轴线对 ϕd_1 和 ϕd_2 两圆柱面公共轴线的同轴度公差为 0. 05mm。

3）端面 Ⅰ 对 ϕd_1 和 ϕd_2 两圆柱面公共轴线的轴向圆跳动公差为 0. 03mm。

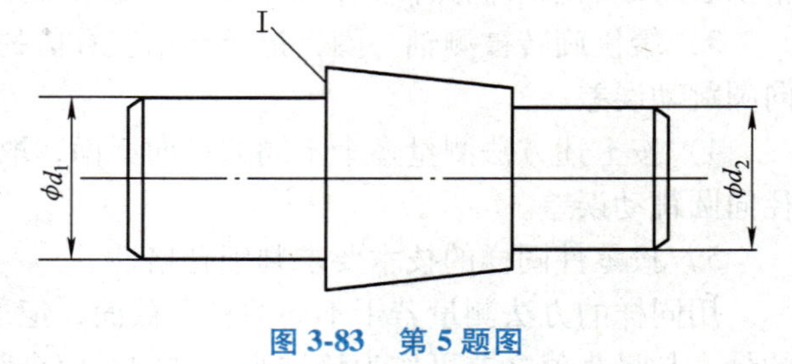

图 3-83　第 5 题图

4）ϕd_1 和 ϕd_2 圆柱面的圆柱度公差分别为 0. 008mm 和 0. 006mm。

6. 将下列几何公差要求以框格符号的形式标注在图 3-84 所示的零件图中。

1）ϕd 圆柱面的尺寸为 $\phi 30^{0}_{-0.025}$mm，采用包容要求，ϕD 圆柱面的尺寸为 $\phi 50^{0}_{-0.039}$mm，采用独立原则。

2）ϕd 表面粗糙度上限值 $Ra=1.6\mu m$，ϕD 表面粗糙度上限值 $Ra=3.2\mu m$。

3）键槽中心面对 ϕd 轴线的对称度公差为 0. 02mm。

4）ϕD 圆柱面对 ϕd 轴线的径向圆跳动量不超过 0. 03mm，轴肩端面对 ϕd 轴线的端面圆跳动量不超过 0. 05mm。

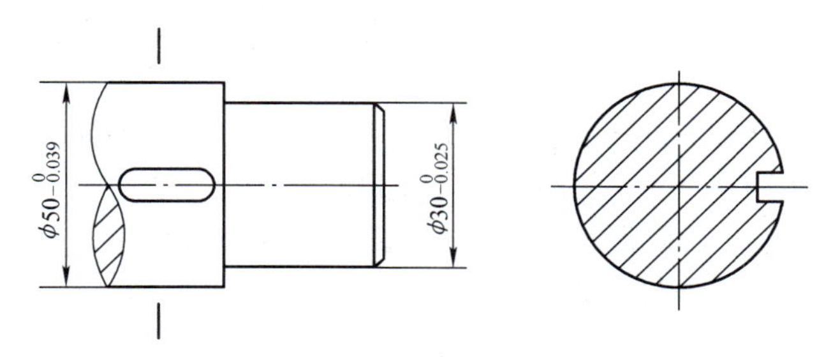

图 3-84　第 6 题图

7. 几何公差带由哪几个要素构成？分析比较各形状公差带和方向、位置公差带的特点。

8. 圆度和径向圆跳动、端面对轴线的垂直度和轴向全跳动、圆柱度和径向全跳动公差带各有何异同？

9. 评定位置误差的最小区域与评定形状误差的最小区域有何不同？

10. 如图 3-85 所示，要求：

1）指出被测要素遵守的公差原则。

2）求出被测要素的最大实体实效尺寸。

3）求被测要素的形状、方向公差的给定值，最大允许值的大小。

4）若被测要素的局部实际尺寸处处为 ϕ19. 97mm，轴线对基准 A 的垂直度误差为 ϕ0. 09mm，判断其垂直度的合格性，并说明理由。

11. 现有一轴，其尺寸公差和几何公差标注如图 3-86 所示，将正确答案填写在以下横线上。

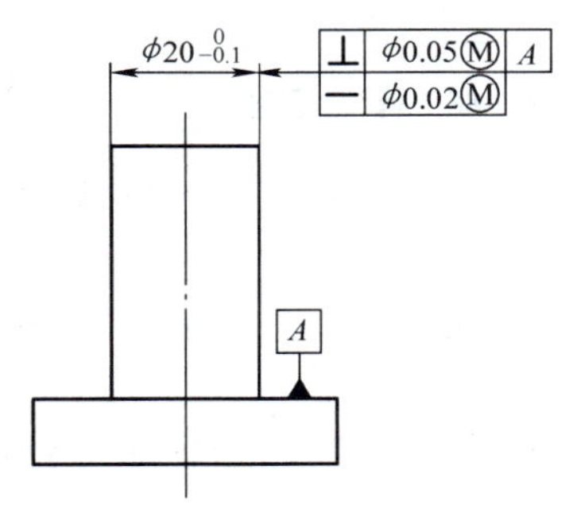

图 3-85　第 10 题图

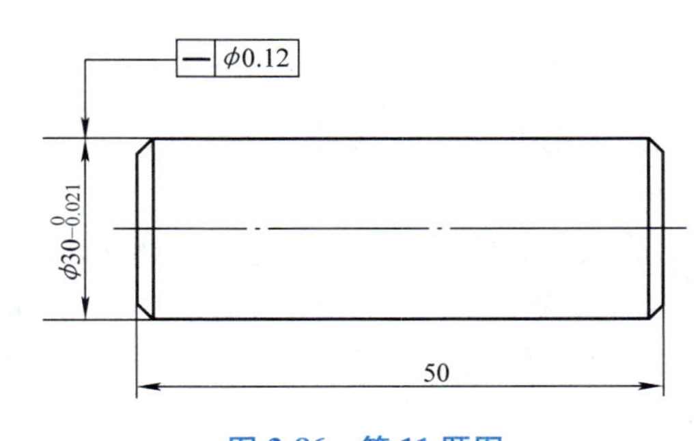

图 3-86　第 11 题图

1）此轴采用的公差原则是________，尺寸公差与几何公差的关系是________。

2）轴的最大实体尺寸为________ mm，轴的最小实体尺寸为________ mm。

3）轴的提取要素的局部尺寸必须在______ mm 至______ mm 之间。

4）轴的提取要素的局部尺寸为最大实体尺寸时，其轴线的直线度误差最大允许值为______ mm。

5）轴的提取要素的局部尺寸为 ϕ29. 985mm 时，其轴线的直线度误差最大允许值为______ mm。

6）轴线的直线度误差允许的最大值为______ mm，此时轴的提取要素的局部尺寸可为______ mm。

12. 现有一轴，其尺寸公差和几何公差标注如图 3-87 所示，将正确答案填写在以下横线上。

1）查表得出尺寸 ϕ50k5 的上极限偏差为__________，下极限偏差为__________，尺寸公差为________，上极限尺寸为________，下极限尺寸为________。

2）ϕ50k5 采用的公差要求是____________要求，遵守的是__________边界，最大实体尺寸为__________，最小实体尺寸为____________。

3）图中，几何公差 |⌭| 0.0025 | 表示的含义是____。

4）图中，几何公差 |↗| 0.008 | B | 表示的含义是____。

13. 如图 3-88 所示，将正确答案填写在以下横线上。

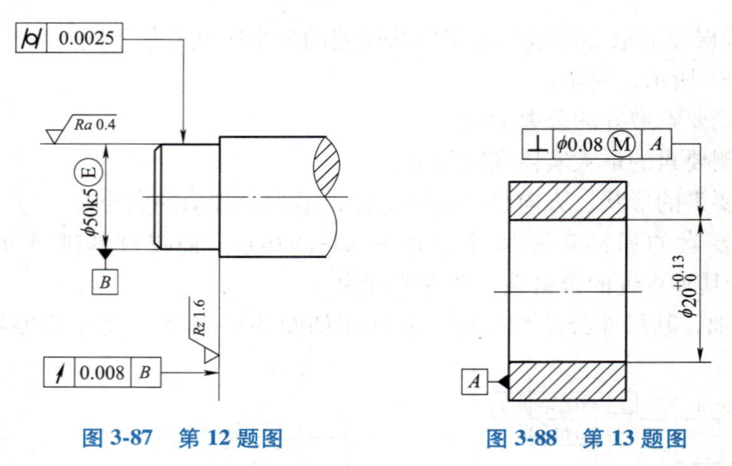

图 3-87　第 12 题图　　　图 3-88　第 13 题图

1）此孔采用的公差要求是________，遵守的边界为________边界，其边界尺寸数值为________ mm。

2）孔的最大实体尺寸为__________ mm，最小实体尺寸为__________ mm。孔的提取要素的局部尺寸必须在________ mm 至________ mm 之间。

3）孔的提取要素的局部尺寸为最大实体尺寸时，其垂直度误差最大允许值为________ mm。

4）孔的提取要素的局部尺寸为 ϕ20. 05mm 时，轴线的垂直度误差获得的最大补偿值为________ mm，此时轴线的垂直度误差最大允许值为________ mm。

5）该孔的轴线的垂直度误差能获得的最大补偿值为__________ mm，轴线的垂直度误差允许的最大值为________ mm，此时孔的局部实际尺寸为________ mm。

6）孔的局部实际尺寸为 ϕ20. 08mm，垂直度误差为 ϕ0. 20mm，该孔是否合格？为什么？

第 4 单元　表面粗糙度测量

1. 掌握表面粗糙度的定义、术语、评定参数、标注等知识。
2. 能查阅相关国家标准，了解表面粗糙度的选择方法和选择原则。
3. 掌握表面粗糙度的测量方法及粗糙度测量仪的结构、使用方法。
4. 能用表面粗糙度测量仪正确测量零件的表面粗糙度，会分析测量结果，并进行合格性判断。

本单元参照下列国家标准编写：GB/T 3505—2009《产品几何技术规范（GPS）表面结构　轮廓法 术语、定义及表面结构参数》；GB/T 1031—2009《产品几何技术规范（GPS）表面结构　轮廓法 表面粗糙度参数及其数值》；GB/T 131—2006《产品几何技术规范（GPS）技术产品文件中表面结构的表示法》和 GB/T 10610—2009《产品几何技术规范（GPS）表面结构　轮廓法 评定表面结构的规则和方法》。

4.1　识读表面粗糙度

4.1.1　表面粗糙度的定义

经机械加工的零件表面总是存在着宏观和微观的几何形状误差。微观几何形状特性，即微小的峰谷高低程度及其间距状况称为表面粗糙度。

表面粗糙度对零件的耐磨性、配合性质、疲劳强度、耐蚀性、接触刚度等性能和寿命都有较大的影响，需要充分重视。对于已完工的零件，只有同时满足尺寸精度、几何精度、表面粗糙度的要求时，才能保证零件几何参数的互换性。通过本单元的学习，既要能正确识读零件的表面粗糙度要求，同时也要会利用仪器测量表面粗糙度误差。

4.1.2　表面粗糙度的评定参数

1. 基本术语

（1）轮廓滤波器　轮廓滤波器是把轮廓分成长波和短波成分的滤波器。在测量粗糙度、波纹度和原始轮廓的仪器中，使用三种滤波器，分别是 λs 、λc 和 λf，如图 4-1 所示。它们的传输特性相同，截止波长不同。λs 是确定存在于表面上的粗糙度与比它更短的波的成分之间相交界限的滤波器；λc 是确定粗糙度与波纹度成分之间相交界限的滤波器；λf 是确定存在于表面上的波纹度与比它更长的波（如几何误差）的成分之间相交界限的滤波器。

（2）表面轮廓　表面轮廓是指定平面与实际表面相交所得的轮廓，如图 4-2 所示。表面轮廓有原始轮廓（P 轮廓）、粗糙度轮廓（R 轮廓）、波纹度轮廓（W 轮廓）三种。

（3）原始轮廓　原始轮廓是通过 λs 轮廓滤波器之后的总轮廓。

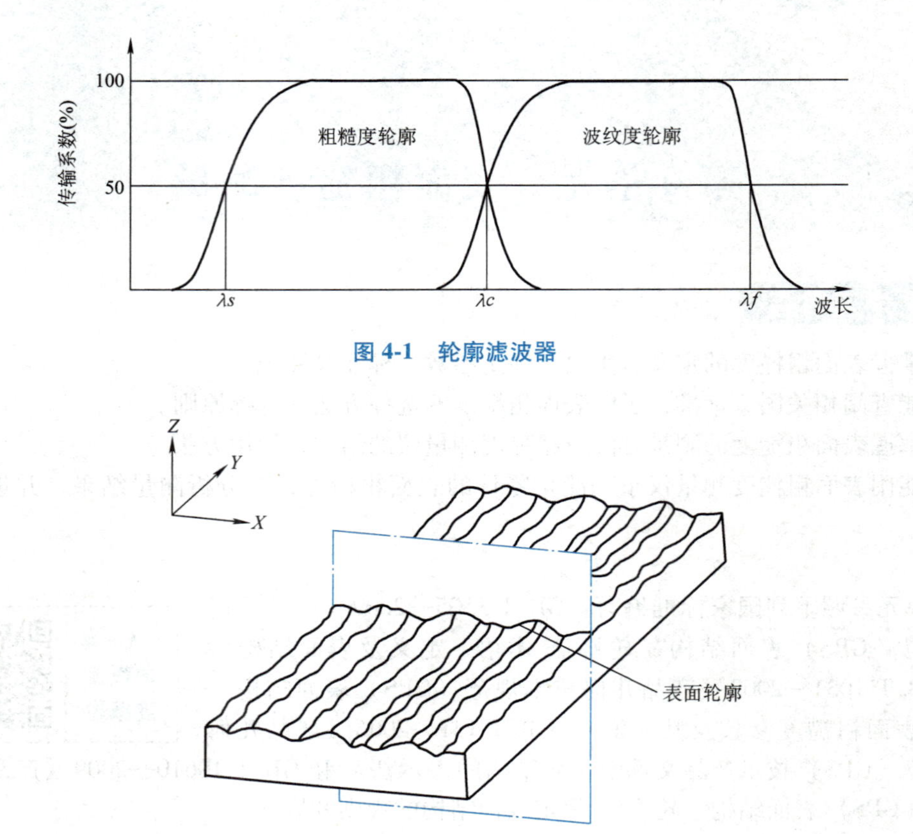

图 4-1 轮廓滤波器

图 4-2 表面轮廓

（4）粗糙度轮廓　粗糙度轮廓是对原始轮廓采用 λc 轮廓滤波器抑制长波成分以后形成的轮廓，是经过人为修正的轮廓，如图 4-1 所示。粗糙度轮廓是评定粗糙度轮廓参数的基础。

（5）取样长度 lr　取样长度是指在 X 轴方向上判别被评定轮廓不规则特征的长度。用代号 lr 表示。

通常采用一直角坐标系，其轴线形成一右旋笛卡尔坐标系，X 轴与中线方向一致，Y 轴也处于实际表面上，而 Z 轴则在从材料到周围介质的外延方向上，如图 4-2 所示。

lr 在数值上同轮廓滤波器 λc 的截止波长相等，它至少包含 5 个以上的轮廓峰和谷，如图 4-3 所示。规定取样长度的目的在于限制和减弱其他几何形状误差，特别是表面波纹度对测量结果的影响。表面越粗糙，则取样长度就应越大，取样长度的数值从表 4-1 给出的系列中选取。

表 4-1　取样长度（lr）的数值（GB/T 1031—2009）　（单位：mm）

lr	0.08	0.25	0.8	2.5	8	25

（6）评定长度 ln　评定长度是指用于评定被评定轮廓的 X 轴方向上的长度。代号为 ln 。由于零件表面各部分的粗糙度不一定很均匀，在一个取样长度上往往不能合理地反映某一表面的粗糙度特征，故应在其连续的几个取样长度内进行测量。评定长度可以包含一个

或几个取样长度，如图 4-3 所示，一般取 $ln = 5lr$ 。

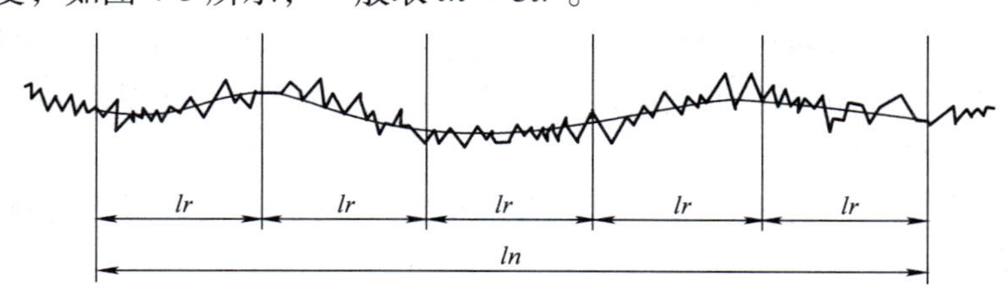

图 4-3　取样长度和评定长度

（7）中线　中线是具有几何轮廓形状并划分轮廓的基准线。粗糙度轮廓的中线是用轮廓滤波器 λc 抑制了长波轮廓成分相对应的中线。中线的几何形状与零件表面几何轮廓的走向一致。中线是计算各种评定参数数值的基础。表面粗糙度轮廓中线包括下列两种。

1）轮廓的最小二乘中线。是指在一个取样长度 lr 范围内，使轮廓上各点至该线距离的平方和为最小的基准线，即 $\sum_{i=1}^{n} y_i^2 = \min$，如图 4-4 所示。

最小二乘中线是理想的基准线，但在轮廓图形上确定最小二乘中线的位置比较困难，故很少应用。

2）轮廓的算术平均中线。是指在一个取样长度 lr 范围内，划分实际轮廓为上、下两部分，且使上部分的面积之和与下部分的面积之和相等的基准线，即 $\sum_{i=1}^{n} F_i = \sum_{i=1}^{n} F_i'$ ，如图 4-5 所示。

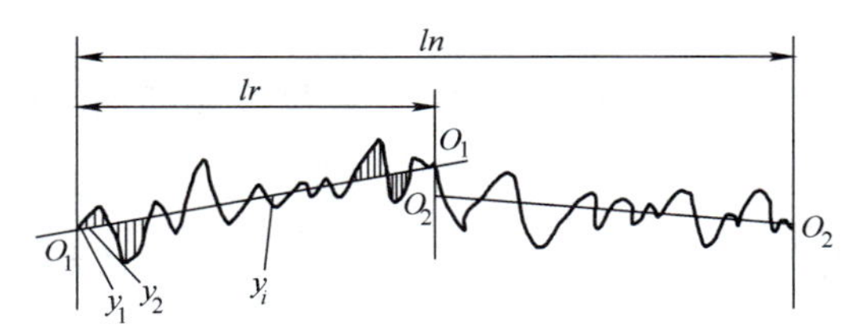

图 4-4　轮廓的最小二乘中线

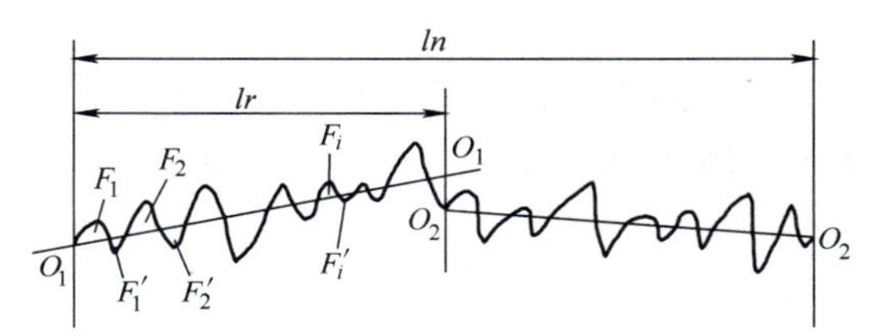

图 4-5　轮廓的算术平均中线

用算术平均方法确定的中线是一种近似的图解法，较为简便，因而得到广泛应用。

2. 表面粗糙度的评定参数

为了更好地评定实际轮廓，GB/T 3505—2009 用表面微观几何形状幅度、间距和曲线及相关参数等特征，规定了相应的评定参数。

（1）幅度参数

1）评定轮廓的算术平均偏差 Ra。指在一个取样长度内，纵坐标值 $Z(x)$ 绝对值的算术平均值，如图 4-6 所示。即

$$Ra = \frac{1}{l}\int_0^l |Z(x)| \mathrm{d}x \qquad (4\text{-}1)$$

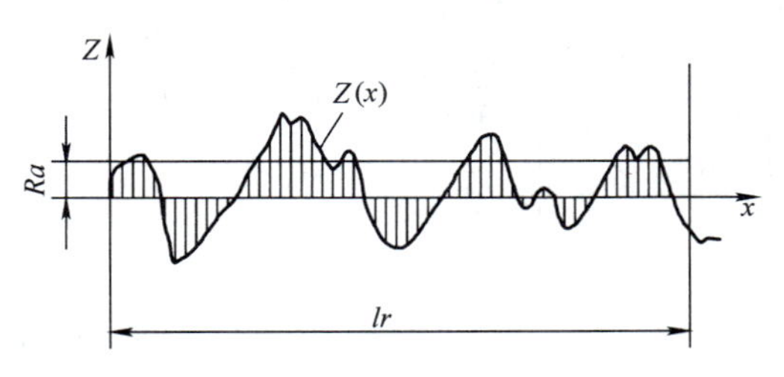

图 4-6　轮廓算术平均偏差

纵坐标值 $Z(x)$ 是指被评定轮廓在任一位置距 X 轴的高度。若纵坐标位于 X 轴下方，该高

度被视作负值，反之则为正值。式中，$l=lr$。

测得的 Ra 值越大，表面越粗糙。Ra 能客观地反映表面微观几何形状的特性，但因 Ra 一般是用电动轮廓仪进行测量，而表面过于粗糙或太光滑时不宜用轮廓仪测量，所以这个参数的使用受到一定的限制。

2）轮廓最大高度 Rz。指在一个取样长度内，最大轮廓峰高和最大轮廓谷深之和，如图 4-7 所示。即

$$Rz = Zp + Zv \tag{4-2}$$

式中，Zp、Zv 均取正值。

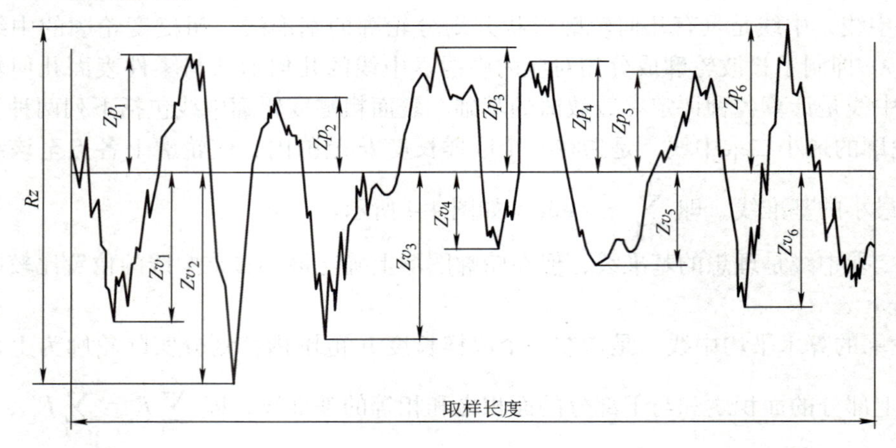

图 4-7　轮廓最大高度

（2）间距参数　间距参数为轮廓单元的平均宽度 Rsm，指在一个取样长度内轮廓单元宽度 Xs 的平均值，如图 4-8 所示，即

$$Rsm = \frac{1}{m}\sum_{i=1}^{m} Xs_i \tag{4-3}$$

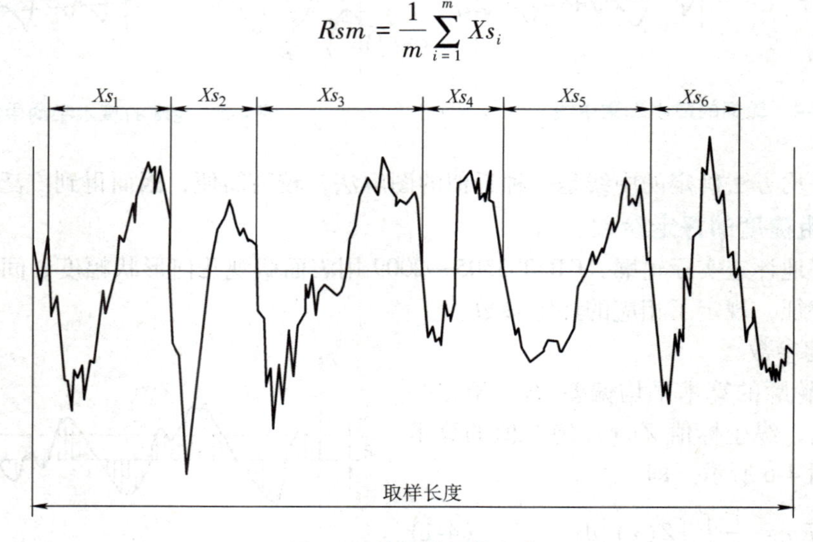

图 4-8　轮廓单元的宽度

（3）曲线和相关参数　所有曲线和相关参数均在评定长度上而不是在取样长度上定义，

因为这样可提供更稳定的曲线和相关参数。

如轮廓支承长度率 $Rmr(c)$，它是在给定水平截面高度 c 上，轮廓的实体材料长度 $Ml(c)$ 与评定长度的比率。即

$$Rmr(c) = \frac{Ml(c)}{l_n} \tag{4-4}$$

所谓轮廓的实体材料长度 $Ml(c)$，是指在评定长度内，一平行于 X 轴的直线从峰顶线向下移一水平截面高度 c 时，与轮廓相截所得的各段截线长度之和，如图 4-9a 所示，即

$$Ml(c) = b_1 + b_2 + \cdots + b_i + \cdots + b_n = \sum_{i=1}^{n} b_i \tag{4-5}$$

轮廓的水平截面高度 c 可用微米或用它对轮廓最大高度的百分比表示。由图 4-9a 可以看出，轮廓支承长度率是随着水平截面高度 c 的大小而变化的，其关系曲线称为支承长度率曲线，如图 4-9b 所示。支承长度率曲线对于反映表面耐磨性具有显著的功效，即从中可以明显看出支承长度的变化趋势，且比较直观。

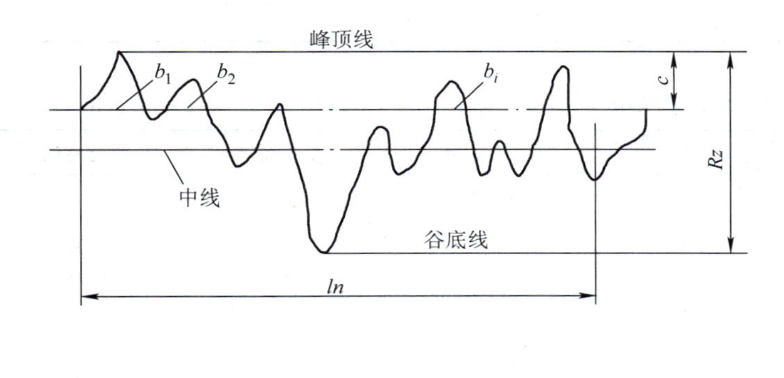

a)

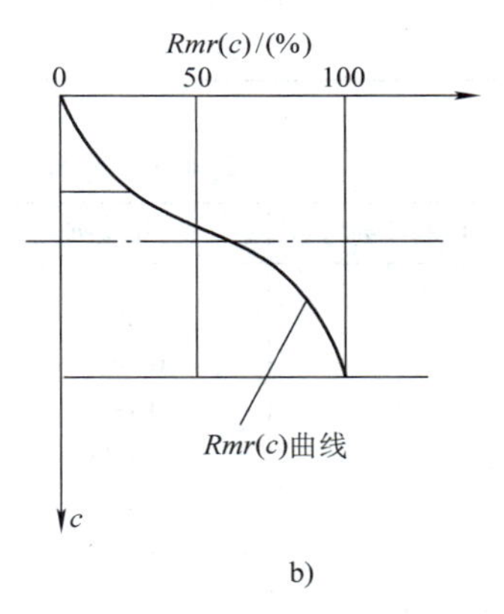

b)

图 4-9　支承长度率曲线

3. 表面粗糙度参数的数值

表面粗糙度参数值已经标准化，设计时应从国家标准 GB/T 1031—2009《产品几何技术规范（GPS）表面结构　轮廓法　表面粗糙度参数及其数值》规定的参数值系列中选取，见表 4-2~表 4-5。选取时，应优先采用基本系列中的数值。

表 4-2　评定轮廓的算术平均偏差 *Ra* 的数值（摘自 GB/T 1031—2009）（单位：μm）

基本系列	补充系列	基本系列	补充系列	基本系列	补充系列	基本系列	补充系列
	0.008						
	0.010						
0.012			0.125		1.25	12.5	
	0.016		0.160	1.6			16.0
	0.020	0.2			2.0		20
0.025			0.25		2.5	25	
	0.032		0.32	3.2			32
	0.040	0.4			4.0		40
0.05			0.50		5.0	50	
	0.063		0.63	6.3			63
	0.080	0.8			8.0		80
0.1			1.00		10.0	100	

一般情况下，测量 *Ra* 和 *Rz* 时，推荐按表4-6、表4-7选用对应的取样长度及评定长度值，此时，在图样上可省略标注取样长度值。当有特殊要求不能选用表4-6、表4-7中的数值时，应在图样上标注出取样长度值。

表4-3　轮廓最大高度 *Rz* 的数值（摘自 GB/T 1031—2009）　　（单位：μm）

基本系列	补充系列	基本系列	补充系列	基本系列	补充系列	基本系列	补充系列	基本系列	补充系列
0.025			0.25		2.5	25			
									250
	0.032		0.32	3.2			32		
									320
	0.040	0.4			4.0		40	400	
0.05			0.50		5.0	50			
									500
	0.063		0.63	6.3			63		
									630
	0.080	0.8			8.0		80	800	
0.1			1.00		10.0	100			
									1000
	0.125		1.25	12.5			125		
									1250
	0.160	1.6			16.0		160	1600	
0.2			2.0		20	200			

表4-4　轮廓单元的平均宽度 *Rsm* 的数值（摘自 GB/T 1031—2009）　（单位：mm）

基本系列	补充系列	基本系列	补充系列	基本系列	补充系列
			0.040	0.8	
	0.002				
	0.003	0.05			1.00
			0.063		
	0.004				1.25
			0.080	1.6	
	0.005				
	0.008	0.1			2.0
			0.125		
	0.010				2.5
			0.160	3.2	
0.0125					
	0.016	0.2			4.0
			0.25		
	0.020				5.0
			0.32	6.3	
	0.023				
		0.4			8.0
0.025			0.5		
					10.0
			0.63	12.5	

表4-5　轮廓的支承长度率 *Rmr*(*c*) 的数值（摘自 GB/T 1031—2009）　（单位：%）

Rmr(*c*)	10	15	20	25	30	40	50	60	70	80	90

注：选用轮廓支承长度率参数时必须同时给出轮廓截面高度 *c* 值，它可用 μm 或 *Rz* 的百分数表示。

表4-6　测量表面粗糙度轮廓算术平均偏差 *Ra* 时的标准取样长度和评定长度（GB/T 1031—2009）

Ra/μm	*lr*/mm	*ln*/mm（标准评定长度为5个取样长度）
≥0.008~0.02	0.08	0.4
>0.02~0.1	0.25	1.25
>0.1~2.0	0.8	4
>2.0~10.0	2.5	12.5
>10.0~80.0	8.0	40

表 4-7　测量表面粗糙度轮廓最大高度 *Rz* 时的标准取样长度和评定长度（GB/T 1031—2009）

Rz/μm	*lr*/mm	*ln*/mm（标准评定长度为 5 个取样长度）
≥0.025~0.10	0.08	0.4
>0.10~0.50	0.25	1.25
>0.50~10.0	0.8	4.0
>10.0~50.0	2.5	12.5
>50.0~320.0	8	40.0

4.1.3　表面粗糙度的标注

4.2　表面粗糙度标注

GB/T 131—2006 对表面粗糙度符号、代号及标注都做了规定。图样上标注的表面粗糙度符号、代号是该表面完工后的要求。

1. 表面粗糙度符号

（1）基本图形符号　对表面粗糙度有要求的图形符号，简称基本符号。如图 4-10a 所示。基本图形符号仅用于简化代号标注，没有补充说明时不能单独使用。

（2）扩展图形符号　对表面粗糙度有指定要求的图形符号，简称扩展符号。在基本图形符号上加一短横，表示指定表面是用去除材料的方法获得，如通过机械加工方法获得的表面，如图 4-10b 所示。在基本图形符号上加一圆圈，表示指定表面是用不去除材料方法获得，如铸、锻、冲压变形、热轧、冷轧、粉末冶金等，如图 4-10c 所示。

（3）完整图形符号　对基本图形符号或扩展图形符号扩充后的图形符号，简称完整符号。当要求标注表面粗糙度特征的补充信息时，在图 4-10 所示的图形符号的长边上加一横线，如图 4-11 所示。在报告和合同的文本中用文字表达图 4-11 符号时，用 APA 表示图 4-11a，MRR 表示图 4-11b，NMR 表示图 4-11c。

当在图样某个视图上构成封闭轮廓的各表面有相同的表面粗糙度要求时，应在完整图形符号上加一圆圈，标注在图样中零件的封闭轮廓线上，如图 4-12 所示。

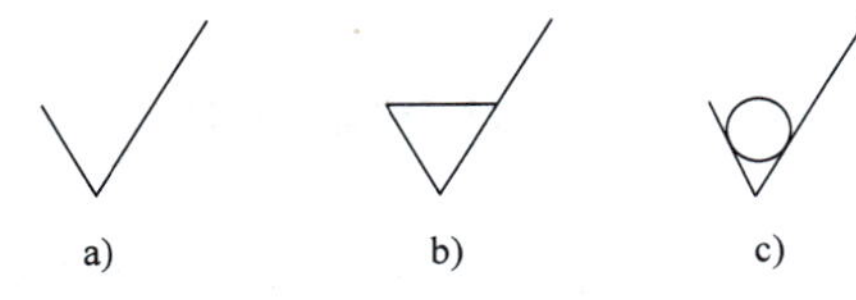

图 4-10　基本图形符号和扩展图形符号

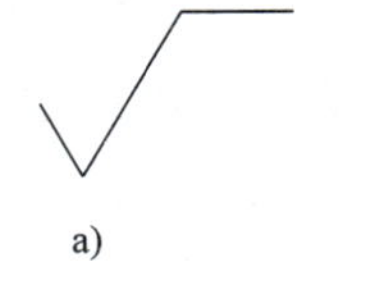

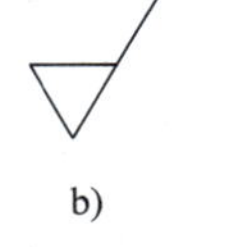

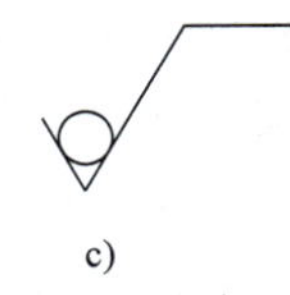

图 4-11　完整图形符号

a）允许任何工艺　b）去除材料　c）不去除材料

2. 表面粗糙度代号及其注法

为了明确表面粗糙度要求，除了标注表面粗糙度参数和数值外，必要时应标注补充要求。补充要求包括传输带、取样长度、加工工艺、表面纹理及方向、加工余量等。有关表面粗糙度补充要求的各项规定应标注在代号中相应的位置，如图 4-13 所示。

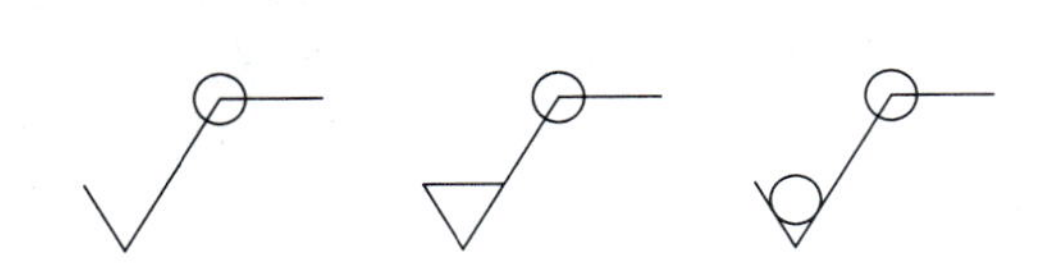

图 4-12　封闭轮廓具有相同表面粗糙度要求时的符号

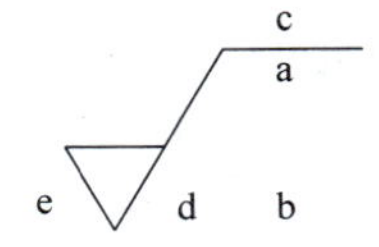

图 4-13　表面粗糙度代号及其注法

在图4-13中，位置a注写表面粗糙度的单一要求，单一要求包括表面粗糙度参数代号、极限值和传输带或取样长度等；在位置b注写第二个表面粗糙度要求，注写方法同位置a，如果要注写第三个或更多个表面粗糙度要求，图形符号应在垂直方向扩大，以空出足够的空间，如图4-14所示；位置c注写加工方法、表面处理、涂层或其他加工工艺要求；位置d注写表面纹理方向；位置e注写加工余量。

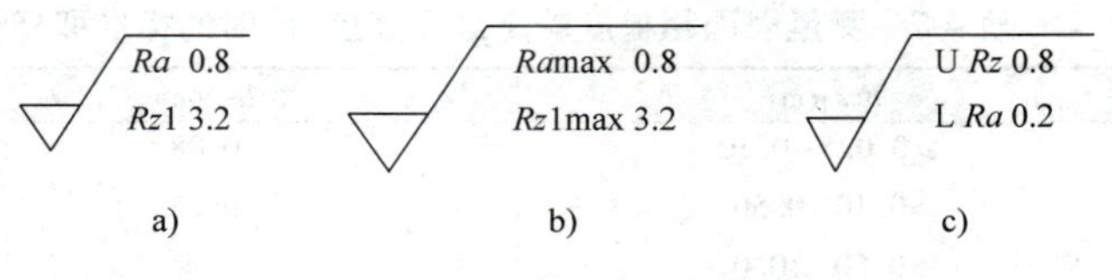

图4-14　极限值的标注

（1）极限值判断规则的标注　表面粗糙度要求中，给定极限值的判断规则有两种：16%规则和最大规则。16%规则是指当参数的规定值为上限值时，如果所选参数在同一评定长度上的全部实测值中，大于图样或技术产品文件中规定的值个数不超过实测值总数的16%，则该表面合格，或当参数的规定值为下限值时，如果所选参数在同一评定长度上的全部实测值中，小于图样或技术文件中规定值的个数不超过实测值总数的16%，则该表面合格。最大规则是指检验时，在被检表面的全部区域内测得的参数值不应超过图样或技术产品文件中的规定值。16%规则是所有表面粗糙度要求标注的默认规则，一般不标注代号，如图4-14a所示。如果最大规则应用于表面粗糙度要求，在参数代号后应加上“max”，如图4-14b所示。

图4-14a所示的16%规则是单向极限，单向极限默认的是参数的上限值。当需要标注参数的单向下限值时，应在参数代号前加L，如L *Ra* 0.8。在完整图形符号中表示双向极限时，上限值在上方用U表示，下限值在下方用L表示，如图4-14c所示。如果是同一个参数具有双向极限要求，在不致引起歧义的情况下，可以不加U、L。

（2）传输带和取样长度的标注　传输带是两个定义的滤波器之间的波长范围。这意味着传输带就是评定时的波长范围。传输带被一个截止短波的滤波器（短波滤波器）和另一个截止长波的滤波器（长波滤波器）所限制。滤波器由截止波长值表示。粗糙度轮廓传输带的截止波长值代号是λs（短波滤波器）和λc（长波滤波器），λc表示取样长度。默认的传输带定义的截止波长值是$\lambda c=0.8$mm和$\lambda s=0.0025$mm，一般不用标注。传输带标注包含滤波器截止波长，短波滤波器在前，长波滤波器在后，用连字号“—”隔开，并标注在参数代号的前面，用斜线“/”与参数代号隔开，如图4-15a所示。在某些情况下，传输带中只标注两个滤波器中的一个。如果只标注一个滤波器，应保留连字号“—”来区分是短波滤波器还是长波滤波器，如图4-15b所示，数值0.8为长波滤波器。

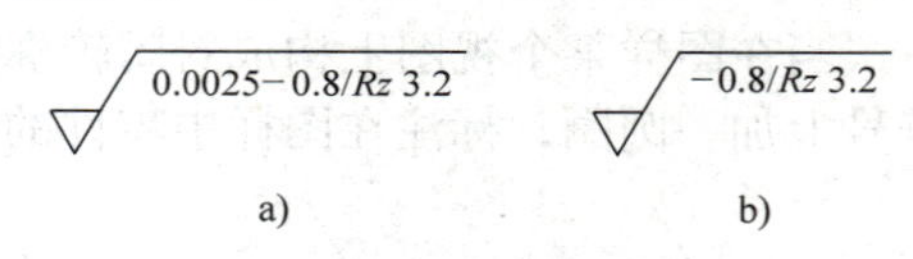

图4-15　传输带标注

评定长度是在评定表面粗糙度要求时所必需的一段长度。有些参数是基于取样长度定义的，有些参数是基于评定长度定义的。当参数基于取样长度定义时，在评定长度内取样长度的个数是非常重要的，粗糙度参数默认的评定长度是由5个取样长度构成的。当采用默认的评定长度时，代号上不标注，否则在参数代号后面注上取样长度的个数，如图4-14a、b所示，*Rz*1 3.2表示粗糙度最大高度3.2μm，评定长度包含一个取样长度。

（3）表面粗糙度其他项目的标注　标注的参数代号、参数值和传输带只作为表面粗糙度要求，有时不一定能完全准确地表示表面功能。加工工艺在很大程度上决定了轮廓曲线的特征，因此一般应注明加工工艺、表面镀覆、表面纹理等，如图 4-16a 所示，加工方法为车削加工。图 4-16b 表示表面镀覆处理，Fe/Ep. Ni15pCr0. 3r 表示钢铁基体上电镀 15μm 半光亮镍，0. 3μm 常规铬。具体的镀覆标识见 GB/T 13911—2008《金属镀覆和化学处理标识方法》。

表面纹理及其方向用图 4-17 规定的符号按照图 4-16c 标注在完整符号中。在同一个图样中，有多个加工工序的表面可标注加工余量，图 4-18 所示为留 3mm 的加工余量。

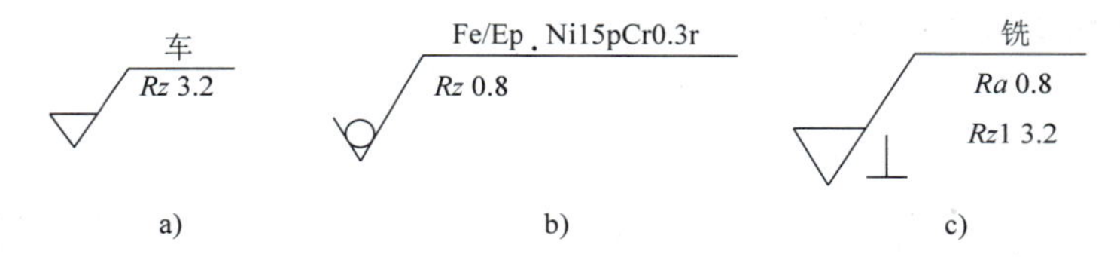

图 4-16　其他项目标注

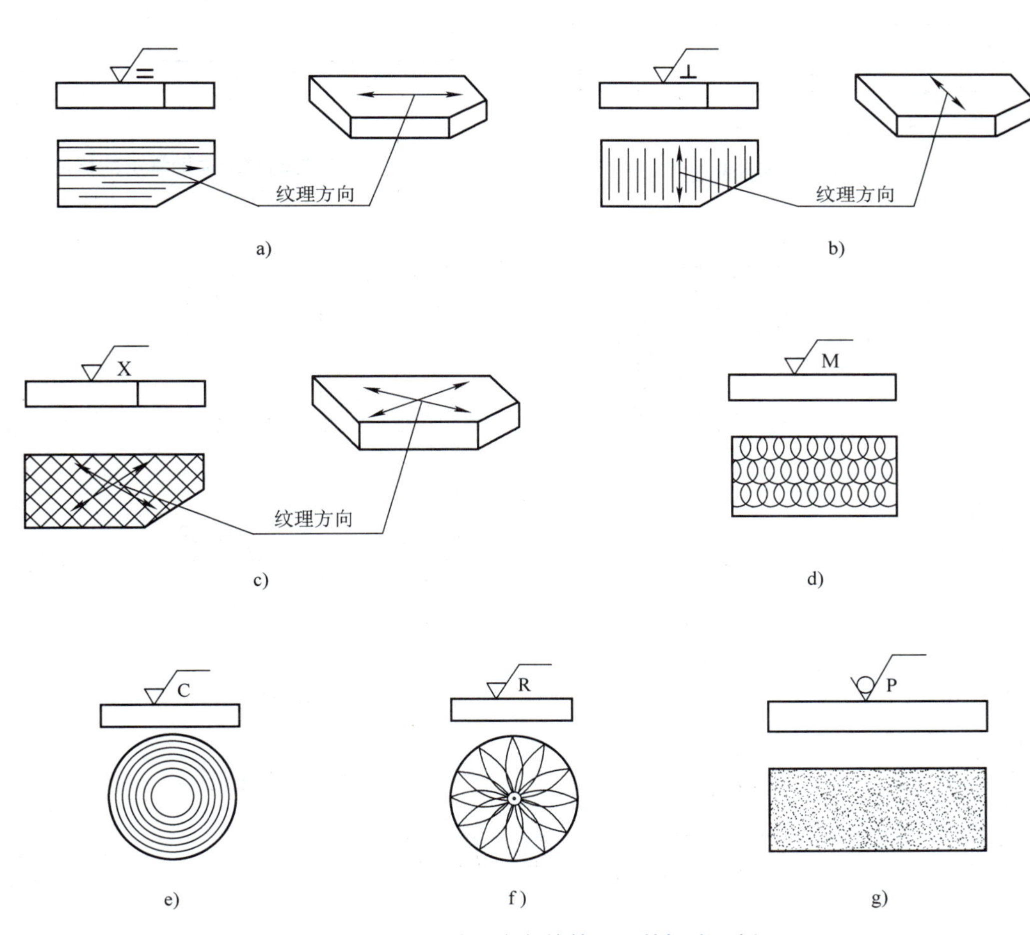

图 4-17　加工纹理方向的符号及其标注图例

a）纹理平行于标注代号的视图的投影面　b）纹理垂直于标注代号的视图的投影面
c）纹理呈两相交的方向　d）纹理呈多方向　e）纹理呈近似同心圆
f）纹理呈近似放射形　g）纹理无方向或呈凸起的细粒状

（4）表面粗糙度要求在图样中的标注　在图样上标注表面粗糙度时，注写和读取方向与尺寸的注写和读取方向一致，一般标注在轮廓线或其延长线上，其符号从材料外指向表面并接触，有时也可用带箭头的指引线引出标注，如图4-19、图4-20所示。表面粗糙度要求有时也可标注在几何公差框格的上方，如图4-21所示。圆柱和棱柱表面的表面粗糙度要求只标注一次。如果每个棱柱表面有不同的表面粗糙度要求，则应分别单独标注，如图4-22所示。由几种不同的工艺方法获得的同一表面，当需要明确每种工艺方法的表面粗糙度要求时，可按图4-23所示方法进行标注。

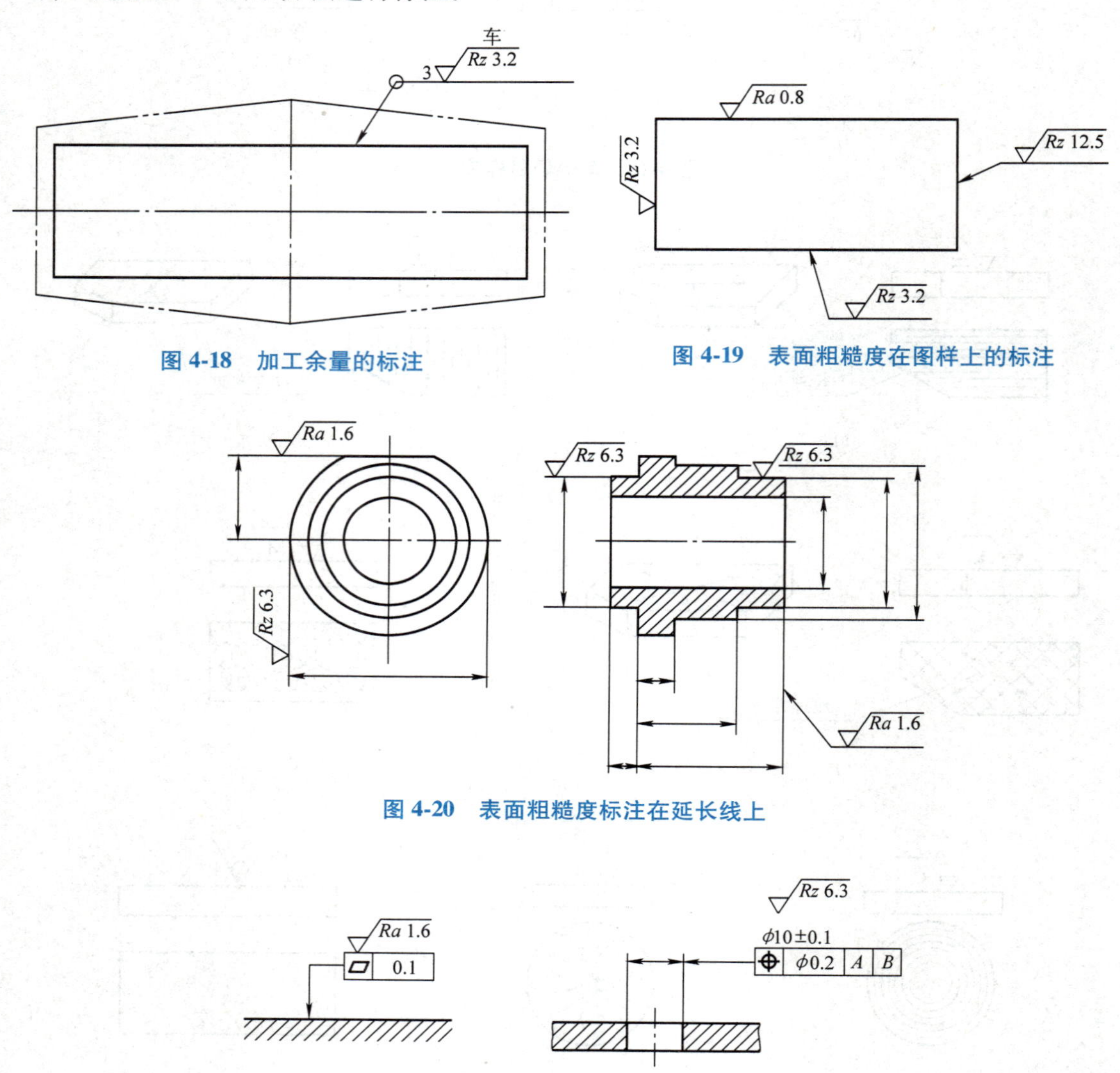

图4-18　加工余量的标注

图4-19　表面粗糙度在图样上的标注

图4-20　表面粗糙度标注在延长线上

图4-21　表面粗糙度标注在几何公差框格的上方

（5）表面粗糙度简化注法　如果在零件的大多数表面有相同的粗糙度要求，可简化标注。此时将不同的表面粗糙度要求直接标注在图形上，相同的表面粗糙度要求统一标注在图

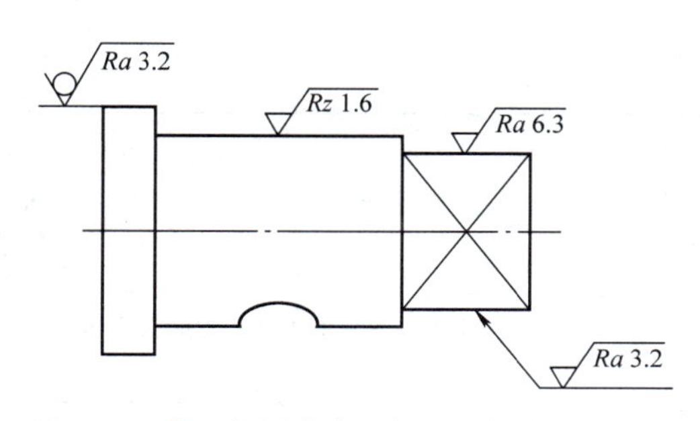

图 4-22　表面粗糙度在圆柱和棱柱表面的注法

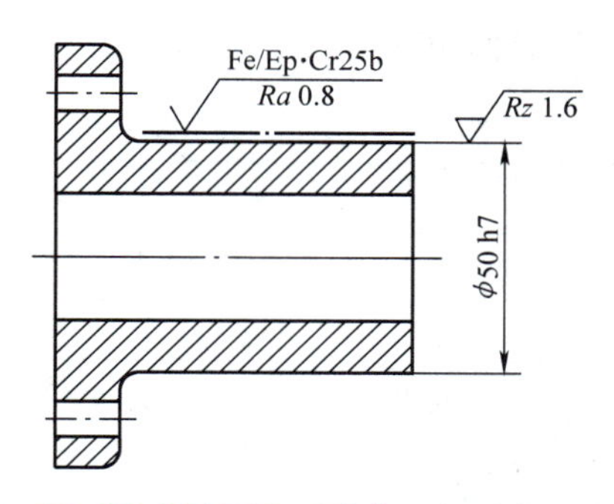

图 4-23　同时给出镀覆前后的表面粗糙度要求的注法

样的标题栏附近，并在其后面用圆括号给出无任何其他标注的基本符号，如图 4-24 所示，或者在圆括号内给出不同的表面粗糙度要求，如图 4-25 所示。

当多个表面具有共同的表面粗糙度要求或图样空间有限时，可用带字母的完整符号以等式的形式在图形或标题栏附近进行简化标注，如图 4-26 所示。或者只用表面粗糙度基本符号和扩展符号以等式的形式给出对多个表面共同的表面粗糙度要求，如图 4-27 所示。

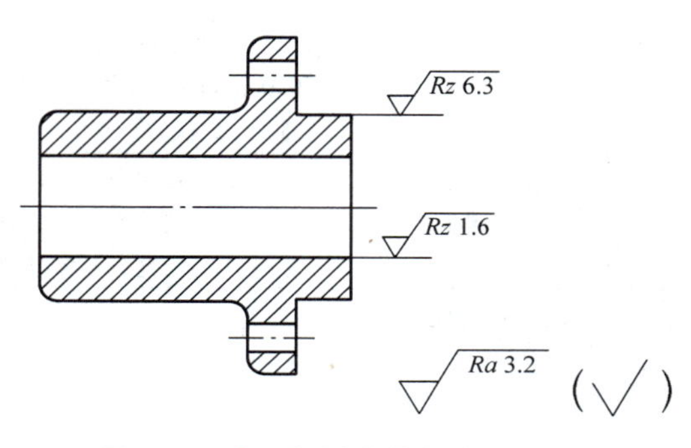

图 4-24　表面粗糙度简化注法（一）

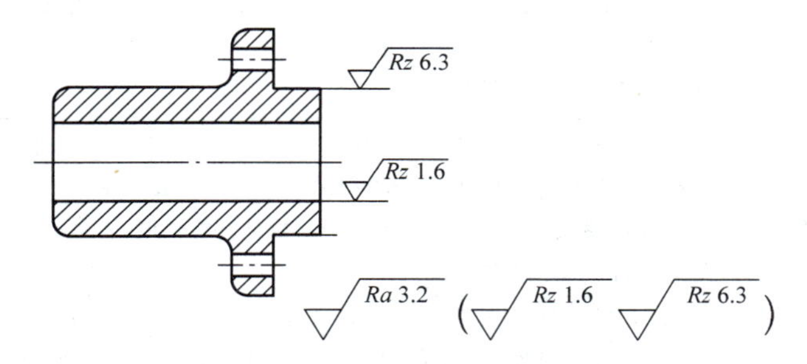

图 4-25　表面粗糙度简化注法（二）

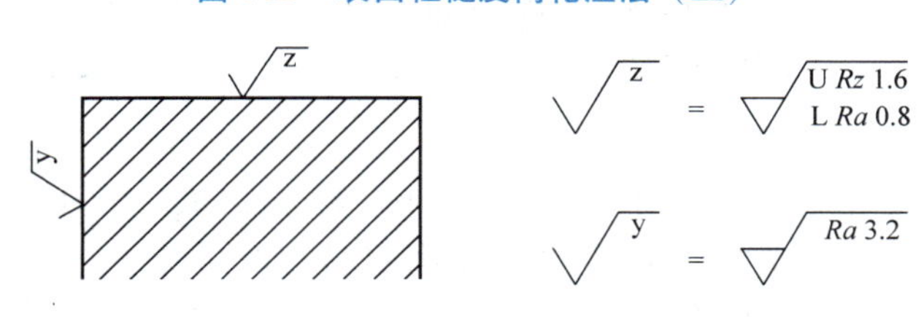

图 4-26　图样空间有限时的简化注法（一）

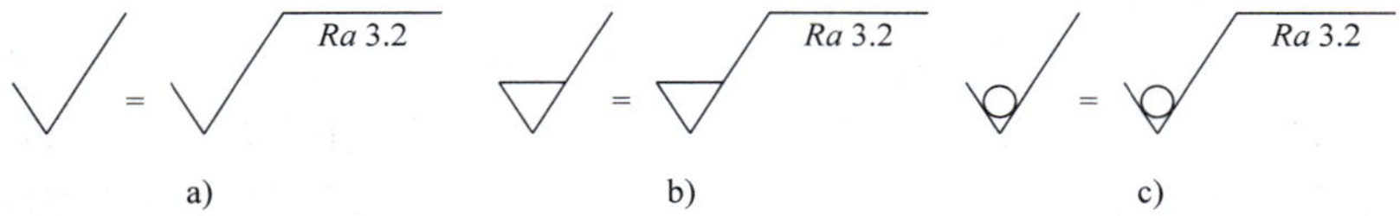

Ra 3.2　　Ra 3.2　　Ra 3.2

a)　　b)　　c)

图 4-27　图样空间有限时的简化注法（二）

常见表面粗糙度代号及其含义见表4-8。

表4-8　常见表面粗糙度代号及其含义

代号	含义/解释
Rz 0.4	表示不允许去除材料，单向上限值，默认传输带，R 轮廓，轮廓最大高度0.4μm，默认评定长度，“16%规则”（默认）
Rz max 0.2	表示去除材料，单向上限值，默认传输带，R 轮廓，轮廓最大高度的最大值0.2μm，默认评定长度，“最大规则”
0.008–0.8/Ra 3.2	表示去除材料，单向上限值，传输带为0.008～0.8mm，R 轮廓，算术平均偏差3.2μm，默认评定长度，“16%规则”（默认）
–0.8/Ra3 3.2	表示去除材料，单向上限值，传输带：根据GB/T 6062，取样长度0.8mm（λs 默认0.0025mm），R 轮廓，算术平均偏差3.2μm，评定长度包含3个取样长度，“16%规则”（默认）
U Ra max 3.2 L Ra 0.8	表示不允许去除材料，双向极限值，两极限值均使用默认传输带，R 轮廓，上限值：算术平均偏差3.2μm，默认评定长度，“最大规则”。下限值：算术平均偏差0.8μm，默认评定长度，“16%规则”（默认）
Cu/Ep.Ni5bCr0.3r Rz 0.8	表示不允许去除材料，单向上限值，默认传输带，R 轮廓，轮廓最大高度0.8μm，默认评定长度，“16%规则”（默认），表面处理：钢件，镀镍/铬，表面要求对封闭轮廓的所有表面有效
Fe/Ep.Ni10bCr0.3r –0.8/Ra 1.6 U–2.5/Rz 12.5 L–2.5/Rz 3.2	表示去除材料，一个单向上限值和一个双向极限值。单向上限值：传输带–0.8mm（λs 根据GB/T 6062确定），R 轮廓，算术平均偏差1.6μm，默认评定长度，“16%规则”。双向极限值：传输带均为2.5mm（λs 根据GB/T 6062确定），R 轮廓，轮廓最大高度上限值12.5μm，下限值3.2μm，默认评定长度，“16%规则”（默认）。表面处理：钢件，镀镍/铬
磨 Ra1.6 –2.5/Rz max 6.3 ⊥	表示去除材料，两个单向上限值：Ra 1.6表示默认传输带，R 轮廓，算术平均偏差1.6μm，默认评定长度，“16%规则”（默认）；Rz max 6.3表示传输带–2.5mm，R 轮廓，轮廓最大高度的最大值6.3μm，默认评定长度，“最大规则”。表面纹理垂直于视图投影面，加工方法：磨削
铣 0.008–4/Ra 50 0.008–4/Ra 6.3 c	表示去除材料，双向极限值，传输带均为0.008～4mm，R 轮廓，默认评定长度，“16%规则”（默认），上限值：算术平均偏差50μm，下限值：算术平均偏差6.3μm。表面纹理近似同心圆且圆心与表面中心相关，加工方法：铣。注：因为不会引起争议，不必加U和L

4.1.4　表面粗糙度的选择

零件的表面粗糙度不仅对其使用性能的影响是多方面的，而且关系到产品质量和生产成本。在确定零件表面粗糙度时，除了有特殊要求的表面外，一般采用类比法选取。

1. 表面粗糙度评定参数选择

在表面粗糙度的评定参数中，幅度参数 Ra、Rz 为基本参数，轮廓单元平均宽度 Rsm 及轮廓支承长度率 $Rmr(c)$ 为附加参数，这些参数分别从不同的角度反映了零件的形貌特征，但都存在着不同程度的不完整性。因此，在具体选用时，要根据零件的功能要求、材料性能、结构特点以及测量的条件等情况适当选用一个或几个作为评定参数。

如果没有特殊要求，一般选用幅度参数。幅度参数是标准规定的基本参数，可以独立选用。对于有粗糙度要求的表面，必须选用一个幅度参数。幅度参数常用的参数值范围：*Ra* 为 0.025～6.3μm，*Rz* 为 0.1～25μm，推荐优先选用 *Ra*，因为 *Ra* 能充分反映零件表面的轮廓特征。但以下情况不宜选用 *Ra*。

1）当表面过于粗糙（*Ra*>6.3μm），或者过于光滑（*Ra*<0.025μm）时，可选用 *Rz*，此时便于选择用于测量 *Rz* 的仪器进行测量。

2）当零件材料较软时，不能选用 *Ra*，因为 *Ra* 值一般采用触针测量，如果材料较软，不仅会划伤零件表面，而且测量结果也不准确。

3）如果测量面积很小，如顶尖或刀具的刃部以及仪表小元件的表面，在取样长度内，轮廓的峰或谷少于 5 个时，可选用 *Rz*。

当表面有特殊功能要求时，为了保证功能要求，提高产品质量，可以同时选用几个参数综合控制表面质量。如当表面要求耐磨时，可以选用 *Ra*、*Rz* 和 *Rmr*(*c*)；当表面要求承受交变应力时，可以选用 *Rz* 和 *Rsm*；当表面着重要求外观质量和可漆性时，可附加选用 *Rsm*。

2. 表面粗糙度参数值选择

表面粗糙度参数值选择的合理与否，不仅对产品的使用性能有很大影响，而且直接关系到产品的质量和制造成本。一般来说，表面粗糙度值越小，零件的工作性能越好，使用寿命也越长。但绝不能认为表面粗糙度值越小越好，为了获得表面粗糙度值小的表面，零件需要经过复杂的工艺过程，这样，加工成本可能急剧增高。因此，选择表面粗糙度参数值时，既要考虑零件的功能要求，也要考虑其制造成本，在满足功能要求的前提下，应尽可能选用较大的粗糙度数值。

在实际生产中，由于粗糙度和零件的功能关系十分复杂，很难全面而精细地按零件表面的功能要求来准确地确定表面粗糙度参数值，因此具体选用时多用类比法来确定。按类比法选择表面粗糙度参数值，可先根据经验、统计资料初步选定表面粗糙度参数值，然后再对比零件做适当调整。调整时应该注意以下几点。

1）同一零件上，工作表面的粗糙度参数值要小于非工作表面的粗糙度参数值［但 *Rmr*(*c*) 值应大，以下同］。

2）摩擦表面比非摩擦表面的粗糙度参数值要小；滚动摩擦表面比滑动摩擦表面的粗糙度参数值要小；运动速度高、单位压力大的摩擦表面，比运动速度低、单位压力小的摩擦表面粗糙度参数值要小。

3）受循环载荷的表面及易引起应力集中的部位，如圆角、沟槽处，表面粗糙度参数值要小。

4）配合性质要求高的结合表面、配合间隙小的配合表面及要求连接可靠、受重载的过盈配合表面等，都应取较小的粗糙度参数值。

5）配合性质相同，零件尺寸越小，表面粗糙度参数值越小。同一精度等级，小尺寸比大尺寸、轴比孔的表面粗糙度参数值要小。

6）确定表面粗糙度参数值时，应注意它与几何公差的协调。表 4-9 列出了在正常的工艺条件下，表面粗糙度参数值与尺寸公差及几何公差的对应关系，可供设计时参考。尺寸的标准公差等级越高，则表面粗糙度参数值应越小，但有些尺寸公差等级低的表面，其表面粗糙度要求不一定低，如医疗器械、机床摇把等表面对尺寸和形状精度的要求并不高，但表面粗糙度值要求却较小。

表 4-9　表面粗糙度参数值与尺寸公差及几何公差的对应关系

几何公差 t 占尺寸公差 T 的百分比 t/T(%)	表面粗糙度参数值占尺寸公差百分比	
	Ra/T(%)	Rz/T(%)
约 60	≤5	≤20
约 40	≤2.5	≤10
约 25	≤1.2	≤5

7）对于要求耐蚀性、密封性能好或外表美观的表面，表面粗糙度数值应较小。

8）如果有关标准已对表面粗糙度要求做出了具体规定（如与滚动轴承配合的轴颈和外壳孔、键槽、各级精度齿轮的主要表面等），则应按该标准的规定确定表面粗糙度参数值的大小。表 4-10 和表 4-11 列出了不同表面粗糙度参数值的应用实例及各类配合要求的孔、轴表面粗糙度参数的推荐值，可供设计时参考。

表 4-10　表面粗糙度的表面微观特征、经济加工方法及应用举例

表面微观特性		Ra/μm	加工方法	应用举例
粗糙表面	微见刀痕	≤20	粗车、粗刨、粗铣、钻、毛锉、锯断	半成品粗加工过的表面，非配合的加工表面，如轴端面、倒角、钻孔、齿轮和带轮侧面、键槽底面、垫圈接触面
半光表面	可见加工痕迹	≤10	车、刨、铣、镗、钻、粗铰	轴上不安装轴承、齿轮处的非配合表面，紧固件的自由装配表面，轴和孔的退刀槽
	微见加工痕迹	≤5	车、刨、铣、镗、磨、拉、粗刮、滚压	半精加工表面，箱体支架盖面套筒等和其他零件接合而无配合要求的表面，法兰的表面等
	看不清加工痕迹	≤2.5	车、刨、铣、镗、磨、拉、刮、压、铣齿	接近于精加工表面，箱体上安装轴承的镗孔表面
光表面	可辨加工痕迹方向	≤1.25	车、镗、磨、拉、刮、精铰、磨齿、滚压	圆柱销、圆锥销，与滚动轴承配合的表面，卧式车床导轨面，内、外花键定心表面
	微辨加工痕迹方向	≤0.63	精铰、精镗、磨、刮、滚压	要求配合性质稳定的配合表面，工作时受交变应力的重要零件，较高精度车床的导轨面
	不可辨加工痕迹方向	≤0.32	精磨、珩磨、研磨、超精加工	精密机床主轴锥孔、顶尖圆锥面、发动机曲轴、凸轮轴工作表面，高精度齿轮齿面
极光表面	暗光泽面	≤0.16	精磨、研磨、普通抛光	精密机床主轴轴颈表面，一般量规工作表面，气缸套内表面，活塞销表面
	亮光泽面	≤0.08	超精磨、精抛光、镜面磨削	精密机床主轴轴颈表面，滚动轴承的滚珠，高压油泵中柱塞和柱塞套配合的表面
	镜状光泽面	≤0.04		
	镜面	≤0.01	镜面磨削、超精研	高精度量仪、量块的工作表面、光学仪器中的金属镜面

表 4-11　各类配合要求的孔、轴表面粗糙度参数的推荐值

配合要求		孔				轴			
经常装拆的配合表面	公称尺寸	尺寸公差等级							
		5	6	7	8	5	6	7	8
		Ra/μm　不大于							
	≤50	0.4	0.4~0.8	0.8	0.8~1.6	0.2	0.4	0.4~0.8	0.8
	>50~100	0.8	0.8~1.6	1.6	1.6~3.2	0.4	0.8	0.8~1.6	1.6
过盈配合的配合表面	≤50	0.2~0.4	0.8	0.8	1.6	0.1~0.2	0.4	0.4	0.8
	>50~100	0.8	1.6	1.6	1.6~3.2	0.4	0.8	0.8	0.8~1.6
	>120~500	0.8	1.6	1.6	1.6~3.2	0.4	1.6	1.6	1.6~3.2

（续）

配合要求	孔						轴					
滑动轴承表面	尺寸公差等级											
	6~9			10~12			6~9			10~12		
	Ra/μm　不大于											
	0.8~1.6			1.6~3.2			0.4~0.8			0.8~3.2		
定心精度高的配合表面	径向圆跳动公差/μm											
	2.5	4	6	10	16	25	2.5	4	6	10	16	25
	Ra/μm　不大于											
	0.1	0.2	0.2	0.4	0.8	1.6	0.05	0.1	0.1	0.2	0.4	0.8
	液体湿摩擦条件											
	Ra/μm　不大于											
	0.2~0.8						0.1~0.4					

4.2　测量表面粗糙度

4.2.1　表面粗糙度的测量方法

测量表面粗糙度的方法主要有比较法、光切法、针描法、干涉法和印模法等。

1. 比较法

比较法就是将被测零件表面与表面粗糙度样块（见图 4-28），通过视觉、触觉或其他方法进行比较后，对被检表面的粗糙度做出评定的方法。

用比较法评定表面粗糙度虽然不能精确得出被检表面的粗糙度数值，但由于器具简单，使用方便且能满足一般的生产要求，故常用于生产现场。

2. 光切法

光切法就是利用“光切原理”来测量零件表面的粗糙度，工厂计量部门用的光切显微镜（又称双管显微镜，见图 4-29）就是应用这一原理设计而成的。

图 4-28　表面粗糙度比较样块

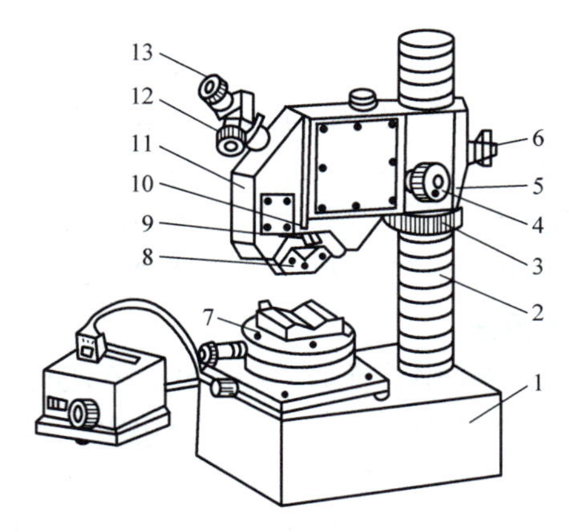

图 4-29　光切显微镜

1—底座　2—立柱　3—升降螺母　4—微调手轮　5—支臂　6—支臂锁紧螺钉　7—工作台　8—物镜组　9—物镜锁紧机构　10—遮光板手轮　11—壳体　12—目镜测微器　13—目镜

光切法一般用于测量表面粗糙度的 *Rz* 参数，参数的测量范围为0.8~80μm。

3. 干涉法

干涉法就是利用光波干涉原理来测量表面粗糙度的方法，使用的仪器是干涉显微镜（见图4-30）。通常干涉显微镜用于测量 *Rz* 参数，并可测到较小的参数值，一般测量范围是0.030~1μm。

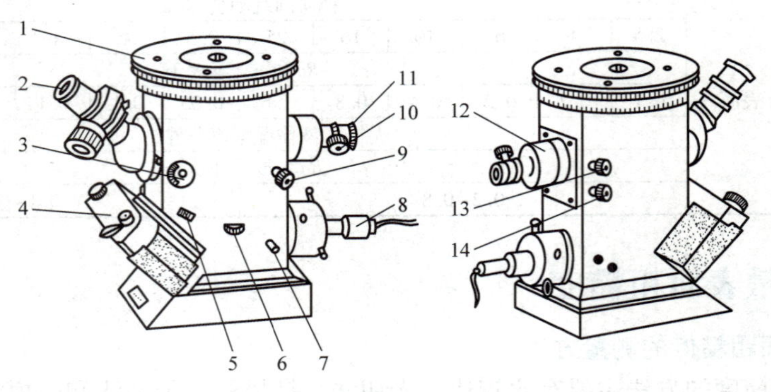

图4-30　干涉显微镜

1—工作台　2—目镜　3—照相与测量选择手轮　4—照相机　5—照相机锁紧螺钉　6—孔径光阑手轮　7—光源选择手轮　8—光源　9—宽度调节手轮　10—调焦手轮　11—光程调节手轮　12—物镜套筒　13—遮光板调节手轮　14—方向调节手轮

4. 针描法

针描法又称感触法，它是利用金刚石针尖与被测表面相接触，当针尖以一定速度沿着被测表面移动时，被测表面的微观不平将使触针在垂直于表面轮廓方向上产生上下移动，将这种上下移动转换为电量并加以处理。人们可对记录装置记录的实际轮廓图进行分析计算，或直接从仪器的指示表中获得参数值，图4-31为针描法测量原理图。

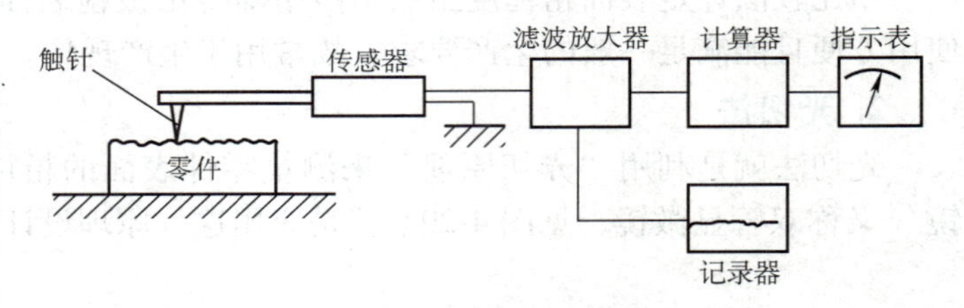

图4-31　针描法测量原理图

采用针描法测量表面粗糙度的仪器叫轮廓仪，它可以直接指示 *Ra* 值，也可以经放大器将结果记录成图形，作为 *Ra*、*Rz* 等多种参数的评定依据。轮廓仪测量范围为0.025~5.0μm。

5. 印模法

在实际测量中，常会遇到深孔、不通孔、凹槽、内螺纹等既不能使用仪器直接测量，也不能使用样板比较的表面，这时常用印模法。

印模法是利用石蜡、低熔点合金或其他印模材料，压印在被测零件表面，取得被测表面的复印模型，放在显微镜上间接地测量被检验表面的粗糙度。

4.2.2　用粗糙度测量仪测量表面粗糙度

1. 认识表面粗糙度测量仪

本单元介绍的TR200型表面粗糙度测量仪由主机、充电线、充电器、可调支架、传感器、校准样块、样块支架等部分组成。表面粗糙度测量仪的主机如图4-32所示。

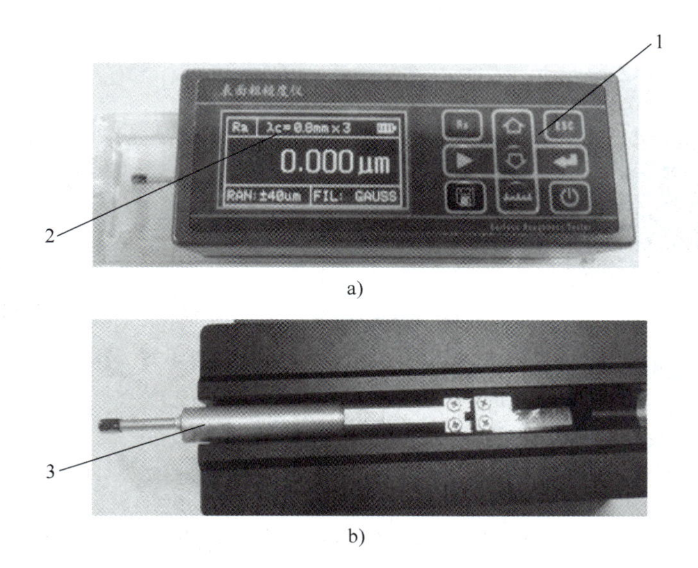

图 4-32　表面粗糙度测量仪的主机

a）主机正面　b）主机反面

1—按键区　2—显示区　3—传感器

TR200 型表面粗糙度测量仪是电池供电、液晶数字显示的便携式仪器，适用于实验室、计量检验站、工厂车间及任何需要测量表面粗糙度的地方。

传感器是该粗糙度测量仪的主要部件，如图 4-33 所示，传感器由导头、触针、保护套管、传感器主体、插座组成。传感器的触针是粗糙度测量仪的关键零件，金刚石触针半径为 5μm，在传感器装拆过程中特别注意不要碰及触针，以免造成损坏，影响测量。安装时，用手拿住传感器主体部分，将传感器插入主机底部的传感器连接套中。拆卸时，用手拿住传感器主体部分或保护套管的根部，慢慢向外拉出。

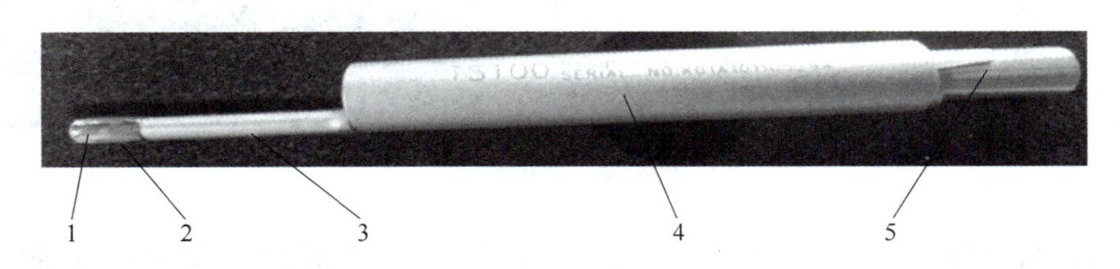

图 4-33　传感器

1—导头　2—触针　3—保护套管　4—传感器主体　5—插座

在主机显示区，显示测量参数 *Ra* 值、取样长度、取样长度个数、电磁电量、量程及滤波器。在主机按键区，有测量结果键、上下箭头键、取消/退出键、菜单/回车键、电源按键、触针位置键、启动测量键、保存/打印键，如图 4-34 所示。

按下菜单键 4，有参数设置、存储管理、日期设置、参数校准、打印设置和软件信息等选项。再按菜单键 4，进入参数设置界面，可以设置取样长度、评定长度和量程的具体数值。按下触针位置键 6，让触针指示箭头对准零位，即可测量，如图 4-35 所示。

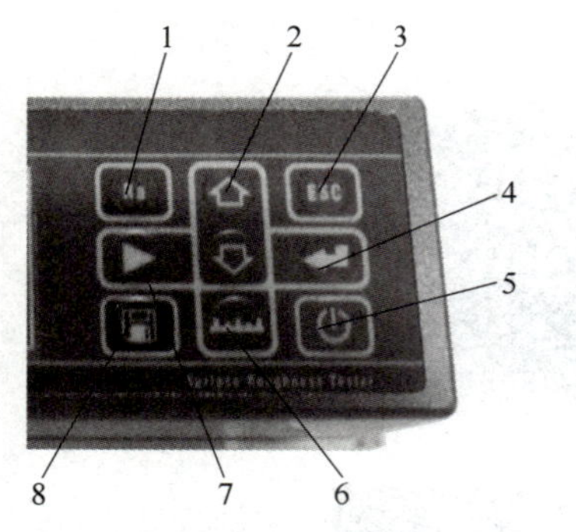

图 4-34 粗糙度测量仪按键区

1—测量结果键 2—上下箭头键 3—取消/退出键
4—菜单/回车键 5—电源按键 6—触针位置键
7—启动测量键 8—保存/打印键

+
0
针位 – ← 调整

+
0 ←
针位 – 调整

图 4-35 针位调整

在显示区只能观察到 *Ra* 数值，在按键区按下测量结果按键 *Ra*，可以看到更多测量结果数值，如 *Ra*、*Rz*、*Rsm* 等。

2. 导套表面粗糙度测量

被测导套如图 4-36 所示。

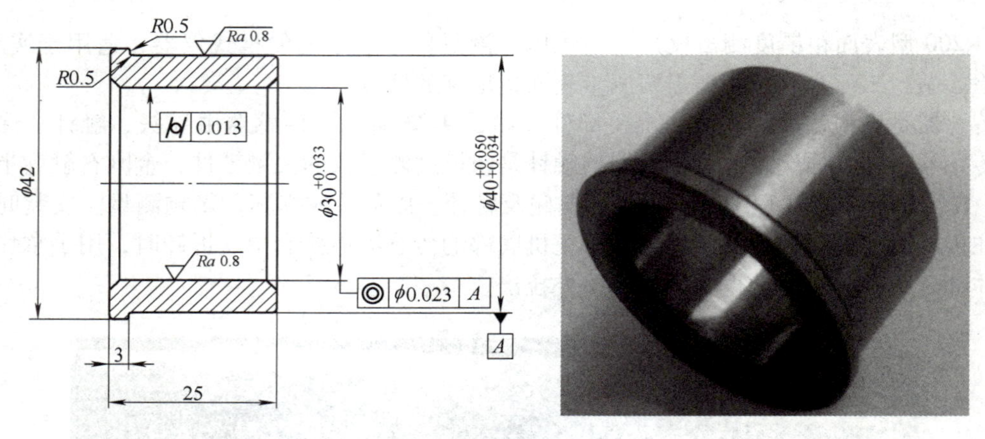

图 4-36 被测导套

在使用粗糙度测量仪之前，需要用校准样块校准粗糙度测量仪，然后再进行测量。校准步骤如下。

1）将粗糙度测量仪固定在测量支架上（便于调节高度），然后打开电源开关，按下电源开关键约 2s，启动粗糙度测量仪并检查电源电压是否正常。

2）按下菜单键，进入菜单，用上下箭头找到参数设置，再按菜单键，进入参数设置状态，根据校准样块的粗糙度数值大小，设置取样长度、评定长度及量程，按退出键回到主界面。

3）按下触针位置键，转动手轮，调节粗糙度测量仪高度，使触针平稳、可靠地放置在校准样块上，尽量使触针箭头指到中间位置（针位指到 0），再按触针位置键，回到主界面。

4）按下菜单键，用上下箭头找到参数校准，按下参数校准，输入校准样块粗糙度数

值，然后进行校准，校准的数值与样块标注的数值误差不超过±10%即可。

注意：设定好校准值后，必须按启动测量键进行一次完整测量，仪器校准才有效。校准后的新参数必须进行一次完整测量后按下回车键存储到仪器。

通常情况下，仪器在出厂前都会经过严格的测试，示值误差远小于±10%，在这种情况下，建议用户不要频繁使用校准功能。

导套表面粗糙度的测量步骤如下。

1）将被测导套内外表面擦干净，放置在 V 形块上。

2）打开电源开关，按下电源键约 2s，启动粗糙度测量仪并检查电源电压是否正常。

3）参数设置。按下菜单键，进入菜单，用上下箭头找到参数设置，再按菜单键，进入参数设置状态，根据图 4-36 被测导套表面粗糙度的 *Ra* 值大小，设置取样长度，评定长度及量程。

4）按下触针位置键，调节传感器位置，转动粗糙度测量仪支架手轮，调节高度，使触针平稳、可靠地放置在被测导套外表面最高点上，尽量使触针箭头在中间位置（针位指到 0），再按触针位置键，回到主界面。

5）按下测量键测量，待测量结束后，按下 *Ra* 键查看测量结果，再按退出键回到主界面，然后按保存键保存数据。

6）转动手轮，抬起传感器，将被测导套转一个角度，用上述同样的方法再次测量。在被测导套外表面一周上多次测量，按 16%规则判断被测导套的表面粗糙度是否合格。用同样的方法测量被测导套内表面的粗糙度参数值。

7）测量结束后，转动粗糙度测量仪支架手轮，抬起传感器，关电源，取下传感器，将粗糙度测量仪各部件擦拭干净后按要求摆放到盒子里。

4.3　想一想、做一做

1. 什么是表面粗糙度？它对零件的工作性能有什么影响？

2. 国家标准规定的表面粗糙度评定参数有哪些？

3. 评定表面粗糙度时，为什么要规定取样长度？有了取样长度，为什么还要规定评定长度？

4. 什么叫粗糙度轮廓中线？确定粗糙度轮廓中线的位置有哪些方法？

5. 常用的表面粗糙度测量方法有哪几种？各种方法分别适宜哪些评定参数？

6. 判断下列每对配合（或零件）的使用性能相同时，哪一个表面粗糙度要求高？为什么？

1）ϕ60H7/f6 与 ϕ60H7/h6

2）ϕ30h7 与 ϕ90h7

3）ϕ30H7/e6 与 ϕ30H7/r6

4）ϕ40g6 与 ϕ40G6

第5单元　螺纹测量

1. 了解螺纹的基本几何参数。
2. 了解螺纹的几何参数对互换性的影响及螺纹中径的合格条件。
3. 掌握螺纹公差、螺纹精度、螺纹标记等知识。
4. 根据螺纹标记查出螺纹中径和顶径公差及上下偏差。
5. 掌握螺纹千分尺的结构、使用方法，用三针法测量螺纹中径的原理、数据处理等知识。
6. 能用螺纹千分尺和三针法测量螺纹中径误差，会分析测量结果，并进行合格性判断。

本单元参照下列国家标准编写：GB/T 192—2003《普通螺纹 基本牙型》；GB/T 193—2003《普通螺纹 直径与螺距系列》；GB/T 196—2003《普通螺纹 基本尺寸》；GB/T 197—2018《普通螺纹 公差》；GB/T 14791—2013《螺纹术语》；GB/T 3934—2003《普通螺纹量规 技术条件》。

5.1　识读螺纹公差

螺纹联接在机械制造和仪器制造中应用广泛。它是由相互结合的内、外螺纹组成，通过相互旋合及牙侧面的接触作用来实现零部件间的连接、紧固和限制相对位移等功能。

5.1.1　螺纹种类

螺纹联接按用途可分为三类。

（1）联接螺纹　联接螺纹也叫紧固螺纹，其基本牙型是三角形。用于连接或紧固零件，如普通螺纹。对普通螺纹联接的主要要求是可旋合性和连接的可靠性。

（2）传动螺纹　传动螺纹用于传递动力或运动，其基本牙型主要有梯形、矩形，如丝杠螺杆等。对传动螺纹的主要要求是传动准确、可靠，螺牙接触性能好、耐磨性好。

（3）紧密螺纹　用于密封的螺纹联接，如连接管道用的螺纹。要求结合紧密，密封性好，不漏水、气或油。

5.1.2　螺纹基本几何参数

5.1 螺纹基本几何参数

在GB/T 192—2003《普通螺纹　基本牙型》中规定，普通螺纹基本牙型是截取高度为H的原始三角形的顶部和底部所形成的螺纹牙型，如图5-1所示。

1. 大径d（D）

螺纹的最大直径，即与外螺纹牙顶（或内螺纹牙底）相切的假想圆柱或圆锥的直径，普通螺纹大径的基本尺寸即螺纹的公称直径。内螺纹大径用D表示，外螺纹大径用d表示，如图5-1所示。

2. 小径d_1（D_1）

螺纹的最小直径，即与外螺纹牙底（或内螺纹牙顶）相切的假想圆柱或圆锥的直径。

内螺纹小径用 D_1 表示，外螺纹小径用 d_1 表示，如图 5-1 所示。

工程实际中人们习惯于将外螺纹牙顶处 d 和内螺纹牙顶处 D_1 称为顶径，外螺纹牙底处 d_1 和内螺纹牙底处 D 称为底径。

3. 中径 d_2（D_2）

一个假想圆柱，该圆柱的母线通过圆柱螺纹上牙厚与牙槽宽相等的地方，该圆柱称为中径圆柱。一个假想圆锥，该圆锥的母线通过圆锥螺纹上牙厚与牙槽宽相等的地方，该圆锥称为中径圆锥。中径圆柱或中径圆锥的直径称为中径。内螺纹中径用 D_2 表示，外螺纹中径用 d_2 表示，如图 5-1 所示。中径圆柱或中径圆锥的轴线称为螺纹轴线，中径圆柱或中径圆锥的母线称为中径线。

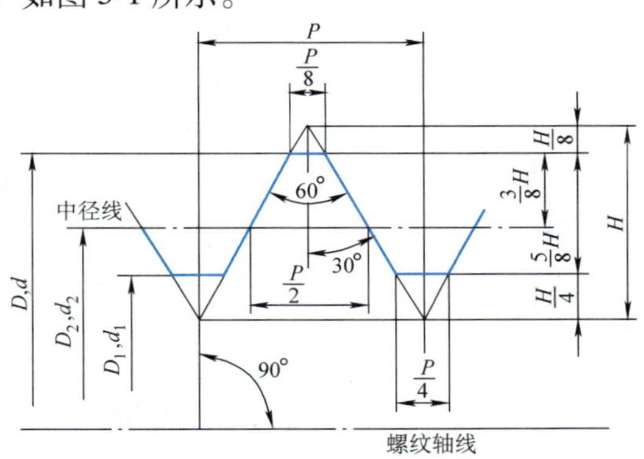

图 5-1　普通螺纹基本牙型

对于普通螺纹，中径并不等于大径与小径的平均值。对单线和奇数多线螺纹，在螺纹的轴向剖面内，螺纹的沟槽和凸起是相对的，沿垂直于轴线方向量得的任意两对牙侧间的距离即螺纹中径。中径的大小决定了螺纹牙侧相对于轴线的径向位置，因此，中径是螺纹公差与配合中的主要参数之一。

在同一螺纹配合中，内、外螺纹的中径、大径和小径的基本尺寸对应相同。

4. 单一中径 d_{2s}（D_{2s}）

一个假想圆柱或圆锥的直径，该圆柱或圆锥的母线通过实际螺纹上牙槽宽度等于基本螺距一半（即 $P/2$）的地方，而不考虑牙体宽度，如图 5-2 所示。外螺纹单一中径用 d_{2s}表示，内螺纹单一中径用 D_{2s}表示。当螺距没有误差时，中径就是单一中径，当螺距有误差时，两者不相等。单一中径测量简便，可用三针法测得，通常把单一中径近似看作实际中径。

5. 螺距 P 与导程 P_h

螺距是指相邻两牙体上的对应牙侧与中径线相交两点间的轴向距离。导程是指最邻近的同名牙侧与中径线两相交点间的轴向距离。如图 5-3 所示，螺距用代号 P 表示，导程用代号 P_h表示。对于单线螺纹，导程即为螺距；对多线螺纹，导程是螺距与螺纹线数的乘积。设螺纹线数为 n，则有 $P_h=np$。

螺距按照国家标准规定的系列选用，普通螺纹螺距分粗牙和细牙两种。在 GB/T 193—2003《普通螺纹　直径与螺距系列》和 GB/T 196—2003《普通螺纹　基本尺寸》中介绍螺距和直径系列的尺寸，见表 5-1。

6. 牙型角 α 和牙型半角 $\alpha/2$

牙型角 α 是指在螺纹牙型上，相邻两牙侧间的夹角。普通螺纹牙型角 $\alpha=60°$。牙型半角 $\alpha/2$ 是牙型角的一半，指在螺纹牙型上，牙侧与螺纹轴线的垂线间的夹角，普通螺纹牙型半角 $\alpha/2=30°$，如图 5-1 所示。

7. 螺纹旋合长度

指两个相配合的螺纹相互旋合部分沿螺纹轴线方向的长度。在 GB/T 197—2018 中，将螺纹旋合长度分为三组：短旋合长度组（S）、中等旋合长度组（N）和长旋合长度组（L）。各组的长度范围见表 5-2。

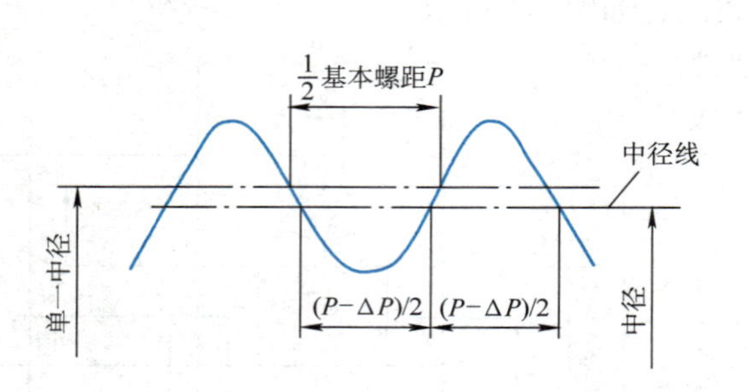

图 5-2　单一中径

P—基本螺距　ΔP—螺距误差

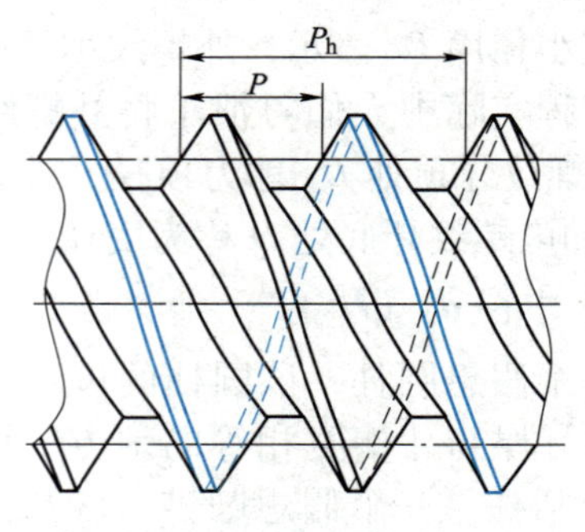

图 5-3　螺距和导程

表 5-1　普通螺纹的基本尺寸（摘自 GB/T 196—2003、GB/T 193—2003）

（单位：mm）

大径 D，d			螺距 P	中径	小径
第 1 系列	第 2 系列	第 3 系列		D_2，d_2	D_1，d_1
6			**1**	5.350	4.917
			0.75	5.513	5.188
	7		**1**	6.350	5.917
			0.75	6.513	6.188
8			**1.25**	7.188	6.647
			1	7.350	6.917
			0.75	7.513	7.188
		9	**1.25**	8.188	7.647
			1	8.350	7.917
			0.75	8.513	8.188
10			**1.5**	9.026	8.376
			1.25	9.188	8.647
			1	9.350	8.917
			0.75	9.513	9.188
		11	**1.5**	10.026	9.376
			1	10.350	9.917
			0.75	10.513	10.188
12			**1.75**	10.863	10.106
			1.5	11.026	10.376
			1.25	11.188	10.647
			1	11.350	10.917
	14		**2**	12.701	11.835
			1.5	13.026	12.376
			1.25	13.188	12.647
			1	13.350	12.917
		15	1.5	14.026	13.376
			1	14.350	13.917

大径 D，d			螺距 P	中径	小径
第 1 系列	第 2 系列	第 3 系列		D_2，d_2	D_1，d_1
16			**2**	14.701	13.835
			1.5	15.026	14.376
			1	15.350	14.917
		17	**1.5**	16.026	15.376
			1	16.350	15.917
	18		**2.5**	16.376	15.294
			2	16.701	15.835
			1.5	17.026	16.376
			1	17.350	16.917
20			**2.5**	18.376	17.294
			2	18.701	17.335
			1.5	19.026	18.376
			1	19.350	18.917
	22		**2.5**	20.376	19.294
			2	20.701	19.835
			1.5	21.026	20.376
			1	21.350	20.917
24			**3**	22.051	20.752
			2	22.701	21.835
			1.5	23.026	22.376
			1	23.350	22.917
		25	2	23.701	22.835
			1.5	24.026	23.376
			1	24.350	23.917

注：1. 直径优先选用第 1 系列，其次是第 2 系列，第 3 系列尽可能不用。

2. 粗黑体字表示的螺距为粗牙螺距。

表 5-2　螺纹的旋合长度（摘自 GB/T 197—2018）　　（单位：mm）

基本大径 D、d		螺距 P	旋合长度			
			S	N		L
>	≤		≤	>	≤	>
5.6	11.2	0.75	2.4	2.4	7.1	7.1
		1	3	3	9	9
		1.25	4	4	12	12
		1.5	5	5	15	15
11.2	22.4	1	3.8	3.8	11	11
		1.25	4.5	4.5	13	13
		1.5	5.6	5.6	16	16
		1.75	6	6	18	18
		2	8	8	24	24
		2.5	10	10	30	30
22.4	45	1	4	4	12	12
		1.5	6.3	6.3	19	19
		2	8.5	8.5	25	25
		3	12	12	36	36
		3.5	15	15	45	45
		4	18	18	53	53
		4.5	21	21	63	63

5.1.3　螺纹公差与螺纹精度

螺纹配合由内、外螺纹公差带组合而成，国家标准 GB/T 197—2018《普通螺纹　公差》将普通螺纹公差带的两个要素——公差带大小（即公差等级）和公差带位置（即基本偏差）进行了标准化，组成各种螺纹公差带。考虑到旋合长度对螺纹精度的影响，由螺纹公差带与旋合长度构成螺纹精度，形成了较为完整的螺纹公差体系。

1. 普通螺纹的基本偏差——公差带位置

GB/T 197—2018 要求按下面的规定选取内外螺纹的公差带位置。

内螺纹：G——其基本偏差 *EI* 为正值，如图 5-4a 所示。

H——其基本偏差 *EI* 为零，如图 5-4b 所示。

外螺纹：a、b、c、d、e、f、g——其基本偏差 *es* 为负值，如图 5-4c 所示。

h——其基本偏差 *es* 为零，如图 5-4d 所示。

选择基本偏差主要依据螺纹表面的涂镀层厚度及螺纹件的装配间隙。螺距 *P* 在 0.5～3mm 之间的螺纹基本偏差数值见表 5-3。

2. 普通螺纹的公差等级

GB/T 197—2018 要求按表 5-4 中的规定选取内外螺纹的公差等级。

其中，3 级精度最高，9 级精度最低，6 级为基本级。因为内螺纹较难加工，在同一公差等级中，内螺纹中径公差比外螺纹中径公差大 32%左右。

从表中可以看出，对内螺纹大径 *D* 和外螺纹小径 d_1 没有规定具体公差等级，而标准规定了内外螺纹牙底实际轮廓不得超过按基本偏差所确定的最大实体牙型，就可以保证旋合时不发生干涉。内外螺纹公差数值见表 5-5 和表 5-6。

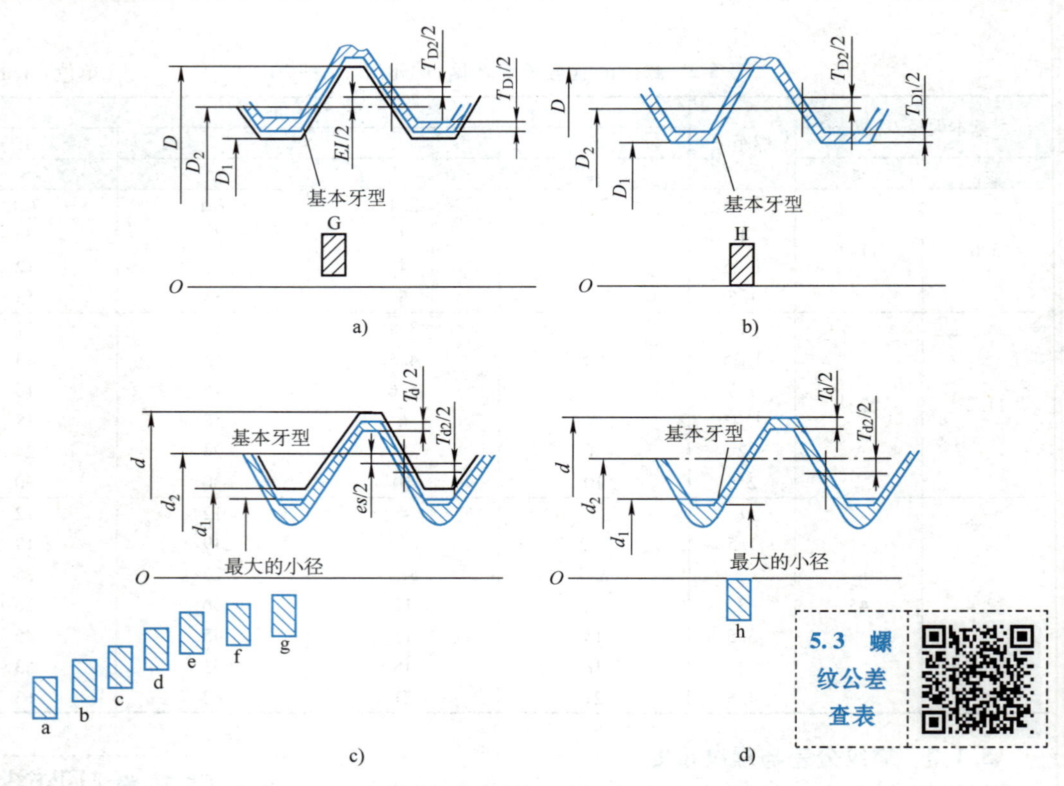

图 5-4　内外螺纹的基本偏差

T_{D1}—内螺纹小径公差　T_{D2}—内螺纹中径公差　T_d—外螺纹大径公差　T_{d2}—外螺纹中径公差

表 5-3　内外螺纹基本偏差（摘自 GB/T 197—2018）　（单位：μm）

螺距 P/mm	内螺纹基本偏差		外螺纹基本偏差							
	G	H	a	b	c	d	e	f	g	h
	(EI)	(EI)	(es)	(es)	(es)	(es)	(es)	(es)	(es)	(es)
0. 5	+20	0					−50	−36	−20	0
0. 6	+21	0					−53	−36	−21	0
0. 7	+22	0					−56	−38	−22	0
0. 75	+22	0					−56	−38	−22	0
0. 8	+24	0					−60	−38	−24	0
1	+26	0	−290	−200	−130	−85	−60	−40	−26	0
1. 25	+28	0	−295	−205	−135	−90	−63	−42	−28	0
1. 5	+32	0	−300	−212	−140	−95	−67	−45	−32	0
1. 75	+34	0	−310	−220	−145	−100	−71	−48	−34	0
2	+38	0	−315	−225	−150	−105	−71	−52	−38	0
2. 5	+42	0	−325	−235	−160	−110	−80	−58	−42	0
3	+48	0	−335	−245	−170	−115	−85	−63	−48	0

表 5-4　普通螺纹的公差等级（摘自 GB/T 197—2018）

螺纹直径	公差等级	螺纹直径	公差等级
内螺纹小径 D_1	4、5、6、7、8	外螺纹大径 d_1	4、6、8
内螺纹中径 D_2	4、5、6、7、8	外螺纹中径 d_2	3、4、5、6、7、8、9

表 5-5　内外螺纹的中径公差（摘自 GB/T 197—2018）　　（单位：μm）

基本大径 D、d/mm		螺距 P/mm	内螺纹的中径公差 T_{D2} 公差等级					外螺纹的中径公差 T_{d2} 公差等级						
>	≤		4	5	6	7	8	3	4	5	6	7	8	9
5.6	11.2	0.75	85	106	132	170	—	50	63	80	100	125	—	—
		1	95	118	150	190	236	56	71	90	112	140	180	224
		1.25	100	125	160	200	250	60	75	95	118	150	190	236
		1.5	112	140	180	224	280	67	85	106	132	170	212	265
11.2	22.4	1	100	125	160	200	250	60	75	95	118	150	190	236
		1.25	112	140	180	224	280	67	85	106	132	170	212	265
		1.5	118	150	190	236	300	71	90	112	140	180	224	280
		1.75	125	160	200	250	315	75	95	118	150	190	236	300
		2	132	170	212	265	335	80	100	125	160	200	250	315
		2.5	140	180	224	280	355	85	106	132	170	212	265	335
22.4	45	1	106	132	170	212	—	63	80	100	125	160	200	250
		1.5	125	160	200	250	315	75	95	118	150	190	236	300
		2	140	180	224	280	355	85	106	132	170	212	265	335
		3	170	212	265	335	425	100	125	160	200	250	315	400
		3.5	180	224	280	355	450	106	132	170	212	265	335	425
		4	190	236	300	375	475	112	140	180	224	280	355	450
		4.5	200	250	315	400	500	118	150	190	236	300	375	475

表 5-6　内螺纹的小径公差和外螺纹的大径公差（摘自 GB/T 197—2018）

（单位：μm）

螺距 P/mm	内螺纹的小径公差 T_{D1} 公差等级					外螺纹的大径公差 T_d 公差等级		
	4	5	6	7	8	4	6	8
0.5	90	112	140	180	—	67	106	—
0.6	100	125	160	200	—	80	125	—
0.7	112	140	180	224	—	90	140	—
0.75	118	150	190	236	—	90	140	—
0.8	125	160	200	250	315	95	150	236
1	150	190	236	300	375	112	180	280
1.25	170	212	265	335	425	132	212	335
1.5	190	236	300	375	475	150	236	375
1.75	212	265	335	425	530	170	265	425
2	236	300	375	475	600	180	280	450
2.5	280	355	450	560	710	212	335	530
3	315	400	500	630	800	236	375	600

3. 螺纹精度和推荐的公差带

螺纹的精度不仅与螺纹直径的公差等级有关，而且与螺纹的旋合长度有关。当公差等级一定时，旋合长度越长，加工时产生的螺距累积误差和牙型半角误差就可能越大，加工就越困难。公差等级相同而旋合长度不同的螺纹，它的精度等级也就不同。国家标准按螺纹的公差等级和旋合长度规定了三种精度等级，分别为精密级、中等级和粗糙级。螺纹精度等级的高低，代表了螺纹加工的难易程度。同一精度等级，随着旋合长度的增加，螺纹的公差等级相应降低，见表5-7。

精密级用于精密螺纹联接，要求配合性质稳定，配合间隙变动小，需要保证一定的定心精度，如飞机零件的螺纹可采用4H、5H内螺纹与4h外螺纹相配合。中等级用于一般的螺纹联接。粗糙级用于对精度要求不高或制造比较困难的螺纹联接，如深不通孔攻丝或热轧棒上的螺纹。

表5-7　普通螺纹推荐公差带（摘自GB/T 197—2018）

螺纹精度	公差带位置G			公差带位置H		
	S	N	L	S	N	L
精密级	—	—	—	4H	5H	6H
中等级	(5G)	6G	(7G)	5H	6H	7H
粗糙级	—	(7G)	(8G)	—	7H	8H

螺纹精度	公差带位置e			公差带位置f			公差带位置g			公差带位置h		
	S	N	L	S	N	L	S	N	L	S	N	L
精密级	—	—	—	—	—	—	—	(4g)	(5g4g)	(3h4h)	4h	(5h4h)
中等级	—	6e	(7e6e)		6f	—	(5g6g)	6g	(7g6g)	(5h6h)	6h	(7h6h)
粗糙级	—	(8e)	(9e8e)	—	—	—		8g	(9g8g)	—	—	—

4. 螺纹公差带组合及选用原则

内、外螺纹推荐用公差带见表5-7。除特殊情况外，表中以外的其他公差带一般不宜选用。表中内螺纹公差带与外螺纹公差带可以形成任意组合，但为了保证内外螺纹间有足够的接触高度，推荐加工后的螺纹零件优先组成H/h、H/g或G/h配合。对公称直径小于1.4mm的螺纹，应选用5H/6h、4H/6h或更精密的配合。

公差带优先选用的顺序为粗字体公差带、一般字体公称带、括号内公差带。带方框的粗字体公差带用于大量生产的紧固件螺纹。

如果没有其他特殊说明，推荐公差带适用于涂镀前螺纹，且为薄涂镀层的螺纹，如电镀螺纹。涂镀后，螺纹实际轮廓上的任何点不应超越按公差位置H或h所确定的最大实体牙型。

5.1.4　螺纹标记

GB/T 197—2018《普通螺纹　公差》中规定，完整的螺纹标记由螺纹特征代号、尺寸代号、公差带代号及其他有必要做进一步说明的个别信息组成。

普通螺纹特征代号用字母“M”表示。

单线螺纹的尺寸代号为“公称直径×螺距”，公称直径和螺距的数值单位为毫米。对粗牙螺纹可以省略标注螺距。

例如：公称直径为8mm、螺距为1mm的单线细牙螺纹，其标记为M8×1。

公称直径为8mm、螺距为1.25mm的单线粗牙螺纹，其标记为M8。

多线螺纹的尺寸代号为“公称直径×Ph导程P螺距”，公称直径、导程和螺距的数值单位为毫米。如果要进一步表明螺纹的线数，可在后面增加括号说明（使用英语进行说明，例如双线为two starts）。

例如：公称直径为16mm、螺距为1.5mm、导程为3mm的双线螺纹，其标记为M16×Ph3P1.5或M16×Ph3P1.5（two starts）。如果没有误解风险，可以省略导程代号Ph，如

M16×3P1.5。

公差带代号包含中径公差带代号和顶径公差带代号。中径公差带代号在前，顶径公差带代号在后。各直径的公差带代号由表示公差等级的数值和表示公差带位置的基本偏差字母（内螺纹用大写字母；外螺纹用小写字母）组成。如果中径公差带代号和顶径公差带代号相同，则应只标注一个公差带代号。螺纹尺寸代号与公差带代号之间用“-”号分开。

例如：

1）中径公差带为 5g，顶径公差带为 6g 的外螺纹标记为 M10×1.5-5g6g。

2）中径公差带和顶径公差带都为 6g 的粗牙外螺纹标记为 M10-6g。

3）中径公差带为 5H 和顶径公差带为 6H 的内螺纹标记为 M10×1-5H6H。

4）中径公差带和顶径公差带都为 6H 的粗牙内螺纹标记为 M10-6H。

下列情况下，中等公差精度螺纹不标注公差带代号。

内螺纹：

——5H　公称直径小于和等于 1.4mm 时。

——6H　公称直径大于和等于 1.6mm 时。

注：对螺距为 0.2mm 的螺纹，其公差等级为 4 级。

外螺纹：

——6h　公称直径小于和等于 1.4mm 时。

——6g　公称直径大于和等于 1.6mm 时。

例如：

1）中径公差带和顶径公差带为 6g、中等公差精度的粗牙外螺纹标记为 M10。

2）中径公差带和顶径公差带为 6H、中等公差精度的粗牙内螺纹标记为 M10。

标记内有必要说明的其他信息包括螺纹的旋合长度和旋向。

对短旋合长度组和长旋合长度组的螺纹，在公差带代号后分别标注“S”和“L”代号，旋合长度代号与公差带代号之间用“-”分开。中等旋合长度组的螺纹，旋合长度代号“N”省略不标注。

对左旋螺纹，在旋合长度代号之后标注“LH”，右旋螺纹不标旋向代号。旋合长度代号与旋向代号之间用“-”号分开。

例如：M6×0.75-5h6h-S-LH。

M14×Ph6P2-7H-L-LH 或 M14×Ph6P2（three starts）-7H-L-LH。

表示内外螺纹配合时，内螺纹公差带代号在前，外螺纹公差带代号在后，中间用斜线分开。

例如：M20×2-6H/5g6g。

M6-7H/7g6g-L。

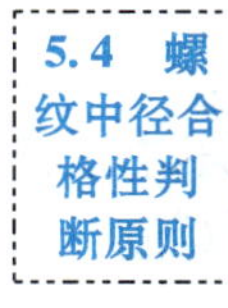

螺纹标记在图样上标注时，应标注在螺纹的公称直径（大径）的尺寸线上。

5.1.5　螺纹中径合格条件

螺纹联接的互换性要求是指装配过程的可旋合性以及使用过程中连接的可靠性。影响螺纹互换性的几何参数有螺纹的大径、中径、小径、螺距和牙型半角。

普通螺纹旋合后大径和小径处均会留有间隙，相接触的部分是侧面，为了保证螺纹的良好旋入性，内螺纹的大径和小径必须分别大于外螺纹的大径和小径，但内螺纹的小径过大，外螺纹的大径过小，将会减小螺纹的接触高度，影响连接的可靠性，所以必须规定内螺纹的小径和外螺纹大径的上、下偏差，也就是说对内外螺纹顶径规定上下偏差。而增大内螺纹大径，减小外螺纹小径既有利于螺纹的可旋入性，又不减小螺纹的接触高度，所以，只对内螺纹大径规定下偏差，对外螺纹小径规定上偏差，也就是说对内外螺纹底径只规定一个极限偏差。对外螺纹的牙底提出形状要求，以使牙顶与牙底留有间隙，满足力学性能要求。

影响螺纹互换性的三个主要参数为螺距、牙型半角和中径。

1. 螺距误差对互换性的影响

对于紧固螺纹来说，螺距误差主要影响螺纹的可旋合性和连接的可靠性；对传动螺纹来说，螺距误差直接影响传动精度，影响螺牙上负荷分布的均匀性。

螺距误差包括局部误差和累积误差，前者与旋合长度无关，后者与旋合长度有关。

为了讨论方便，假设内螺纹具有理想牙型，外螺纹的中径及牙型半角与内螺纹相同，仅存在螺距误差，并假设外螺纹的螺距比内螺纹的大。假设在 n 个螺牙长度上，外螺纹有螺距累积误差 ΔP_{Σ}，显然，在这种情况下，这对螺纹因产生干涉（图中阴影部分）而无法旋合，如图5-5所示。

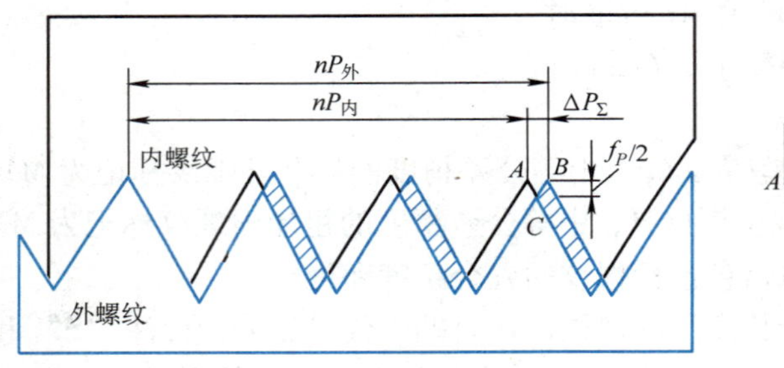

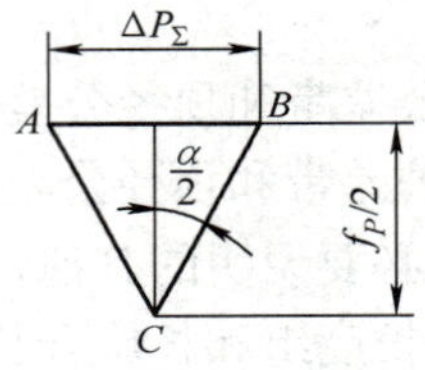

图5-5　螺距误差

在实际生产中，为了使有螺距累积误差的外螺纹可以旋入标准的内螺纹，在制造时，往往把外螺纹中径减小一个数值 f_P；同理，为了使有螺距累积误差的内螺纹可旋入标准的外螺纹，在制造时，往往把内螺纹中径增大一个数值 f_P。这个 f_P 就叫作螺距误差的中径补偿值（又称为螺距误差中径补偿当量）。

从图5-5的△ABC中可得出　　$f_P=\Delta P_{\Sigma}\cot\dfrac{\alpha}{2}$

对于普通螺纹，其牙型角 $\alpha=60°$，则

$$f_P=1.732\,|\Delta P_{\Sigma}| \tag{5-1}$$

由于 ΔP_{Σ} 不论正或负，都会影响旋合性（只有干涉发生在左、右牙侧面的不同而已），故 ΔP_{Σ} 应取绝对值。

2. 牙型半角误差对互换性的影响

牙型半角误差是指实际牙型半角与理论牙型半角之差。它是螺纹牙侧相对于螺纹轴线的方向误差，它对螺纹的旋合性和连接强度均有影响。

假设内螺纹具有基本牙型，外螺纹中径及螺距与内螺纹相同，仅牙型半角有误差$\left(\Delta \frac{\alpha}{2}\right)$。此时，内、外螺纹旋合时牙侧将发生干涉，不能旋合。如图 5-6 所示，在实际生产中，为了保证旋合性，必须将内螺纹中径增大一个数值$f_{\frac{\alpha}{2}}$，或将外螺纹的中径减小一个数值$f_{\frac{\alpha}{2}}$。这个$f_{\frac{\alpha}{2}}$值是补偿牙型半角误差的影响而折算到中径上的数值，称为牙型半角误差的中径补偿值（又称为牙型半角误差中径补偿当量）。

$$f_{\frac{\alpha}{2}} = 0.073P\left(K_1\left|\Delta \frac{\alpha_1}{2}\right| + K_2\left|\Delta \frac{\alpha_2}{2}\right|\right) \tag{5-2}$$

式中，$\Delta \frac{\alpha_1}{2}$、$\Delta \frac{\alpha_2}{2}$为半角误差，单位为（′）；$K_1$、$K_2$为修正系数，对外螺纹，当牙型半角误差为正值时，$K_1$（或$K_2$）取 2，当牙型半角误差为负值时，$K_1$（或$K_2$）取 3，对内螺纹，当牙型半角误差为正值时，$K_1$（或$K_2$）取 3，当牙型半角误差为负值时，$K_1$（或$K_2$）取 2。

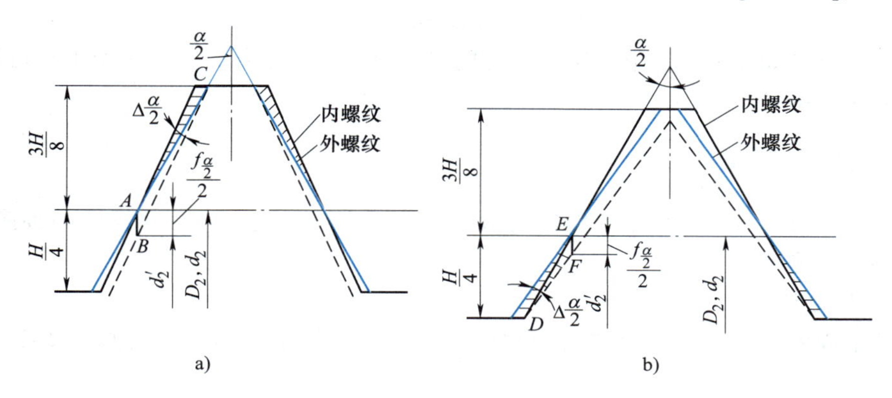

图 5-6　牙型半角误差

3. 中径误差对互换性的影响

螺纹中径在制造过程中不可避免地会出现一定的误差，当外螺纹中径比内螺纹中径大时，就会影响螺纹的旋合性，反之，则使配合过松而影响螺纹联接的可靠性和紧密性，因此，对中径误差必须加以限制。

4. 螺纹中径的合格条件

根据前面的分析，当外螺纹有了螺距误差及牙型半角误差时，只能与一个中径较大的内螺纹旋合，其效果就相当于外螺纹的中径增大了。这个增大了的假想中径叫作外螺纹的作用中径（d_{2m}），它等于外螺纹的实际中径（d_{2a}）与螺距误差及牙型半角误差的中径补偿值之和。即

$$d_{2m} = d_{2a} + (f_P + f_{\frac{\alpha}{2}}) \tag{5-3}$$

同样，当内螺纹有了螺距误差及牙型半角误差时，只能与一个中径较小的外螺纹旋合，其效果就相当于内螺纹的中径减小了。这个减小了的假想中径叫作内螺纹的作用中径（D_{2m}），它等于内螺纹的实际中径（D_{2a}）与螺距误差及牙型半角误差的中径补偿值之差。即

$$D_{2m} = D_{2a} - (f_P + f_{\frac{\alpha}{2}}) \tag{5-4}$$

对于普通螺纹，没有单独规定螺距及牙型半角公差，只规定了一个中径公差（T_{D2}、

T_{d2})，如图5-7所示。

中径公差是衡量螺纹互换性的主要指标。判断螺纹中径的合格性时遵循泰勒原则，即实际螺纹的作用中径不能超出最大实体牙型的中径，而实际螺纹上任何部位的单一中径不能超出最小实体牙型的中径。

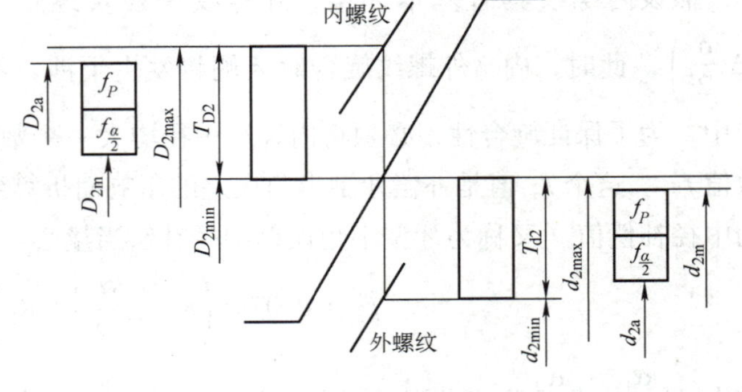

图5-7　$d_2(D_2)$、$d_{2m}(D_{2m})$ 与 $T_{d2}(T_{D2})$ 的关系

对外螺纹：作用中径不大于中径最大极限尺寸，单一中径不小于中径最小极限尺寸，即

$$d_{2m} \leqslant d_{2max}, d_{2s} \geqslant d_{2min} \quad (5\text{-}5)$$

对内螺纹：作用中径不小于中径最小极限尺寸，单一中径不大于中径最大极限尺寸，即

$$D_{2m} \geqslant D_{2min}, D_{2s} \leqslant D_{2max} \quad (5\text{-}6)$$

有些测量方法如使用工具显微镜，测得的是螺纹的实际中径，在此情况下，可用实际中径近似代替单一中径。

5.2　螺纹测量

国家标准中没有具体规定螺纹的检测参数和检测方法，这里介绍螺纹的两种测量方法：综合测量和单项测量。

5.2.1　综合测量

用螺纹量规检验螺纹是否合格属于综合测量。在批量生产中，普通螺纹均采用综合测量法。

螺纹量规分为塞规和环规（或称卡规），如图5-8所示。塞规用于检验内螺纹，环规用于检验外螺纹。检验时，通端螺纹环规（通规）能顺利与螺纹零件旋合，而止端螺纹环规（止规）不能旋合或不完全旋合，则螺纹合格。反之，则说明内螺纹过小，外螺纹过大，螺纹应予以退修。若止规与零件能旋合，则表示内螺纹过大，外螺纹过小，螺纹是废品。

图5-9是用螺纹环规检验外螺纹的情况。通规检验外螺纹的作用中径，同时控制外螺纹小径的最大极限尺寸。止规检验外螺纹的单一中径，外螺纹大径则用光滑极限量规检验。

图5-8　螺纹量规

图5-10是用螺纹塞规检验内螺纹的情况：通规检验内螺纹的作用中径，同时控制内螺纹大径的最小极限尺寸；止规检验内螺纹的单一中径，内螺纹小径则用光滑极限量规检验。

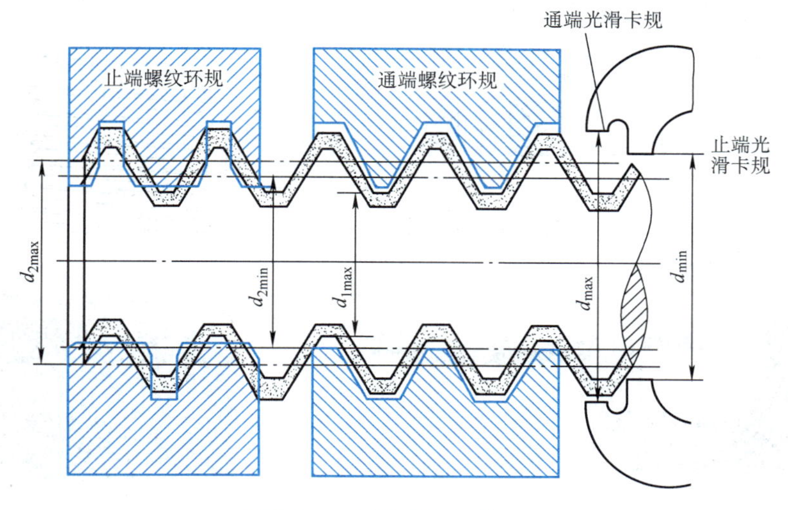

图 5-9　环规检验外螺纹原理

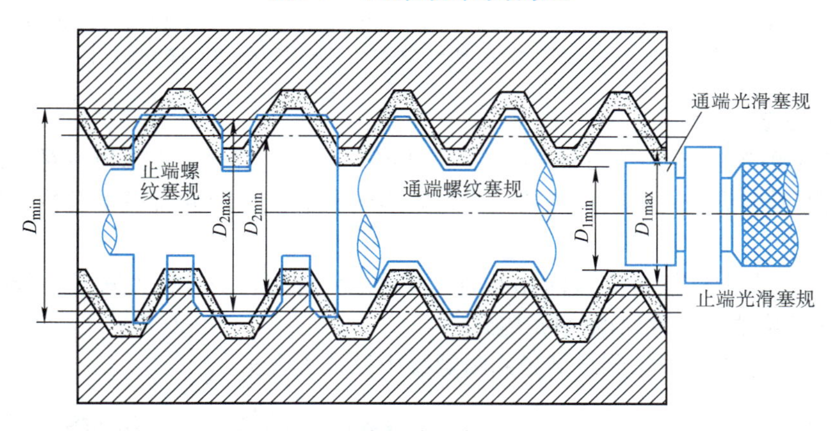

图 5-10　塞规检验内螺纹原理

5.2.2　单项测量

螺纹的单项测量指分别测量螺纹的各项几何参数，主要是中径、螺距和牙型半角。这里介绍常用的螺纹中径的测量方法。

1. 用螺纹千分尺测量螺纹中径

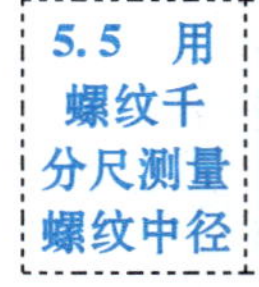

（1）计量器具及测量原理　对于精度要求不高的螺纹，可用螺纹千分尺检测中径，螺纹千分尺的结构及读数原理与外径千分尺基本相同，如图 5-11 所示。不同之处是要选用专用测头。螺纹千分尺在固定测砧和活动测头上装有按理论牙型角做成的特殊测头，用它们可直接测量外螺纹中径。因测头的角度是按理论的牙型角制造的，所以测量中被测螺纹的半角误差对中径将产生较大影响。

每对测头只能测量一定螺距范围内的螺纹，使用时根据被测螺纹的螺距大小来选择测头。

螺纹千分尺的测量范围有 0~25mm、25~50mm、50~75mm、75~100mm、100~125mm、

125~150mm，千分尺的分度值为0.01mm。

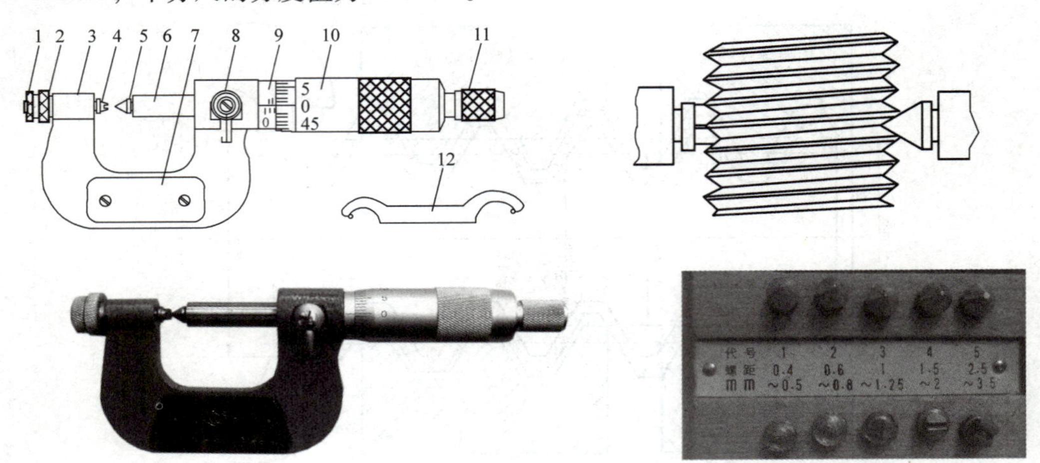

图5-11　螺纹千分尺外形结构

1—调整装置　2—锁紧帽　3—尺架　4—V形测头　5—锥形测头　6—测微螺杆　7—隔热装置　8—锁紧装置　9—固定套管　10—微分筒　11—测力装置　12—扳手

（2）测量步骤

1）用螺距规确定被测螺纹的公称螺距（见图5-12a），根据螺距选择一对合适的测头。

2）将圆锥形测头嵌入测微螺杆的孔内，V形测头嵌入固定测量砧的孔内，然后进行零位调整。

3）选取三个截面，按每个截面相互垂直的两个方向进行测量（见图5-12b），记下读数。取它们的平均值作为螺纹的实际中径。

4）填写检测报告，根据测量结果判断螺纹中径是否合格。

图5-12　测量螺纹中径

a）螺纹样板　b）螺纹千分尺测量螺纹中径

2. 用三针法测量外螺纹中径

5.6　三针法测量螺纹中径

（1）测量器具及测量原理　用三针法测量外螺纹中径属于间接测量，它是测量外螺纹中径比较精密的一种方法。其最大优点是测量精度高。在测量时，将三根直径均为 d_0 的精密圆柱量针（见图5-13）放在被测螺纹对应的牙槽中，然后用具有两个平行测量面的测量仪测量出

针距尺寸 M，如图 5-14a 所示，再根据所测 M 值和被测螺纹的螺距 P、牙型半角 $\alpha/2$ 和所用量针的直径 d_0，换算出螺纹单一中径 d_{2s}，单一中径可近似看作螺纹的实际中径。

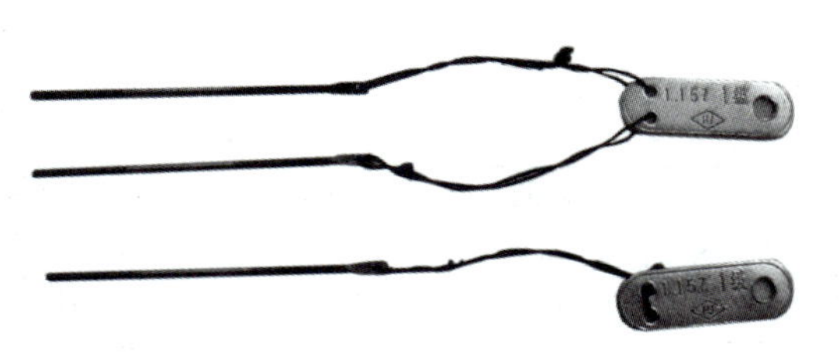

图 5-13　精密圆柱量针

根据被测螺纹已知的螺距 P、牙型半角 $\alpha/2$和量针直径 d_0，在放大图 5-14b 中，根据直角三角形△OCE 和△DBE 的关系推导出被测

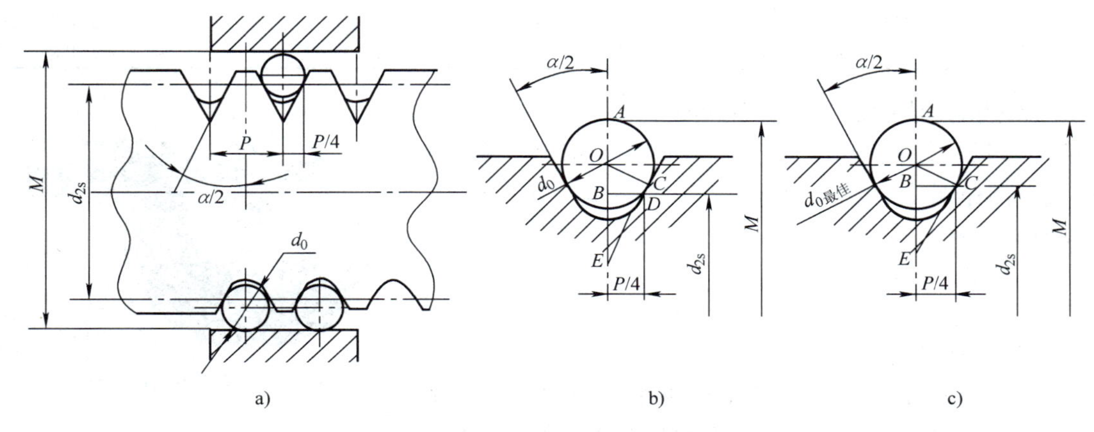

图 5-14　三针法测量外螺纹单一中径

螺纹中径 d_{2s} 的计算公式为

$$d_{2s} = M - d_0\left(1 + \frac{1}{\sin\dfrac{\alpha}{2}}\right) + \frac{P}{2}\cot\frac{\alpha}{2} \tag{5-7}$$

式中，螺距 P、牙型半角 $\alpha/2$ 和量针直径 d_0 的值均使用理论值。

对于普通螺纹，其牙型角 $\alpha=60°$，则 $d_{2s} = M - 3d_0 + 0.866P$。

为了减少螺纹牙型半角偏差对测量结果的影响，应选择合适的量针直径，使量针与螺纹牙型的切点恰好位于螺纹中径处。此时所选择的量针直径 $d_{0最佳}$ 为最佳量针直径。图 5-14b 中 D 点与 C 点重合后如图 5-14c 所示。

$d_{0最佳}$ 可按下式计算

$$d_{0最佳} = \frac{P}{2\cos\dfrac{\alpha}{2}} \tag{5-8}$$

对于普通螺纹，$d_{0最佳} = 0.577P$。

为了简化三针的尺寸规格，工厂生产的三针尺寸是 n 种尺寸相近的螺纹共同的标准值，不一定等于所需的最佳直径。如果成套的三针中没有所需的最佳量针直径，可选择与最佳量针直径相近的三针来测量。

量针的精度分成 0 级和 1 级两种：0 级量针用于测量中径公差为 4~8μm 的螺纹；1 级量针用于测量中径公差大于 8μm 的螺纹。

在实际测量中可按表 5-8 选择最佳量针直径，并根据被测螺纹中径的公差大小选择量针精度。

表 5-8　三针法测量公制普通螺纹的最佳量针直径

螺距 P/mm	最佳量针直径 d_0/mm	螺距 P/mm	最佳量针直径 d_0/mm	螺距 P/mm	最佳量针直径 d_0/mm	螺距 P/mm	最佳量针直径 d_0/mm
0.2	0.118	0.5	0.291	1.25	0.742	3.5	2.020
0.25	0.142	0.6	0.343	1.5	0.866	4.0	2.311
0.3	0.170	0.7	0.402	1.75	1.008	4.5	2.595
0.35	0.201	0.75	0.433	2.0	1.157	5.0	2.866
0.4	0.232	0.8	0.461	2.5	1.441	5.5	3.177
0.45	0.260	1.0	0.572	3.0	1.732	6.0	3.468

三针法测量外螺纹中径可用测量外尺寸的测量仪，如外径千分尺、杠杆千分尺、杠杆卡规、比较仪、测长仪等。它们根据零件的精度要求选择。图 5-15 所示为外径千分尺测量针距。

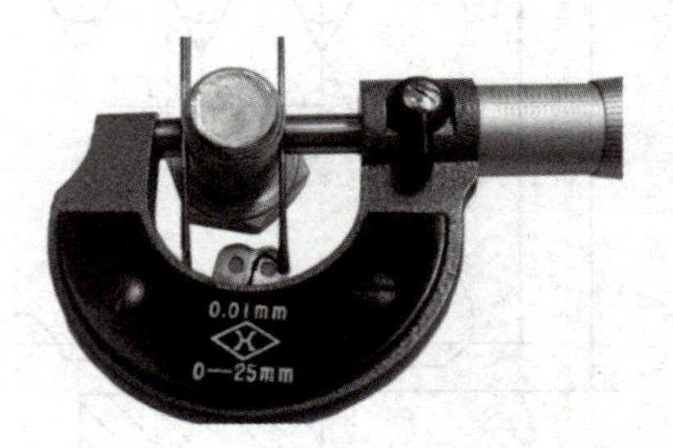

图 5-15　千分尺测量针距

（2）测量步骤

1）用螺距规测得被测螺纹的公称螺距 P。根据螺距 P，选择一副最佳三针。

2）先将被测螺纹的牙槽擦净，再将三针放在牙槽中，一边两根，一边一根，用千分尺测量针距 M，如图 5-15 所示。

3）按上述方法，分别测出螺纹件轴向不同截面和径向不同方向的 M 值，取它们的平均值，用公式计算出螺纹单一中径 d_{2s}。

4）填写检测报告，根据测量结果判断螺纹中径是否合格。

5.3　想一想、做一做

1. 解释下列螺纹标记的含义：

1）M10×1-5g6g-S

2）M10×1-6H

3）M10×2-6H/5g6g

4）M10-5g-40

2. 查表写出 M20×2-6H/5g6g 的大、中、小径尺寸及中径和顶径的上下偏差和公差。

3. 有一对普通螺纹为 M12×1.5-6G/6h，测得其主要参数见表 5-9。试计算内、外螺纹的作用中径，并判断内、外螺纹中径是否合格。

表 5-9　第 3 题表

螺纹名称	实际中径/mm	螺距累积误差/mm	半角误差 左 $(\Delta\alpha_1/2)$	半角误差 右 $(\Delta\alpha_2/2)$
内螺纹	11.236	−0.03	−1°30′	+1°
外螺纹	10.996	+0.06	+35′	−2°5′

4. 有一螺栓 M20×2-5h，加工后测得结果为：单一中径为 18.681mm，螺距累积误差的

中径补偿值 f_p = 0.018mm，牙型半角误差的中径补偿值 $f_{\frac{\alpha}{2}}$ = 0.022mm，已知中径尺寸为 18.701mm，试判断该螺栓是否合格。

5. 某螺母 M24×2-7H，加工后实测结果为：单一中径 22.710mm，螺距累积误差的中径补偿值 f_p = 0.018mm，牙型半角误差的中径补偿值 $f_{\frac{\alpha}{2}}$ = 0.022mm，试判断该螺母是否合格。

6. 加工 M18×2-6g 的螺纹，已知加工方法所产生的螺距累积误差的中径补偿值 f_p = 0.018mm，牙型半角误差的中径补偿值 $f_{\frac{\alpha}{2}}$ = 0.022mm，问此加工方法允许的中径实际最大、最小尺寸各是多少？

7. 为什么说螺纹中径是影响螺纹互换性的主要参数？

8. 螺纹精度与哪些因素有关？

9. 用三针法测量圆柱螺纹中径时，怎样选择三针？

10. 用三针法（ d_0 = 1.732mm ）测量 M24 的外螺纹中径时，测得 M = 24.57mm，问该螺纹的实际中径为多少？

第 6 单元　齿 轮 测 量

学习目标

1. 掌握渐开线圆柱齿轮的同侧齿面偏差、径向跳动与径向综合偏差、齿轮精度等知识。

2. 能查阅相关的齿轮国家标准。

3. 掌握齿厚游标卡尺、公法线千分尺、万能测齿仪、齿轮径向跳动检查仪、双面啮合检查仪等仪器的结构、使用方法及齿轮偏差测量知识。

本单元参照下列标准编写：GB/T 10095.1—2008《圆柱齿轮　精度制　第 1 部分：轮齿同侧齿面偏差的定义和允许值》；GB/T 10095.2—2008《圆柱齿轮　精度制　第 2 部分：径向综合偏差与径向跳动的定义和允许值》；GB/Z 18620.1—2008《圆柱齿轮　检验实施规范　第 1 部分：轮齿同侧齿面的检验》；GB/Z 18620.2—2008《圆柱齿轮　检验实施规范　第 2 部分：径向综合偏差、径向跳动、齿厚和侧隙的检验》；GB/Z 18620.3—2008《圆柱齿轮　检验实施规范　第 3 部分：齿轮坯、轴中心距和轴线平行度的检验》；GB/Z 18620.4—2008《圆柱齿轮　检验实施规范　第 4 部分：表面结构和轮齿接触斑点的检验》。

6.1　识读齿轮精度

6.1　齿轮传动的基本要求

6.1.1　齿轮传动基本要求

齿轮传动在现代机器和仪器中应用极为广泛，齿轮传动的质量将影响到机器或仪器的工作性能、承载能力、使用寿命和工作精度。因此，对齿轮传动提出了多方面的要求，归纳起来主要有四个方面：准确性、平稳性、均匀性及合理的齿侧间隙，也叫三性一隙。

1. 传递运动的准确性

齿轮传动理论上应按设计规定的传动比来传递运动，即主动轮转过一个角度时，从动轮应按传动比关系转过一个相应的角度。但由于齿轮存在加工误差和安装误差，实际齿轮传动中要保持恒定的传动比是不可能的，因而使得从动轮的实际转角产生了误差。

传递运动的准确性就是要求齿轮在转动一周范围内，实际速比 i_R 相对于理论速比 i_t 的变动量 Δi_Σ 要小，应限制在允许的范围内，以保证从动轮与主动轮运动的协调、一致性，如图 6-1 所示。

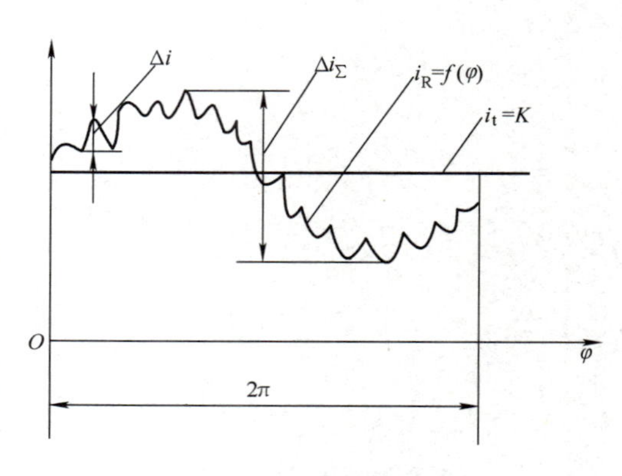

图 6-1　实际速比的变动量

2. 传递运动的平稳性

齿轮任一瞬时传动比的变化将会使从动轮转速不断变化，从而产生瞬时加速度和惯性冲击力，引起齿轮传动中的冲击、振动和噪声。

传动的平稳性就是要求齿轮在一转范围内，其瞬时速比的变动量 Δi 要小，并限制在允许范围内，如图 6-1 所示。

3. 载荷分布均匀性

载荷分布的均匀性是指为了使齿轮传动有较高的承载能力和较长的使用寿命，要求啮合齿面在齿宽与齿高方向上能较全面地接触，使齿面上的载荷分布均匀，避免载荷不均引起应力集中，造成轮齿局部磨损加剧甚至折断。

4. 合理的齿侧间隙

在齿轮传动中，为了贮存润滑油，补偿齿轮的受力变形和热变形以及齿轮的制造和安装误差，齿轮相啮合轮齿的非工作面应留有一定的齿侧间隙，否则齿轮传动过程中可能会出现卡死或烧伤现象。但该侧隙也不能过大，尤其是对于经常需要正反转的传动齿轮，侧隙过大，会产生空程，引起换向冲击。因此应合理确定侧隙的数值，如图 6-2 所示。

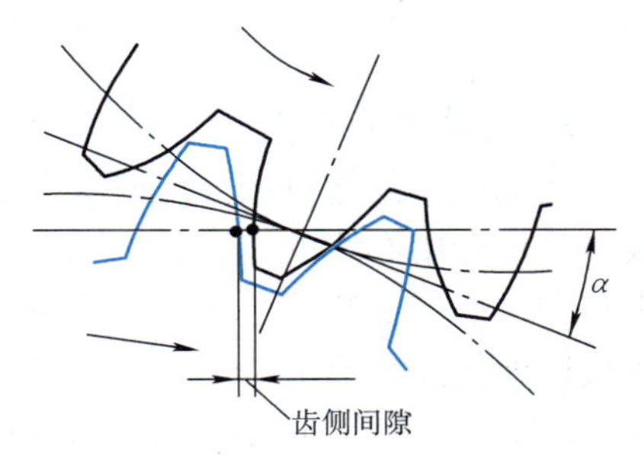

图 6-2　齿侧间隙

为了保证齿轮传动具有较好的工作性能，对上述四个方面均要有一定的要求。但用途和工作条件不同的齿轮，对上述四方面应有不同的侧重。如：对于分度机构、仪器仪表中读数机构的齿轮，齿轮一转中的转角误差不超过 1′~2′，甚至是几秒，此时，传递运动的准确性是主要的；对于高速、大功率传动装置中用的齿轮，如汽轮机减速器上的齿轮，圆周速度高，传递功率大，其运动精度、工作平稳性精度及接触精度要求都很高，特别是瞬时传动比的变化要求小，以减少振动和噪声；对于轧钢机、起重机、运输机、透平机等低速重载机械，传递动力大，但圆周速度不高，故齿轮接触精度要求较高，齿侧间隙也应足够大，而对其运动精度则要求不高。

6.1.2　齿轮的主要加工误差

在齿轮的各种加工方法中，齿轮加工误差都是来源于组成加工工艺系统的机床、夹具、刀具和齿坯本身的误差以及安装、调整误差。

下面以滚切直齿圆柱齿轮为例，分析产生齿轮加工误差的主要原因，如图 6-3 所示。

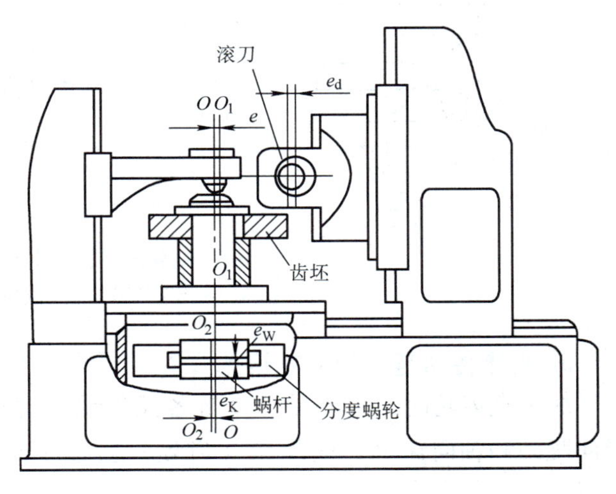

图 6-3　滚切齿轮加工示意图

1. 几何偏心误差

齿坯孔与机床心轴的安装偏心 e，也称几何偏心，它是齿坯在机床上安装时，齿坯基准轴线 O_1O_1 与工作台回转

轴线 OO 不重合而形成的偏心 e，如图6-3所示。加工时，滚刀轴线与工作台回转轴线 OO 的距离保持不变，但与齿坯基准轴线 O_1O_1 的距离不断变化（最大变化量为 $2e$），滚切成图6-4所示的齿轮，使齿面位置相对于齿轮基准中心在径向发生了变化，故称为径向误差。

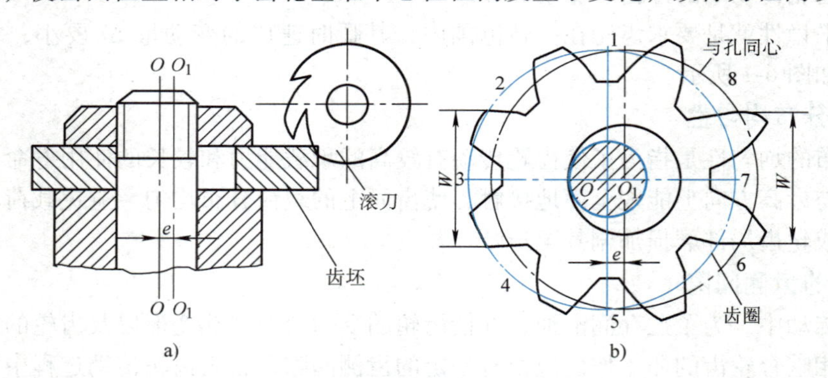

图6-4　齿坯安装偏心引起径向误差

2. 运动偏心误差

运动偏心是指机床分度蜗轮中心与工作台回转中心不重合所引起的偏心，即分度蜗轮轴线与工作台中心线的安装偏心 e_K。O_2O_2 为机床分度蜗轮的轴线，它与机床心轴的轴线 OO 不重合，形成安装偏心 e_K，如图6-5a所示。这时尽管蜗杆匀速旋转，蜗杆与蜗轮啮合节点的线速度相同，但由于蜗轮上的半径不断改变，从而使蜗轮和齿坯产生不均匀回转，角速度在（$\omega+\Delta\omega$）和（$\omega-\Delta\omega$）之间，以一转为周期变化。运动偏心引起的误差，是在齿轮加工运动过程中表现出来的，故叫运动偏心误差。这种误差反映齿廓上的误差，是在齿轮圆周的切向上，故为切向误差，如图6-5b所示。

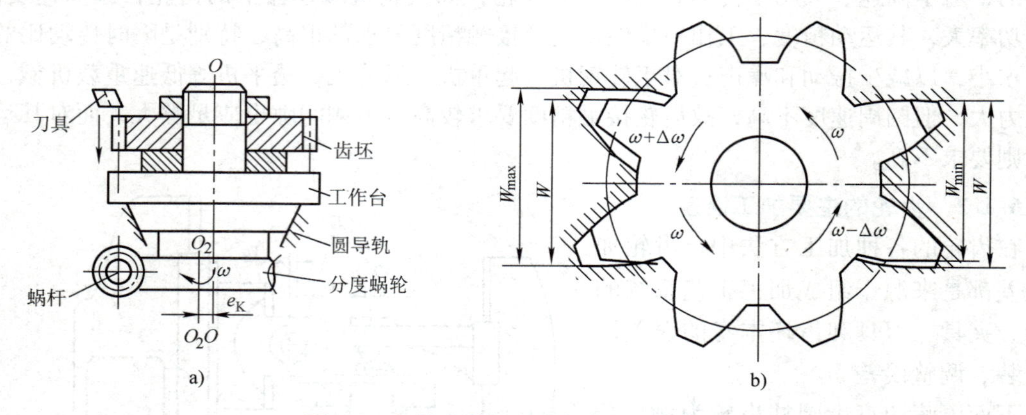

图6-5　蜗轮安装偏心引起齿轮切向误差

a）蜗轮安装偏心　b）切出的齿轮形状

3. 机床传动链的短周期误差

加工直齿轮时，主要受分度链各元件误差的影响，尤其是分度蜗杆有安装偏心 e_W、径向跳动和轴向窜动，使蜗轮（齿坯）转速不均匀，加工出的齿轮有齿距偏差和齿形误差。

4. 滚刀的制造误差与安装误差

滚刀有安装偏心 e_d（见图 6-3）、轴线倾斜、轴向窜动及本身的齿形、基节等制造误差都会随时影响齿轮的加工精度，这种影响在齿轮一转中多次出现。

由几何偏心和运动偏心产生的齿轮误差以齿轮一转为周期，称为长周期误差。机床传动链误差和滚刀误差产生的齿轮误差，在齿轮一转中多次出现，称为短周期误差。

6.1.3　单个齿轮的偏差项目及检测方法

1. 轮齿同侧齿面偏差

（1）齿距偏差

1）单个齿距偏差 f_{pt}：在端平面上，接近齿高中部的一个与齿轮轴线同心的圆上，实际齿距与理论齿距的代数差。如图 6-6 所示，它主要影响运动平稳性。

2）齿距累积偏差 F_{pk}：任意 k 个齿距的实际弧长与理论弧长的代数差。如图 6-6 所示，理论上它等于这 k 个齿距各自偏差的代数和。如果在较小的齿距数 k 上的齿距累积偏差过大，则在实际工作中将产生很大的加速度，形成很大的动载荷，影响平稳性，尤其在高速齿轮传动中更应重视。k 一般为 2 到 $z/8$ 的整数（z 为齿轮齿数）。

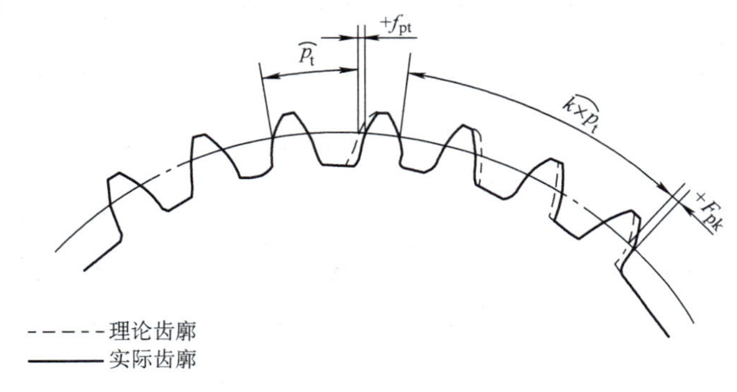

图 6-6　齿距偏差与齿距累积偏差

3）齿距累积总偏差 F_p：齿轮同侧齿面任意弧段（$k=1\sim z$）内的最大齿距累积偏差。它表现为齿距累积偏差曲线的总幅值。齿距累积总偏差主要影响运动准确性。

测量齿距偏差的方法很多，常用的是在齿距仪或万能测齿仪上用相对法测量。图 6-7 为齿距仪测量齿距的原理图。测量时，首先以被测齿轮上任意实际齿距作为基准，将仪器指示表调零，然后沿整个齿圈依次测出其他实际齿距与作为基准的齿距的差值（称为相对齿距偏差），经过数据处理可以同时求得 f_{pt}、F_{pk} 和 F_p。

（2）齿廓偏差　齿廓偏差是实际齿廓偏离设计齿廓的量，它是在端面内且垂直于渐开线齿廓的方向计值。齿廓偏差主要影响运动平稳性。

1）齿廓总偏差 F_α。在计值范围 L_α 内，包容实际齿廓线的两条设计齿廓线间的距离，如图 6-8 所示。

图 6-9 为齿廓图，它是由齿轮齿廓检查设备在纸上或其他适当的介质上画出来的齿廓偏差曲线，图中 L_{AF} 为可用长度，L_{AE} 为有效长度，L_α 为计值范围，L_α 为 L_{AE} 的 92%，F、E、A 分别与图 6-8 中的 1、2、3 点对应。图 6-9a 为齿廓总偏差。

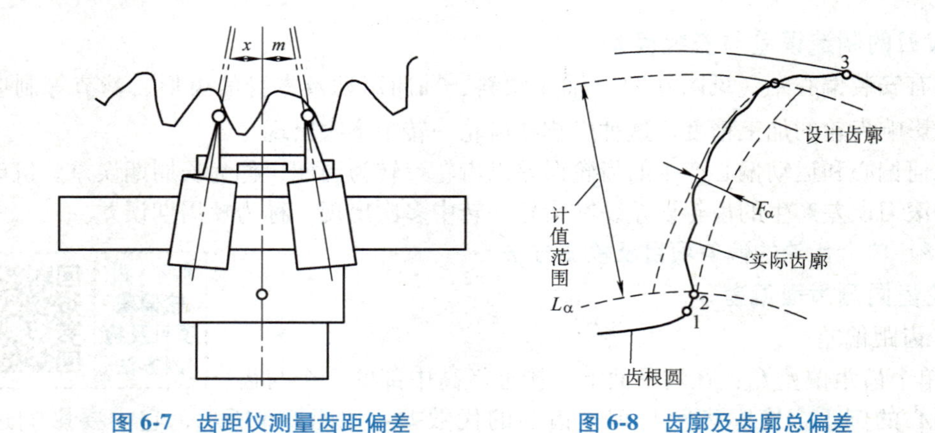

图 6-7　齿距仪测量齿距偏差　　　图 6-8　齿廓及齿廓总偏差

设计齿廓可以是未修形的渐开线（如图 6-9 i 所示），也可以是修形的（如图 6-9 ii 、iii 所示）。

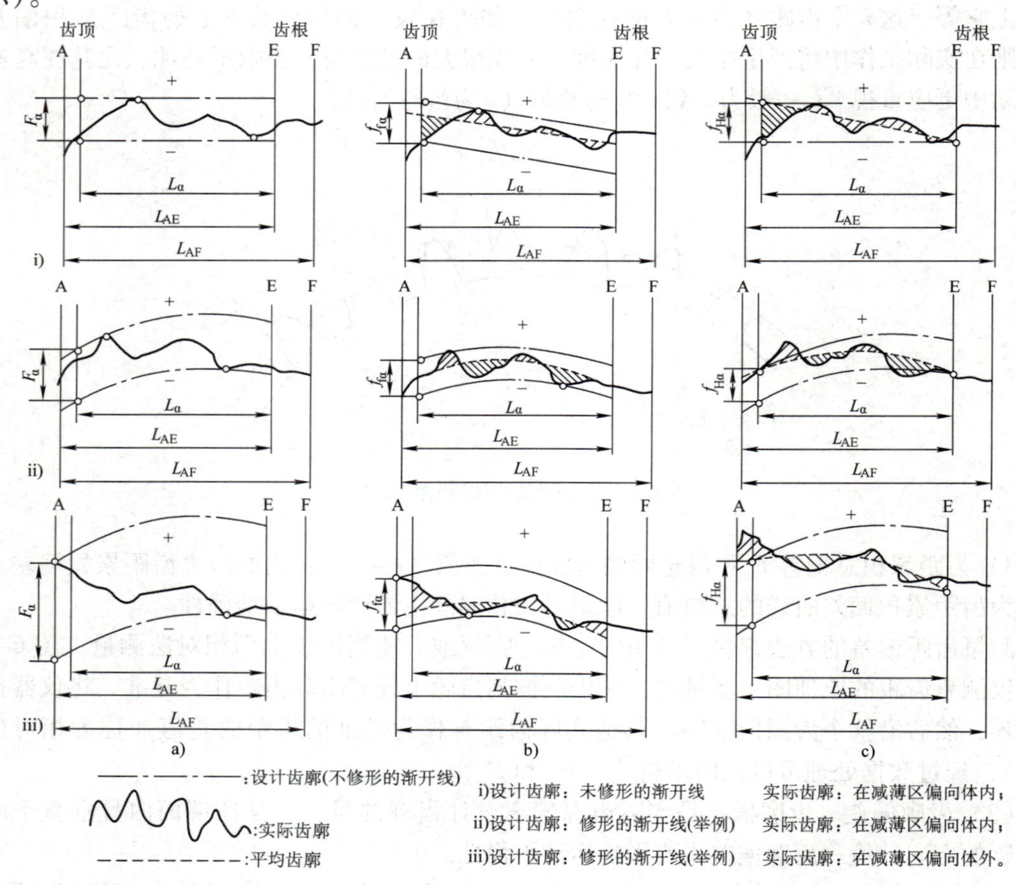

图 6-9　齿廓偏差图

a）齿廓总偏差　b）齿廓形状偏差　c）齿廓倾斜偏差

2）齿廓形状偏差 $f_{f\alpha}$：在计值范围 L_α 内，包容实际齿廓迹线的两条与平均齿廓迹线完全相同的曲线间的距离，且两条曲线与平均齿廓迹线的距离为常数（见图 6-9b）。平均齿廓

迹线是实际齿廓迹线对该迹线的偏差的平方和为最小的一条迹线，可以用最小二乘法求得。

3）齿廓倾斜偏差 $f_{H\alpha}$：在计值范围 L_α 内，与平均齿廓迹线相交的两条设计齿廓迹线间的距离，如图 6-9c 所示。

标准中规定齿廓形状偏差 $f_{f\alpha}$ 和齿廓倾斜偏差 $f_{H\alpha}$ 不是必检项目，只有在工艺分析时才用。

齿廓偏差常用展成法测量，其原理如图 6-10 所示。以被测齿轮回转轴线为基准，通过和被测齿轮 1 同轴的基圆盘 2 在直尺 3 上纯滚动，形成理论的渐开线轨迹，将实际齿廓线与设计渐开线轨迹进行比较，其差值通过传感器 5 和记录器 4 画出齿廓偏差曲线，在该曲线上按偏差定义确定齿廓偏差。常用的仪器是渐开线检查仪。

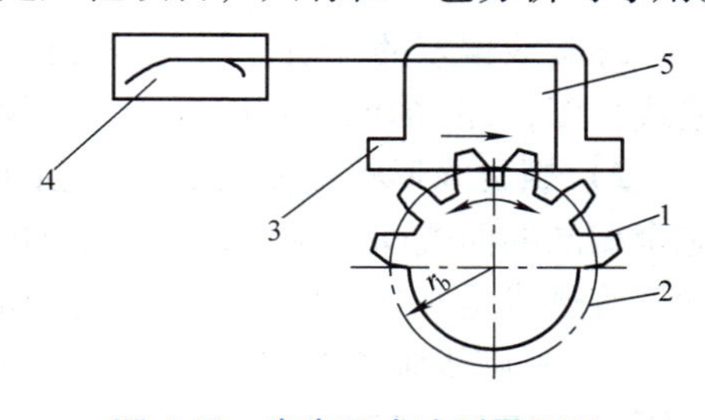

图 6-10　齿廓展成法测量原理

1—被测齿轮　2—基圆盘　3—直尺　4—记录器　5—传感器

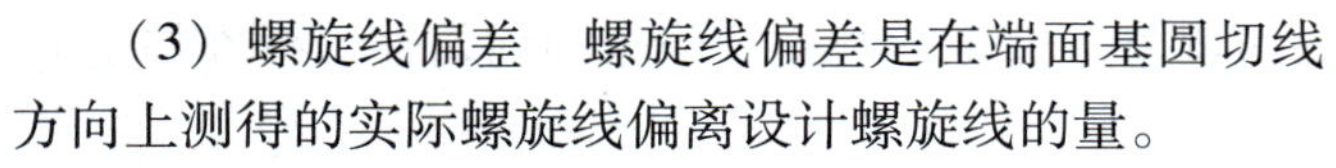

（3）螺旋线偏差　螺旋线偏差是在端面基圆切线方向上测得的实际螺旋线偏离设计螺旋线的量。

1）螺旋线总偏差 F_β：在计值范围 L_β 内，包容实际螺旋线的两条设计螺旋线间的距离。如图 6-11a 所示。

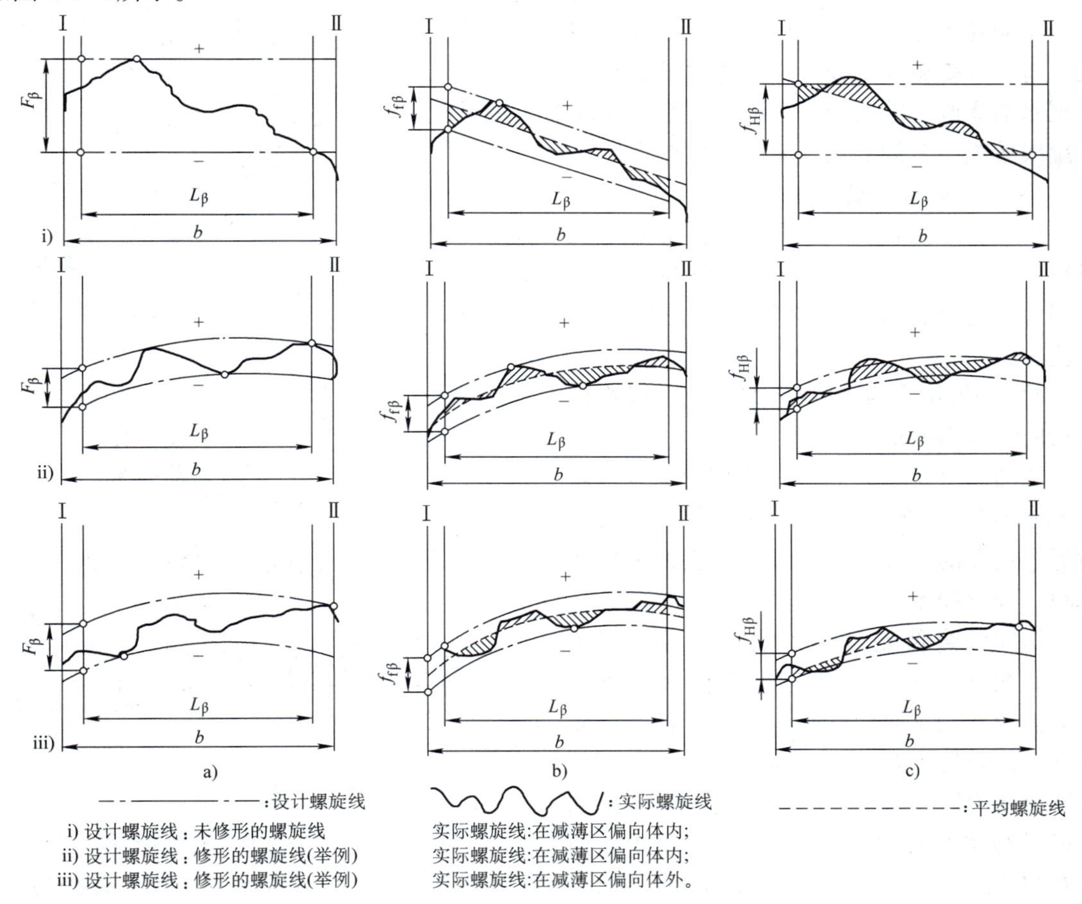

图 6-11　螺旋线偏差图

a）螺旋线总偏差　b）螺旋线形状偏差　c）螺旋线倾斜偏差

图6-11为螺旋线图，它是由螺旋线检查仪在纸上画出来的。设计螺旋线可以是未修形的直线（直齿）或螺旋线（斜齿），它们在螺旋线图上均为直线，如图6-11ⅰ所示，也可以是鼓形、齿端减薄等修形的螺旋线，它们在螺旋线图上为适当的曲线，如图6-11ⅱ、ⅲ所示。

螺旋线偏差的计值范围L_β是指在轮齿两端处，各减去下面两个数值中较小的一个后的迹线长度，即5%的齿宽或等于一个模数的长度。

2）螺旋线形状偏差$f_{f\beta}$：在计值范围L_β内，包容实际螺旋迹线的两条与平均螺旋迹线完全相同的曲线间的距离，且两条曲线与平均螺旋迹线的距离为常数，如图6-11b所示。平均螺旋迹线是实际螺旋迹线对该迹线的偏差的平方和为最小，因此，可用最小二乘法求得。

3）螺旋线倾斜偏差$f_{H\beta}$：在计值范围的两端与平均螺旋迹线相交的两条设计螺旋迹线间的距离，如图6-11c所示。

螺旋线偏差反映了轮齿在齿向方面的偏差，主要影响载荷分布的均匀性。标准规定$f_{f\beta}$和$f_{H\beta}$不是必检项目。

螺旋线偏差常用展成法测量，其原理如图6-12所示。以被测齿轮回转轴线为基准，通过精密传动机构实现被测齿轮1回转和测头2沿轴向移动，以形成理论的螺旋线轨迹。将实际螺旋线与设计螺旋线轨迹进行比较，其差值输入记录器3画出螺旋线偏差曲线，在该曲线上按定义确定螺旋线偏差。常用的仪器是螺旋线检查仪。

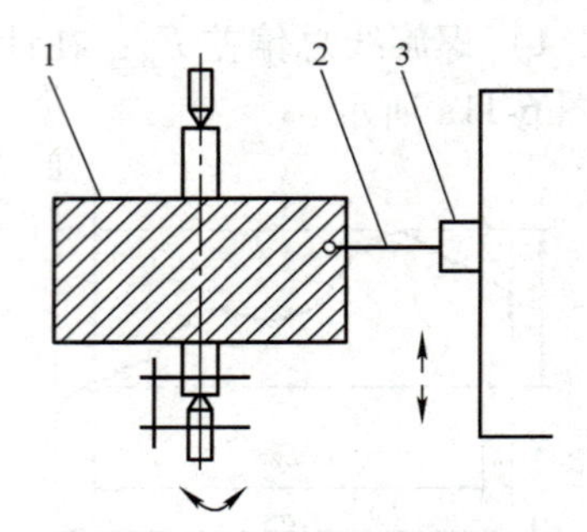

图6-12　螺旋线的展成法测量原理

1—被测齿轮　2—测头　3—记录器

（4）切向综合偏差

1）切向综合总偏差F'_i：被测齿轮与理想精确的测量齿轮单面啮合时，在被测齿轮一转内，齿轮分度圆上实际圆周位移与理论圆周位移的最大差值。它以分度圆弧长计值。

2）一齿切向综合偏差f'_i：一个齿距内的切向综合偏差值。

切向综合总偏差F'_i和一齿切向综合偏差f'_i分别影响运动的准确性和平稳性，是齿距、齿廓等偏差的综合反映，可以用它们来代替齿距、齿廓偏差。

切向综合偏差是在单啮仪上进行测量的。如图6-13所示，用标准蜗杆（也可用标准齿轮）与被测齿轮啮合，两者各带一光栅盘与信号发生器，两者的角位移信号经分频器后变为同频信号，在比相器内进行比相并记录被测齿轮的切向综合误差曲线，如图6-14所示。单面啮合检查仪测量是综合测量，测量效率高，测量结果接近实际使用情况，但仪器结构复杂，价格较贵。虽然F'_i和f'_i是评价齿轮运动准确性和平稳性的最佳综合指标，但标准规定，它们不是必检项目。

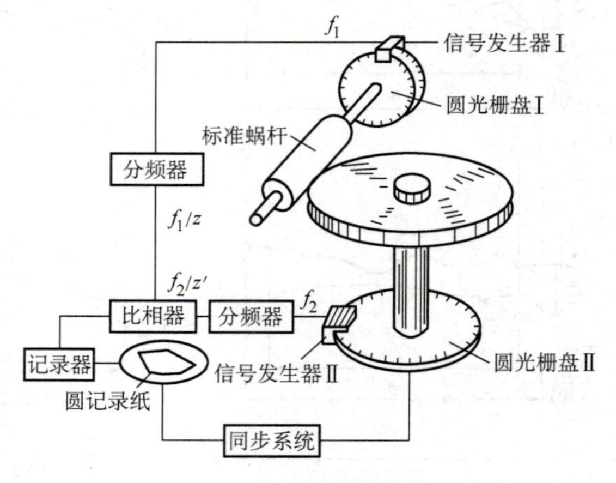

图6-13　光栅式单啮仪测量原理图

2. 径向综合偏差与径向跳动

（1）径向综合偏差

1）径向综合总偏差 F''_i：在径向（双面）综合检验时，产品齿轮（被测齿轮）的左右齿面同时与测量的齿轮接触，并转过一整圈时出现的中心距最大值与最小值之差。径向综合总偏差 F''_i 主要反映齿轮在一转范围内的径向误差，主要影响运动准确性。

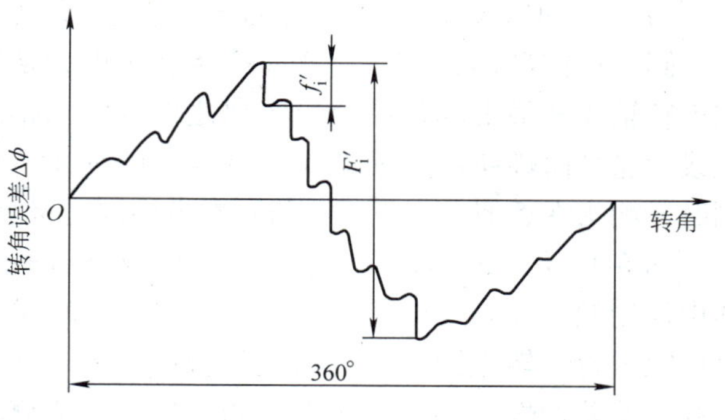

图 6-14　切向综合偏差

2）一齿径向综合偏差 f''_i：当产品齿轮啮合一整圈时，对应一个齿距（360°/z）的径向综合偏差。产品齿轮所有轮齿的 f''_i 的最大值不应超过规定的允许值。一齿径向综合偏差 f''_i 反映齿轮的小周期偏差，主要影响运动平稳性。

径向综合总偏差 F''_i 和一齿径向综合偏差 f''_i 常用双面啮合检查仪进行测量，如图 6-15 所示。双啮仪上安装产品齿轮和测量齿轮，其中一个安装在固定轴上，另一个则安装在一个带有滑道的轴上，该滑道带有弹簧装置，使两个齿轮在径向紧密啮合，在转动过程中，由指示表读出中心距的变动量，也可以用记录装置画出中心距变动曲线，如图 6-16 所示。

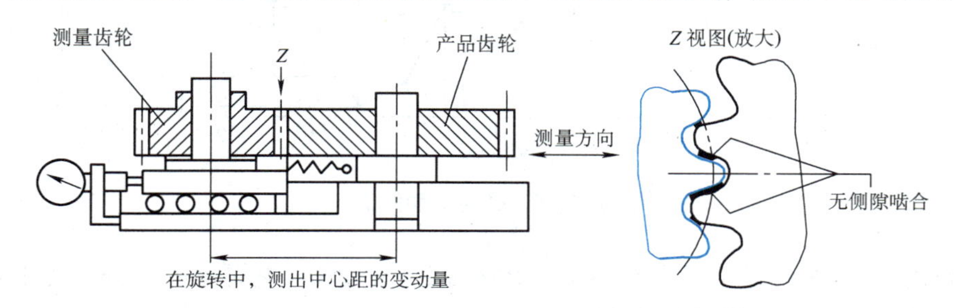

图 6-15　齿轮双面啮合检查仪工作原理

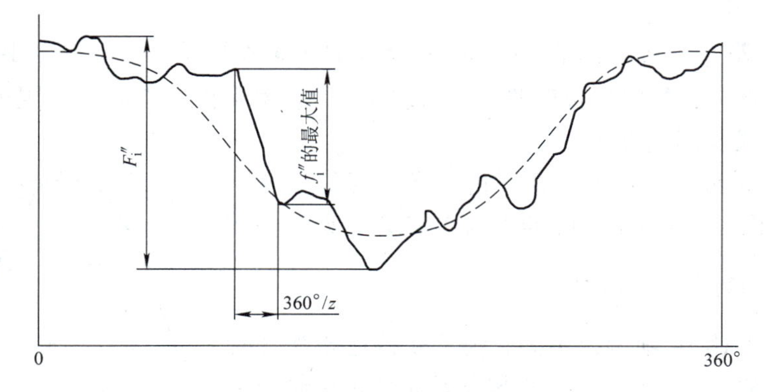

图 6-16　径向综合偏差

由于径向综合偏差测量时是双面啮合，与齿轮工作时的状态（单面啮合）不同，反映的仅是在径向起作用的误差，所以对齿轮误差的揭示不如切向综合偏差全面，但因双面啮合仪远比单啮仪简单，操作方便，测量效率高，故在大批量生产中，常作为辅助检测项目。

(2) 径向跳动 F_r　径向跳动 F_r 是指测头（球形、圆柱形或砧形）相继置于每个齿槽内时，从它到齿轮轴线的最大和最小径向距离之差。常用偏摆仪或齿轮径向跳动检查仪检测，如图6-17所示。检测时，测头在近似齿高中部，与左右齿面同时接触。

图6-18是一个16齿的齿轮径向跳动的图例，图中齿轮偏心量是径向跳动的一部分。径向跳动也是反映齿轮一转范围内在径向起作用的误差，与径向综合偏差的性质相似。所以，如果检测了 F_i'' 就不用再检测径向跳动 F_r。F_r 是在标准GB/T 10095.2—2008的附录中定义的。

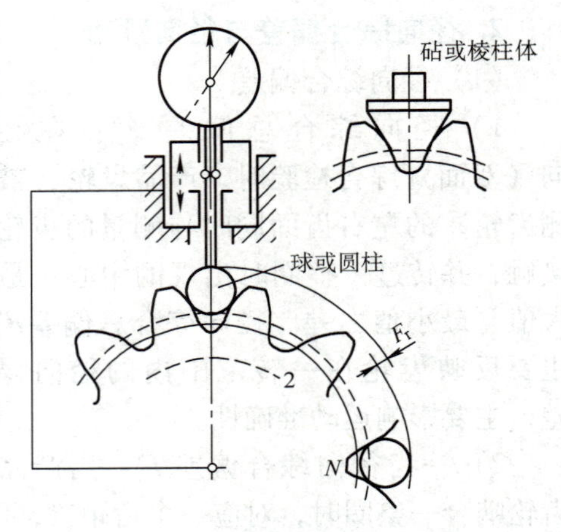

图6-17　测量径向跳动的原理

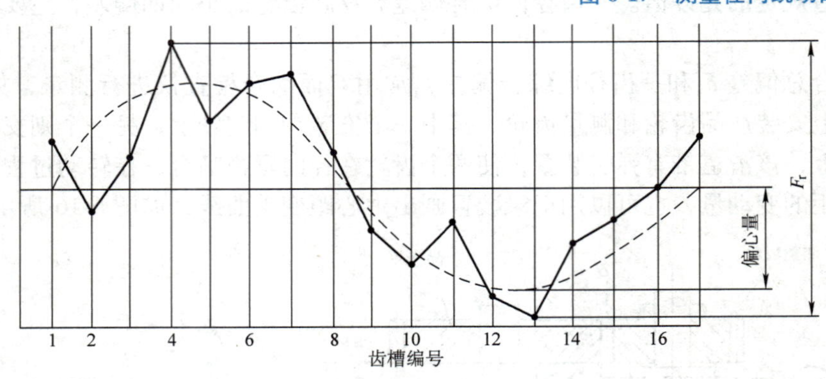

图6-18　径向跳动图例

以上叙述的14个偏差项目是在GB/T 10095.1～2—2008中规定的，分别影响齿轮传递运动的准确性、平稳性和载荷分布的均匀性。

3. 齿厚与公法线长度偏差

(1) 齿厚偏差 f_{sn}　国家标准化指导性技术文件GB/Z 18620.2—2008《圆柱齿轮　检验实施规范　第2部分：径向综合偏差、径向跳动、齿厚和侧隙的检验》中规定了齿厚和公法线长度偏差的定义及测量方法。

齿厚偏差 f_{sn} 是分度圆柱面上实际齿厚 $S_{n\,act}$ 与公称齿厚 S_n（在分度圆柱面上法向平面的法向齿厚）之差，如图6-19所示。对于标准齿轮，公称齿厚 $s_n=\frac{\pi}{2}m_n$。

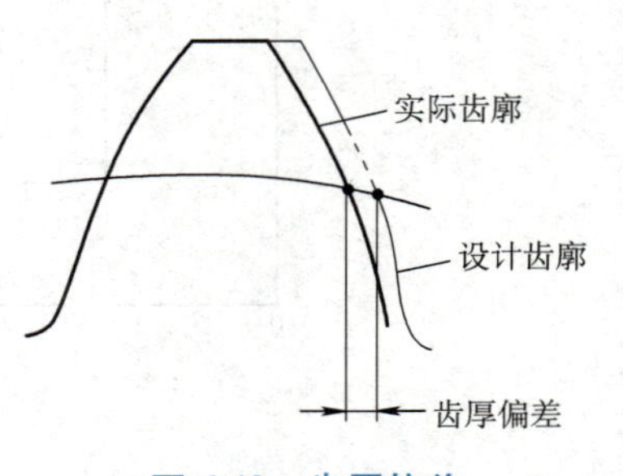

图6-19　齿厚偏差

齿厚偏差与上述14项偏差不同，为了获得齿轮啮合时的齿侧间隙，通常减薄齿厚获得，齿厚偏差是评价齿侧间隙的一项指标。齿厚偏差可用齿厚游标卡尺测量，如图6-20所示。

(2) 公法线长度偏差 f_{bn}　由于测量齿厚时需要以齿顶圆为基准，齿顶圆的直径偏差和径向跳动会影响测量结果，所以常用公法线长度偏差来代替齿厚偏差的测量。如图6-21所

示，齿厚减薄会使公法线长度变短，所以公法线长度偏差可以用来间接评价齿侧间隙。

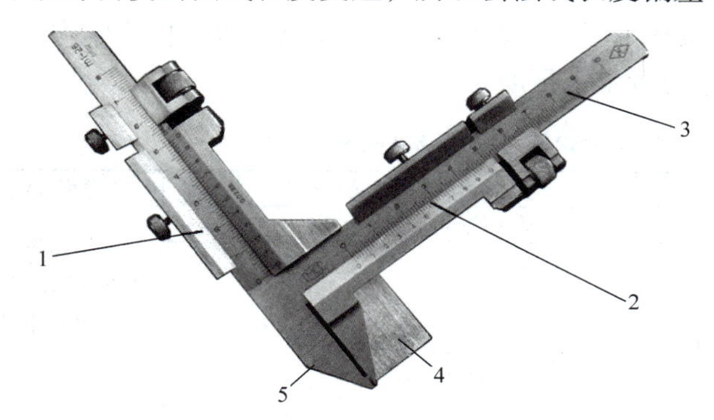

图 6-20　齿厚游标卡尺

1—垂直游标框架　2—水平游标框架　3—主尺　4—高度定位尺　5—量爪

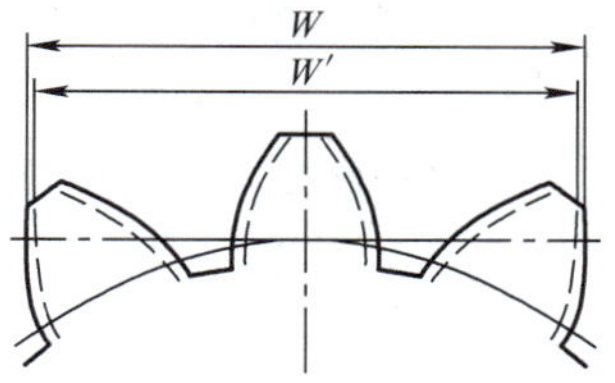

图 6-21　公法线

齿轮的公法线长度是指在基圆柱切平面上跨 k 个齿，在接触到一个齿的左齿面和另一个齿的右齿面的两个平行平面之间测得的距离。这个距离在两个齿廓间沿所有法线都是常数。由图 6-22 可以看出，公法线长度等于这两个齿廓面所包含的基圆弧长$\overset{\frown}{CD}$，若公法线长度包含 k 个齿，则基圆弧长$\overset{\frown}{CD}$包含（$k-1$）个基圆齿距 P_b 和一个基圆齿厚 S_b，即

$$W_k=\overline{AB}=\overset{\frown}{CD}=(k-1)P_b+S_b$$

式中，k 为跨齿数；P_b 为基节；S_b 为基圆齿厚。

将 P_b、S_b 代入公式，得到公法线长度为

$$W_k=m[1.476(2k-1)+0.014Z] \qquad (6\text{-}1)$$

其中，跨齿数 $k=\dfrac{Z}{9}+0.5$（取整数）。

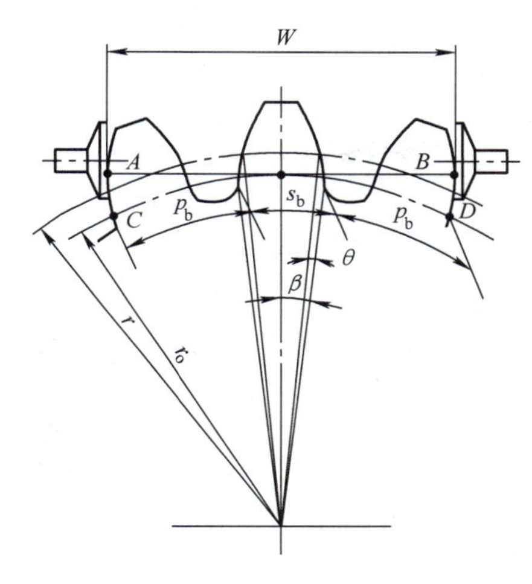

图 6-22　公法线长度

公法线长度偏差 f_{bn}是齿轮一转范围内，各部位的公法线的实际值与公称值之差，公称值与测量时的跨齿数可用上述公式计算。

公法线长度常用公法线千分尺（见图 6-23）或公法线长度指示卡规（见图 6-24）等测

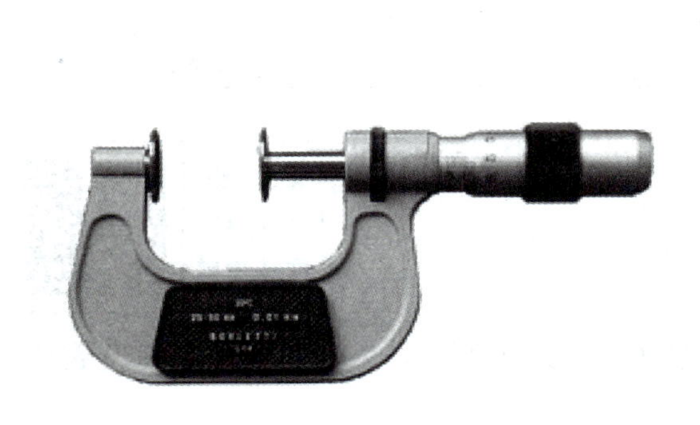

图 6-23　公法线千分尺

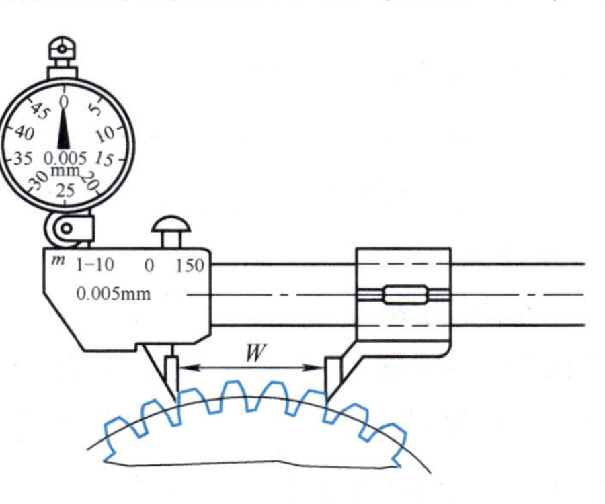

图 6-24　公法线指示卡规

量，测量方法简单、可靠，生产中应用较普遍。

综上所述，单个齿轮偏差项目共有16项，项目多，情况复杂，为了便于学习，将16个项目分类整理成表6-1，希望能给学习者带来帮助。

表6-1　单个齿轮偏差项目及其检测

偏差项目名称及符号			对齿轮传动的影响	常用检测仪器
轮齿同侧齿面偏差	齿距偏差	单个齿距偏差 f_{pt}	影响运动平稳性，是必检项目	常用齿距仪、万能测齿仪或坐标测量机、角度分度仪测量
		齿距累积偏差 F_{pk}	影响运动平稳性，一般高速齿轮传动中检测	
		齿距累积总偏差 F_p	影响运动准确性，是必检项目	
	齿廓偏差	齿廓总偏差 F_{α}	影响运动平稳性，是必检项目	常用渐开线检查仪展成法测量
		齿廓形状偏差 $f_{f\alpha}$	影响运动平稳性，不是必检项目，工艺分析时用	
		齿廓倾斜偏差 $f_{H\alpha}$	影响运动平稳性，不是必检项目，工艺分析时用	
	螺旋线偏差	螺旋线总偏差 F_{β}	影响载荷分布均匀性，是必检项目	常用螺旋线检查仪展成法测量
		螺旋线形状偏差 $f_{f\beta}$	影响载荷分布均匀性，不是必检项目，工艺分析时用	
		螺旋线倾斜偏差 $f_{H\beta}$	影响载荷分布均匀性，不是必检项目，工艺分析时用	
	切向综合偏差	切向综合总偏差 F_i'	影响运动的准确性，是齿距、齿廓偏差的综合反映，但不是必检项目	常用单面啮合检查仪测量
		一齿切向综合偏差 f_i'	影响运动的平稳性，是齿距、齿廓偏差的综合反映，但不是必检项目	
径向偏差	径向综合偏差	径向综合总偏差 F_i''	影响运动准确性，在批量生产中，常作为辅助检测项目	常用双面啮合检查仪测量
		一齿径向综合偏差 f_i''	影响运动平稳性，在批量生产中，常作为辅助检测项目	
	径向跳动	径向跳动 F_r	影响运动准确性，与 F_i'' 性质相似	常用万能测齿仪、径向跳动检查仪、偏摆仪测量
侧隙偏差	齿厚偏差	齿厚偏差 f_{sn}	影响齿轮副侧隙大小，是必检项目	常用齿厚游标卡尺测量
	公法线长度偏差	公法线长度偏差 f_{bn}	影响齿轮副侧隙大小，可替代齿厚偏差	常用公法线千分尺或公法线长度指示卡规测量

6.1.4　齿轮精度等级及应用

1. 精度等级

（1）轮齿同侧齿面的精度等级　GB/T 10095.1—2008对轮齿同侧齿面的11项偏差规定了13个精度等级，即0、1、2、…、12级，其中，0级精度最高，12级精度最低。适用于分度圆直径5~10000mm、法向模数0.5~70mm、齿宽4~1000mm的渐开线圆柱齿轮。

（2）径向综合偏差的精度等级　GB/T 10095.2—2008对径向综合总偏差 F_i'' 和一齿径向

综合偏差 f''_i 规定了 4、5、…、12 共 9 个精度等级，其中，4 级精度最高、12 级精度最低。适用的尺寸范围：分度圆直径 5～1000mm、法向模数 0.2～10mm。

（3）径向跳动的精度等级　GB/T 10095.2—2008 在附录中对径向跳动 F_r 规定了 0、1、2、…、12 共 13 个等级，适用的尺寸范围与轮齿同侧齿面精度的适用范围相同。

2. 齿轮精度等级的应用

确定齿轮精度等级目前多用类比法，即根据齿轮的用途、使用要求和工作条件，查阅有关参考资料，参照经过实践验证的类似产品的精度进行选用。在进行类比时，注意以下问题。

1）了解各级精度应用的大体情况。在标准规定的 13 个精度等级中，0～2 级为超精密级，用得很少；3～5 级为高精度级；6～9 级为中等精度级；10～12 级为低精度级。表 6-2 和表 6-3 列出了某些机械采用齿轮精度的情况，可供选用时参考。

表 6-2　一些机械采用的齿轮精度等级

应用范围	精度等级	应用范围	精度等级
测量齿轮	3～5	载重汽车	6～9
汽轮机减速器	3～6	通用减速器	6～9
金属切削机床	3～8	轧钢机	6～10
航空发动机	4～7	矿用绞车	8～10
内燃机车与电气机车	6～7	起重机	7～10
轻型汽车	3～8	拖拉机	8～11
农业机械	8～11		

表 6-3　一些齿轮精度等级的应用范围

精度等级		4 级	5 级	6 级	7 级	8 级	9 级
应用范围		极精密机构的分度齿轮，非常高速并要求平稳、无噪声的齿轮，检查 7 级齿轮的理想精度的测量齿轮	精密机构的分度齿轮，高速并要求平稳、无噪声的齿轮，高速蜗轮机齿轮，检查 8 级、9 级齿轮用的测量齿轮	高速、平稳、无噪声、高效率齿轮，航空、汽车、机床中的重要齿轮，分度机构齿轮、读数机构齿轮	高速、动力小而需逆转的齿轮，机床中的进给齿轮、航空齿轮、读数机构齿轮、具有一定速度的减速器齿轮	一般机器中的普通齿轮，汽车、拖拉机、减速器中的一般齿轮，航空中的不重要齿轮，农机中的重要齿轮	精度要求低的齿轮
圆周速度 /(m/s)	直齿	<35	<20	到 15	到 10	到 6	到 2
	斜齿	<70	<40	到 30	到 15	到 10	到 4

2）根据使用要求，轮齿同侧齿面各项偏差的精度等级可以相同，也可以不同。

3）径向综合总偏差 F''_i、一齿径向综合偏差 f''_i 及径向跳动 F_r 的精度等级应相同，但它们与轮齿同侧齿面偏差的精度等级可以相同，也可以不相同。

3. 偏差的允许值

在 GB/T 10095.1—2008 和 GB/T 10095.2—2008 两个标准中，对单个齿轮的 14 项偏差的允许值都列出了计算公式，用这些公式计算出齿轮偏差的极限偏差或公差，进过圆整后编制成表格，使用时可直接查表。（F_{pk} 及 F'_i 没有提供直接可用的表格，需要时可用公式计算）。表 6-4～表 6-14 为常用的齿轮偏差表格。

表 6-4 单个齿距偏差 $\pm f_{pt}$（摘自 GB/T 10095.1—2008）

分度圆直径 d /mm	法向模数 m_n /mm	精度等级				
		5	6	7	8	9
		$\pm f_{pt}$/μm				
$20<d\leq50$	$2<m_n\leq3.5$	5.5	7.5	11.0	15.0	22.0
	$3.5<m_n\leq6$	6.0	8.5	12.0	17.0	24.0
$50<d\leq125$	$2<m_n\leq3.5$	6.0	8.5	12.0	17.0	23.0
	$3.5<m_n\leq6$	6.5	9.0	13.0	18.0	26.0
	$6<m_n\leq10$	7.5	10.0	15.0	21.0	30.0
$125<d\leq280$	$2<m_n\leq3.5$	6.5	9.0	13.0	18.0	26.0
	$3.5<m_n\leq6$	7.0	10.0	14.0	20.0	28.0
	$6<m_n\leq10$	8.0	11.0	16.0	23.0	32.0
$280<d\leq560$	$2<m_n\leq3.5$	7.0	10.0	14.0	20.0	29.0
	$3.5<m_n\leq6$	8.0	11.0	16.0	22.0	31.0
	$6<m_n\leq10$	8.5	12.0	17.0	25.0	35.0

表 6-5 齿距累积总偏差 F_p（摘自 GB/T 10095.1—2008）

分度圆直径 d /mm	法向模数 m_n /mm	精度等级				
		5	6	7	8	9
		F_p/μm				
$20<d\leq50$	$2<m_n\leq3.5$	15.0	21.0	30.0	42.0	59.0
	$3.5<m_n\leq6$	15.0	22.0	31.0	44.0	62.0
$50<d\leq125$	$2<m_n\leq3.5$	19.0	27.0	38.0	53.0	76.0
	$3.5<m_n\leq6$	19.0	28.0	39.0	55.0	78.0
	$6<m_n\leq10$	20.0	29.0	41.0	58.0	82.0
$125<d\leq280$	$2<m_n\leq3.5$	25.0	35.0	50.0	70.0	100.0
	$3.5<m_n\leq6$	25.0	36.0	51.0	72.0	102.0
	$6<m_n\leq10$	26.0	37.0	53.0	75.0	106.0
$280<d\leq560$	$2<m_n\leq3.5$	33.0	46.0	65.0	92.0	131.0
	$3.5<m_n\leq6$	33.0	47.0	66.0	94.0	133.0
	$6<m_n\leq10$	34.0	48.0	68.0	97.0	137.0

表 6-6 齿廓总偏差 F_α（摘自 GB/T 10095.1—2008）

分度圆直径 d /mm	法向模数 m_n /mm	精度等级				
		5	6	7	8	9
		F_α/μm				
$20<d\leq50$	$2<m_n\leq3.5$	7.0	10.0	14.0	20.0	29.0
	$3.5<m_n\leq6$	9.0	12.0	18.0	25.0	35.0
$50<d\leq125$	$2<m_n\leq3.5$	8.0	11.0	16.0	22.0	31.0
	$3.5<m_n\leq6$	9.5	13.0	19.0	27.0	38.0
	$6<m_n\leq10$	12.0	16.0	23.0	33.0	46.0
$125<d\leq280$	$2<m_n\leq3.5$	9.0	13.0	18.0	25.0	36.0
	$3.5<m_n\leq6$	11.0	15.0	21.0	30.0	42.0
	$6<m_n\leq10$	13.0	18.0	25.0	36.0	50.0
$280<d\leq560$	$2<m_n\leq3.5$	10.0	15.0	21.0	29.0	41.0
	$3.5<m_n\leq6$	12.0	17.0	24.0	34.0	48.0
	$6<m_n\leq10$	14.0	20.0	28.0	40.0	56.0

表 6-7　螺旋线总偏差 F_β（摘自 GB/T 10095.1—2008）

分度圆直径 d /mm	齿宽 b /mm	精度等级				
		5	6	7	8	9
		F_β/μm				
$20<d\leqslant50$	$10<b\leqslant20$	7.0	10.0	14.0	20.0	29.0
	$20<b\leqslant40$	8.0	11.0	16.0	23.0	32.0
$50<d\leqslant125$	$10<b\leqslant20$	7.5	11.0	15.0	21.0	30.0
	$20<b\leqslant40$	8.5	12.0	17.0	24.0	34.0
	$40<b\leqslant80$	10.0	14.0	20.0	28.0	39.0
$125<d\leqslant280$	$10<b\leqslant20$	8.0	11.0	16.0	22.0	32.0
	$20<b\leqslant40$	9.0	13.0	18.0	25.0	36.0
	$40<b\leqslant80$	10.0	15.0	21.0	29.0	41.0
$280<d\leqslant560$	$20<b\leqslant40$	9.5	13.0	19.0	27.0	38.0
	$40<b\leqslant80$	11.0	15.0	22.0	31.0	44.0
	$80<b\leqslant160$	13.0	18.0	26.0	36.0	52.0

表 6-8　一齿切向综合偏差 f_i'/K 的比值（摘自 GB/T 10095.1—2008）

分度圆直径 d /mm	法向模数 m_n /mm	精度等级				
		5	6	7	8	9
		f_i'/K/μm				
$20<d\leqslant50$	$2<m_n\leqslant3.5$	17.0	24.0	34.0	48.0	68.0
	$3.5<m_n\leqslant6$	19.0	27.0	38.0	54.0	77.0
$50<d\leqslant125$	$2<m_n\leqslant3.5$	18.0	25.0	36.0	51.0	72.0
	$3.5<m_n\leqslant6$	20.0	29.0	40.0	57.0	81.0
	$6<m_n\leqslant10$	23.0	33.0	47.0	66.0	93.0
$125<d\leqslant280$	$2<m_n\leqslant3.5$	20.0	28.0	39.0	56.0	79.0
	$3.5<m_n\leqslant6$	22.0	31.0	44.0	62.0	88.0
	$6<m_n\leqslant10$	25.0	35.0	50.0	70.0	100.0
$280<d\leqslant560$	$2<m_n\leqslant3.5$	22.0	31.0	44.0	62.0	87.0
	$3.5<m_n\leqslant6$	24.0	34.0	48.0	68.0	96.0
	$6<m_n\leqslant10$	27.0	38.0	54.0	76.0	108.0

注：当总重合度 $\varepsilon_r<4$ 时，$K=0.2\left(\frac{\varepsilon_r+4}{\varepsilon_r}\right)$；$\varepsilon_r\geqslant4$ 时，$K=0.4$。

表 6-9　齿廓形状偏差 $f_{f\alpha}$（摘自 GB/T 10095.1—2008）

分度圆直径 d /mm	法向模数 m_n /mm	精度等级				
		5	6	7	8	9
		$f_{f\alpha}$/μm				
$20<d\leqslant50$	$2<m_n\leqslant3.5$	5.5	8.0	11.0	16.0	22.0
	$3.5<m_n\leqslant6$	7.0	9.5	14.0	19.0	27.0
$50<d\leqslant125$	$2<m_n\leqslant3.5$	6.0	8.5	12.0	17.0	24.0
	$3.5<m_n\leqslant6$	7.5	10.0	15.0	21.0	29.0
	$6<m_n\leqslant10$	9.0	13.0	18.0	25.0	36.0
$125<d\leqslant280$	$2<m_n\leqslant3.5$	7.0	9.5	14.0	19.0	28.0
	$3.5<m_n\leqslant6$	8.0	12.0	16.0	23.0	33.0
	$6<m_n\leqslant10$	10.0	14.0	20.0	28.0	39.0
$280<d\leqslant560$	$2<m_n\leqslant3.5$	8.0	11.0	16.0	22.0	32.0
	$3.5<m_n\leqslant6$	9.0	13.0	18.0	26.0	37.0
	$6<m_n\leqslant10$	11.0	15.0	22.0	31.0	43.0

表 6-10 齿廓倾斜偏差$\pm f_{H\alpha}$（摘自 GB/T 10095.1—2008）

分度圆直径 d /mm	法向模数 m_n /mm	精度等级				
		5	6	7	8	9
		$\pm f_{H\alpha}/\mu m$				
$20<d\leq50$	$2<m_n\leq3.5$	4.5	6.5	9.0	13.0	18.0
	$3.5<m_n\leq6$	5.5	8.0	11.0	16.0	22.0
$50<d\leq125$	$2<m_n\leq3.5$	5.0	7.0	10.0	14.0	20.0
	$3.5<m_n\leq6$	6.0	8.5	12.0	17.0	24.0
	$6<m_n\leq10$	7.5	10.0	15.0	21.0	29.0
$125<d\leq280$	$2<m_n\leq3.5$	5.5	8.0	11.0	16.0	23.0
	$3.5<m_n\leq6$	6.5	9.5	13.0	19.0	27.0
	$6<m_n\leq10$	8.0	11.0	16.0	23.0	32.0
$280<d\leq560$	$2<m_n\leq3.5$	6.5	9.0	13.0	18.0	26.0
	$3.5<m_n\leq6$	7.5	11.0	15.0	21.0	30.0
	$6<m_n\leq10$	9.0	13.0	18.0	25.0	35.0

表 6-11 螺旋线形状偏差$f_{f\beta}$和螺旋线倾斜极限偏差$\pm f_{H\beta}$（摘自 GB/T 10095.1—2008）

分度圆直径 d /mm	齿宽 b/mm	精度等级				
		5	6	7	8	9
		$(f_{f\beta}、\pm f_{H\beta})/\mu m$				
$20<d\leq50$	$10<b\leq20$	5.0	7.0	10.0	14.0	20.0
	$20<b\leq40$	6.0	8.0	12.0	16.0	23.0
$50<d\leq125$	$10<b\leq20$	5.5	7.5	11.0	15.0	21.0
	$20<b\leq40$	6.0	8.5	12.0	17.0	24.0
	$40<b\leq80$	7.0	10.0	14.0	20.0	28.0
$125<d\leq280$	$10<b\leq20$	5.5	8.0	11.0	16.0	23.0
	$20<b\leq40$	6.5	9.0	13.0	18.0	25.0
	$40<b\leq80$	7.5	10.0	15.0	21.0	29.0
$280<d\leq560$	$20<b\leq40$	7.0	9.5	14.0	19.0	27.0
	$40<b\leq80$	8.0	11.0	16.0	22.0	31.0
	$80<b\leq160$	9.0	13.0	18.0	26.0	37.0

表 6-12 径向综合总偏差F''_i（摘自 GB/T 10095.2—2008）

分度圆直径 d /mm	法向模数 m_n /mm	精度等级				
		5	6	7	8	9
		$F''_i/\mu m$				
$20<d\leq50$	$1.0<m_n\leq1.5$	16	23	32	45	64
	$1.5<m_n\leq2.5$	18	26	37	52	73
$50<d\leq125$	$1.0<m_n\leq1.5$	19	27	39	55	77
	$1.5<m_n\leq2.5$	22	31	43	61	86
	$2.5<m_n\leq4.0$	25	36	51	72	102
$125<d\leq280$	$1.0<m_n\leq1.5$	24	34	48	68	97
	$1.5<m_n\leq2.5$	26	37	53	75	106
	$2.5<m_n\leq4.0$	30	43	61	86	121
	$4.0<m_n\leq6.0$	36	51	72	102	144
$280<d\leq560$	$1.0<m_n\leq1.5$	30	43	61	86	122
	$1.5<m_n\leq2.5$	33	46	65	92	131
	$2.5<m_n\leq4.0$	37	52	73	104	146
	$4.0<m_n\leq6.0$	42	60	84	119	169

表 6-13　一齿径向综合偏差 f''_i（摘自 GB/T 10095.2—2008）

分度圆直径 d /mm	法向模数 m_n /mm	精度等级				
		5	6	7	8	9
		f''_i/μm				
$20<d\leqslant50$	$1.0<m_n\leqslant1.5$	4.5	6.5	9.0	13	18
	$1.5<m_n\leqslant2.5$	6.5	9.5	13	19	26
$50<d\leqslant125$	$1.0<m_n\leqslant1.5$	4.5	6.5	9.0	13	18
	$1.5<m_n\leqslant2.5$	6.5	9.5	13	19	26
	$2.5<m_n\leqslant4.0$	10	14	20	29	41
$125<d\leqslant280$	$1.0<m_n\leqslant1.5$	4.5	6.5	9.0	13	18
	$1.5<m_n\leqslant2.5$	6.5	9.5	13	19	27
	$2.5<m_n\leqslant4.0$	10	15	21	29	41
	$4.0<m_n\leqslant6.0$	15	22	31	44	62
$280<d\leqslant560$	$1.0<m_n\leqslant1.5$	4.5	6.5	9.0	13	18
	$1.5<m_n\leqslant2.5$	6.5	9.5	13	19	27
	$2.5<m_n\leqslant4.0$	10	15	21	29	41
	$4.0<m_n\leqslant6.0$	15	22	31	44	62

表 6-14　径向跳动公差 F_r（摘自 GB/T 10095.2—2008）

分度圆直径 d /mm	法向模数 m_n /mm	精度等级				
		5	6	7	8	9
		F_r/μm				
$20<d\leqslant50$	$2.0<m_n\leqslant3.5$	12	17	24	34	47
	$3.5<m_n\leqslant6.0$	12	17	25	35	49
$50<d\leqslant125$	$2.0<m_n\leqslant3.5$	15	21	30	43	61
	$3.5<m_n\leqslant6.0$	16	22	31	44	62
	$6.0<m_n\leqslant10$	16	23	33	46	65
$125<d\leqslant280$	$2.0<m_n\leqslant3.5$	20	28	40	56	80
	$3.5<m_n\leqslant6.0$	20	29	41	58	82
	$6.0<m_n\leqslant10$	21	30	42	60	85
$280<d\leqslant560$	$2.0<m_n\leqslant3.5$	26	37	52	74	105
	$3.5<m_n\leqslant6.0$	27	38	53	75	106
	$6.0<m_n\leqslant10$	27	39	55	77	109

对于没有提供数值表的 F_{pk}及 F'_i的允许值，可通过公式计算得到，比如 5 级精度的齿轮偏差允许值的计算公式如下。

$$F'_i=F_p+f'_i \tag{6-2}$$

$$\pm F_{pk}=f_{pt}+1.6\sqrt{(k-1)m}\,(k\text{ 取 }2\sim z/8\text{ 的整数}) \tag{6-3}$$

4. 齿轮的检验项目

检验齿轮时，没有必要对 16 个项目全部进行检测，标准规定以下项目不是必检项目：齿廓和螺旋线的形状偏差和倾斜偏差（$f_{f\alpha}$、$f_{H\alpha}$、$f_{f\beta}$、$f_{H\beta}$）——为了进行工艺分析或其他某些目的才用；切向综合偏差（F'_i、f'_i）——它们可以用来代替齿距偏差；齿距累积偏差（F_{pk}）——一般高速齿轮使用；径向综合偏差（F''_i、f''_i）与径向跳动（F_r），这三项偏差虽然测量方便、快速，但由于反映齿轮误差的情况不够全面，只能作为辅助检验项目，即在批量生产齿轮时，首先用 GB/T 10095.1—2008 中的要求对首批生产的齿轮进行检验，掌握它们是否符合所规定的精度等级，对后面接着生产的齿轮，就可只检查径向综合偏差或径向圆跳动，揭示由于齿轮加工时安装偏心等原因造成的径向误差。

综上所述，齿轮的检验项目为：齿距累积总偏差 F_P、单个齿距偏差 f_{pt}、齿廓总偏差 F_α、螺旋线总偏差 F_β。它们分别控制运动的准确性、平稳性和载荷分布的均匀性。此外，还应检验齿厚偏差或公法线长度偏差以控制齿轮副侧隙。

5. 齿轮精度在图样上的标注

新标准对齿轮精度在图样上的标注未作明确规定，只说明在需要叙述齿轮精度时，应注明 GB/T 10095.1—2008 或 GB/T 10095.2—2008。建议标注如下。

若齿轮轮齿同侧齿面各检验项目同为某一级精度等级（如同为7级），可标注为

7GB/T 10095.1—2008

若检验项目的精度等级不同，应注出具体项目的等级。如齿廓总偏差 F_α 和单个齿距偏差 f_{pt} 为7级、齿距累积总偏差 F_P 和螺旋线总偏差 F_β 为8级，则标注为

$7(F_\alpha、f_{pt})、8(F_P、F_\beta)$ GB/T 10095.1—2008

若检验径向综合偏差或径向跳动，如径向综合总偏差 F''_i 和一齿径向综合偏差 f''_i 均为7级，则标注为

$7(F''_i、f''_i)$ GB/T 10095.2—2008

齿轮各检验项目及其允许值标注在齿轮工作图右上角的参数表中。

6.1.5 齿轮副及齿坯的精度

有关齿轮副和齿轮坯的精度是在国家标准化指导性技术文件 GB/Z 18620.2~4—2008 中规定的。

1. 中心距偏差 f_a

6.4 齿轮副及齿坯精度

中心距偏差是实际中心距与公称中心距之差。中心距的偏差主要影响齿轮副的齿侧间隙。其允许值（极限偏差）的确定要考虑很多因素，如齿轮是否经常反转、齿轮所承受的载荷是否常反向、工作温度、对运动准确性要求的程度等。国家标准化指导性文件中没有对中心距的极限偏差作出规定，设计时可以借鉴某些成熟产品的经验来确定，也可以参考表6-15来选择。

表6-15　中心距偏差 $\pm f_a$

齿轮精度等级	1~2	3~4	5~6	7~8	9~10	11~12
f_a	$\frac{1}{2}$IT4	$\frac{1}{2}$IT6	$\frac{1}{2}$IT7	$\frac{1}{2}$IT8	$\frac{1}{2}$IT9	$\frac{1}{2}$IT11

表中的IT值按分度圆直径从标准公差数值表中选取。

2. 轴线平行度公差

$f_{\Sigma\delta}$ 是一对齿轮的轴线在轴线平面内的平行度偏差。轴线平面是用两轴承距较长的一个 L 和另一根轴上的一个轴承来确定的，如图6-25所示。

$f_{\Sigma\beta}$ 是一对齿轮的轴线在垂直平面内的平行度偏差，如图6-25所示。

$f_{\Sigma\delta}$ 和 $f_{\Sigma\beta}$ 主要影响齿轮副的侧隙和载荷分布的均匀性，在指导性文件中推荐它们的最大允许值为

$$f_{\Sigma\beta}=0.5\left(\frac{L}{b}\right)F_\beta \tag{6-4}$$

$$f_{\Sigma\delta}=2f_{\Sigma\beta} \tag{6-5}$$

式中，b 为齿宽，L 为较长的轴承跨距。

3. 轮齿接触斑点

轮齿接触斑点是指装配好（在箱体内或啮合试验台上）的齿轮副，在轻微制动下运转

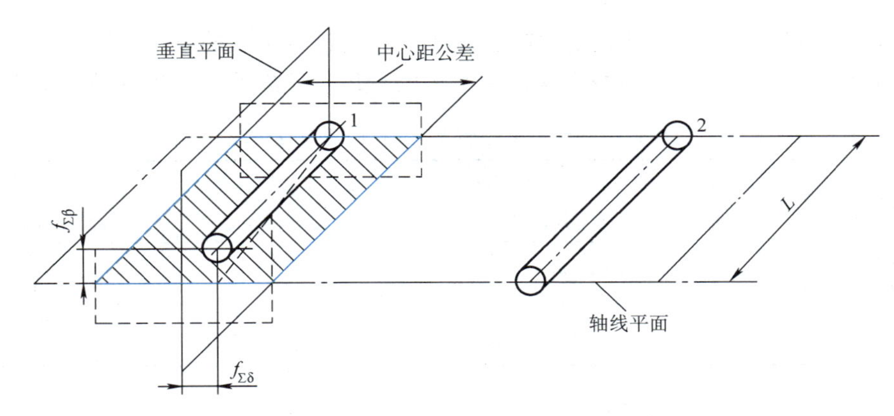

图 6-25　轴线平行度偏差

后齿面的接触痕迹。

产品齿轮副在其箱体内所产生的接触斑点的大小反映了载荷分布的均匀性。产品齿轮在啮合试验台上与测量齿轮的接触斑点可反映齿廓和螺旋线偏差（主要用于大齿轮不能装在现有检查仪或工作现场没有其他检查仪可用的场合），如图 6-26、图 6-27 所示。

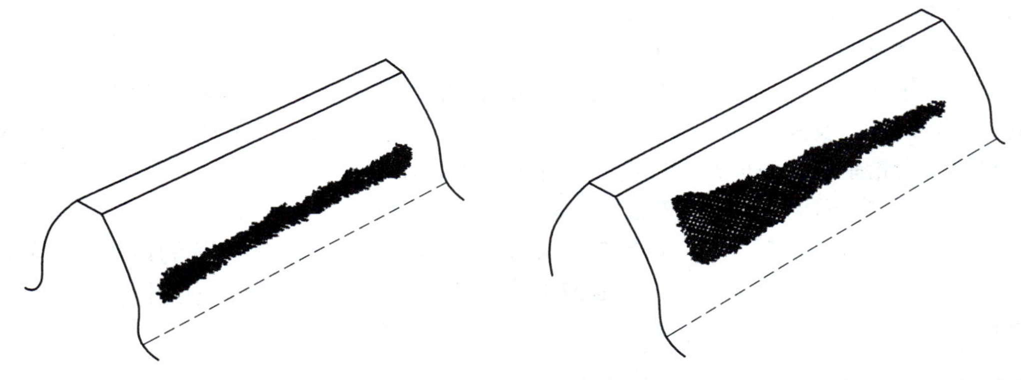

图 6-26　齿宽方向配合正确，有齿廓偏差　　图 6-27　齿廓正确，有螺旋线偏差，有齿端修薄

接触斑点可以用沿齿高方向和沿齿宽方向的百分数来表示。图 6-28 为接触斑点分布示意图，实际接触斑点与图 6-28 中的不一定完全一致。图中 b_{c1} 为接触斑点的较大长度，h_{c1} 为

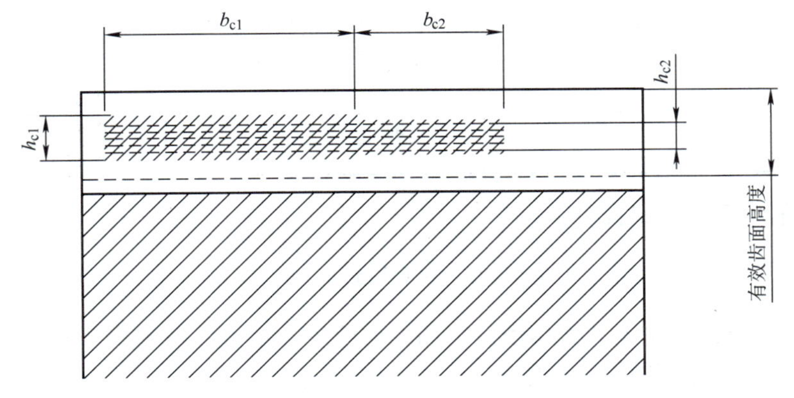

图 6-28　接触斑点分布示意图

接触斑点的较大高度，b_{c2}为接触斑点的较小长度，h_{c2}为接触斑点的较小高度。

表6-16为国家标准化指导性技术文件中给出的直齿轮装配后应达到的接触斑点。

表6-16　直齿轮装配后的接触斑点（摘自GB/Z 18620.4—2008）

精度等级	b_{c1}占齿宽的百分比	h_{c1}占有效齿面高度的百分比	b_{c2}占齿宽的百分比	h_{c2}占有效齿面高度的百分比
4级及更高	50%	70%	40%	50%
5和6	45%	50%	35%	30%
7和8	35%	50%	35%	30%
9至12	25%	50%	25%	30%

4. 法向侧隙及齿厚极限偏差

（1）法向侧隙j_{bn}　法向侧隙是指在一对装配好的齿轮副中，当两个齿轮的工作齿面互相接触时，非工作齿面之间的最短距离，如图6-29所示。

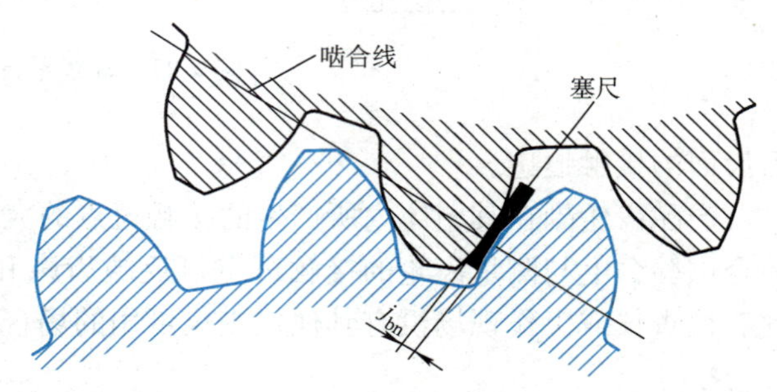

图6-29　齿轮副侧隙

最小法向侧隙j_{bnmin}是当一个齿轮的轮齿以最大允许失效齿厚与另一个也具有最大允许失效齿厚的相配齿轮在最紧的允许中心距相啮合时，在静态条件下的最小允许侧隙。它用来补偿轴承、箱体、轴等零件的制造、安装误差以及润滑、温度的影响，以保证在带负载运行于最不利的工作条件下仍有足够的侧隙。齿轮副最小法向侧隙的确定方法通常有以下三种。

1）经验法。参考国内外同类产品来确定。

2）查表法。GB/Z 18620.2—2008在附录A中列出了对工业装置推荐的最小法向侧隙，见表6-17，适用于大、中模数黑色金属制造的齿轮和箱体，工作时节圆速度小于15m/s，轴承、轴和箱体均采用常用的制造公差。

表6-17　j_{bnmin}的推荐值（摘自GB/Z 18620.2—2008）　（单位：mm）

m_n	最小中心距a_i					
	50	100	200	400	800	1600
1.5	0.09	0.11	—	—	—	—
2	0.10	0.12	0.15	—	—	—
3	0.12	0.14	0.17	0.24	—	—
5	—	0.18	0.21	0.28	—	—
8	—	0.24	0.27	0.34	0.47	—
12	—	—	0.35	0.42	0.55	—
18	—	—	—	0.54	0.67	0.94

表中的数值也可用下式计算：

$$j_{bnmin}=\frac{2}{3}(0.06+0.0005|a_i|+0.03m_n) \tag{6-6}$$

3）计算法。根据齿轮副的工作条件，如工作速度、温度、润滑等条件来计算最小法向侧隙。限于篇幅，此处不做详细介绍。

（2）齿厚极限偏差E_{sns}和E_{sni}

1）齿厚上偏差 E_{sns}。齿厚的最小减薄量。在中心距确定的情况下，齿厚上偏差就决定了齿轮副的最小侧隙。齿厚上偏差的确定方法通常有三种。

① 经验类比法。参考成熟的同类产品或有关资料（如《机械设计手册》等）的推荐来选取齿厚上偏差。

② 简易计算法。根据已确定的最小法向侧隙 j_{bnmin}，用简易公式计算：

$$E_{sns1}+E_{sns2}=-j_{bnmin}/\cos\alpha_n \tag{6-7}$$

式中，E_{sns1} 和 E_{sns2} 分别为小齿轮和大齿轮的齿厚上偏差。

若大小齿轮齿数相差不大，可取 E_{sns1} 和 E_{sns2} 相等，即

$$E_{sns1}=E_{sns2}=-j_{bnmin}/2\cos\alpha_n \tag{6-8}$$

若大小齿轮齿数相差较大，一般使大齿轮的齿厚减薄量大一些，小齿轮的齿厚减薄量小一些，以使大小齿轮的强度匹配。

③ 计算法。比较细致地考虑齿轮的制造、安装误差对侧隙的影响，用较复杂的公式计算出齿厚上偏差，需要时可参考有关资料。

2）齿厚下偏差 E_{sni}。齿厚下偏差 E_{sni} 影响最大侧隙。除精密读数机构或对最大侧隙有特殊要求的齿轮外，一般情况下最大侧隙并不影响传递运动的性能。因此，在很多场合允许较大的齿厚公差，以获得较经济的制造成本。

齿厚下偏差可以用经验类比法确定，也可用下面的公式计算

$$E_{sni}=E_{sns}-T_{sn} \tag{6-9}$$

式中，T_{sn} 为齿厚公差。无经验时，建议用下式计算求得

$$T_{sn}=(\sqrt{F_r^2+b_r^2})2\tan\alpha_n \tag{6-10}$$

式中，F_r 为径向跳动公差；b_r 为切齿径向进刀公差，可按表 6-18 选用。表中的 IT 值按分度圆直径从标准公差数值表中选取。

表 6-18　切齿径向进刀公差 b_r

齿轮精度等级	4	5	6	7	8	9
b_r	1.26（IT7）	IT8	1.26（IT8）	IT9	1.26（IT9）	IT10

（3）公法线长度极限偏差 E_{bns} 和 E_{bni}　公法线长度极限偏差是反映齿厚减薄量的另一种形式。由于测量公法线长度比测量齿厚方便、准确，所以在设计时，常常把齿厚的上、下偏差分别换算成公法线长度的上、下偏差 E_{bns} 和 E_{bni}。

公法线长度上偏差

$$E_{bns}=E_{sns}\cos\alpha_n-0.72F_r\sin\alpha_n \tag{6-11}$$

公法线长度下偏差

$$E_{bni}=E_{sni}\cos\alpha_n+0.72F_r\sin\alpha_n \tag{6-12}$$

公法线长度公差

$$T_{bn}=E_{bns}-E_{bni} \tag{6-13}$$

5. 齿坯的精度

齿坯是指在轮齿加工前供制造齿轮用的工件。齿坯的尺寸和几何误差对齿轮副的运行情况有着极大的影响。由于在加工齿坯时保持较小的公差比加工高精度的齿轮要经济得多，因此应根据制造设备的条件尽量使齿坯有较小的公差，这样可使加工齿轮时有较大的公差，以

获得更为经济的整体设计。

（1）齿坯公差的选择　关于齿坯必须分清基准面、基准轴线、制造安装面、工作安装面与工作轴线等名词的含义。用来确定基准轴线的面称为基准面。用来确定齿轮偏差，特别是确定齿距、齿廓和螺旋线偏差等的基准称为基准轴线。基准轴线由三种基本方法确定，如图6-30~图6-32所示。

齿轮工作时绕其旋转的轴线称为工作轴线。它是由工作安装面确定的。齿轮制造或检测时，用来安装齿轮的面称为制造安装面。

理想的情况是工作安装面、制造安装面与基准面重合。如图6-31所示，齿轮内孔就是这三种面重合的例子。但有时这三种面可能不重合。如图6-33所示的齿轮轴在制造和检测时，通常是将该零件安置于两顶尖上，这样两个中心孔就是基准面及制造安装面，与工作安装面（轴承安装轴颈）不重合，此时就应规定较小的工作安装面对中心孔的跳动公差。

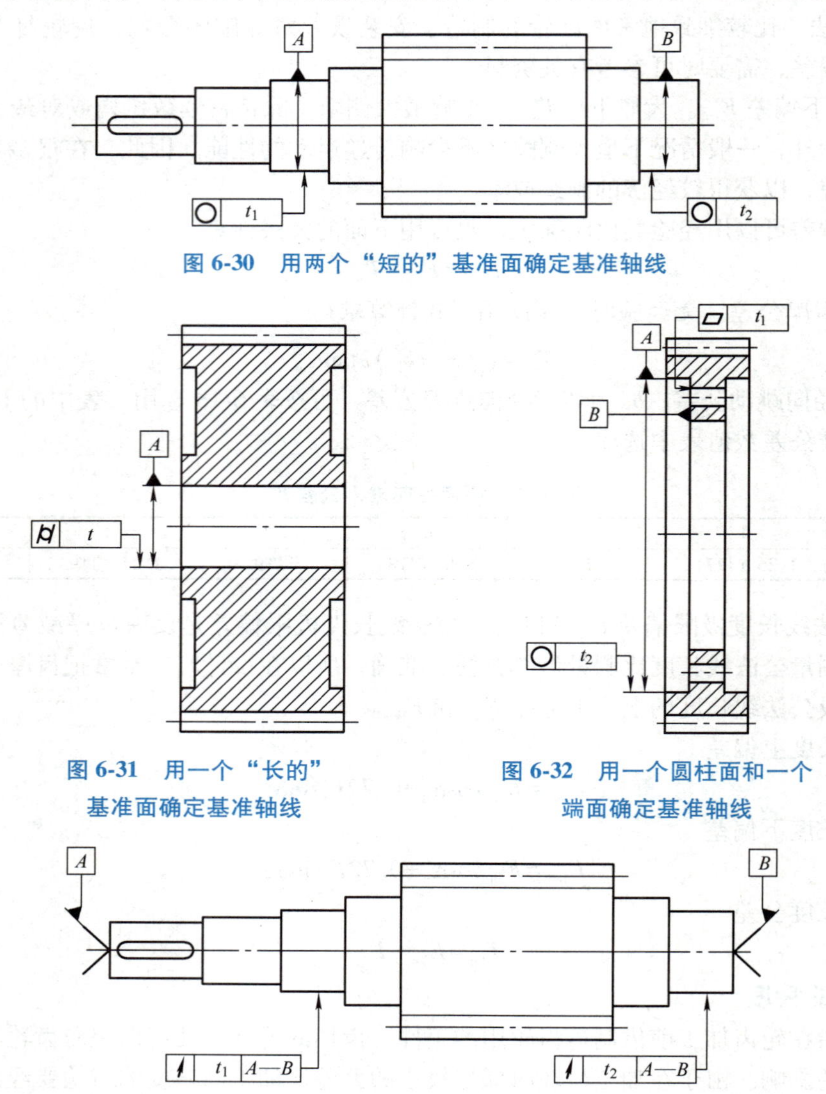

图6-30　用两个“短的”基准面确定基准轴线

图6-31　用一个“长的”基准面确定基准轴线

图6-32　用一个圆柱面和一个端面确定基准轴线

图6-33　用中心孔确定基准轴线

1）基准面与安装面的尺寸公差。齿轮内孔或齿轮轴的轴承安装面是工作安装面，也常作为基准面和制造安装面，它们的尺寸公差可参照表 6-19 选取。

表 6-19 基准面与安装面的尺寸公差

齿轮精度等级	6	7	8	9
孔	IT6	IT7		IT8
轴颈	IT5	IT6		IT7
顶圆柱面	IT8			IT9

齿顶圆柱面若作为测量齿厚的基准，其尺寸公差也可按表 6-19 选取。若齿顶圆不作为齿厚的基准，尺寸公差可按 IT11 给定，但不大于 0. 1m_n。

2）基准面与安装面的形状公差。基准面与安装面的形状公差应不大于表 6-20 中所规定的数值。

表 6-20 基准面与安装面的形状公差（摘自 GB/Z 18620. 3—2008）

确定轴线的基准面	公差项目		
	圆度	圆柱度	平面度
两个“短的”圆柱或圆锥形基准面	0. 04$(L/b)F_\beta$ 或 0. 1F_p，取两者中的小值		
一个“长的”圆柱或圆锥形基准面		0. 04$(L/b)F_\beta$ 或 0. 1F_p，取两者中的小值	
一个圆柱面和一个端面	0. 06F_p		0. 06$(D_d/b)F_\beta$

注：1. 齿坯的公差应减至能经济制造的最小值。
2. L 为较大的轴承跨距；D_d 为基准面直径；b 为齿宽。

3）安装面的跳动公差。当工作安装面或制造安装面与基准面不重合时，必须规定它们对基准面的跳动公差，其数值不应大于表 6-21 的规定。

表 6-21 安装面的跳动公差（摘自 GB/Z 18620. 3—2008）

确定轴线的基准面	跳动量（总的指示幅度）	
	径向	轴向
仅圆柱或圆锥形基准面	0. 15$(L/b)F_\beta$ 或 0. 3F_p，取两者中的大值	
一个圆柱基准面和一个端面基准面	0. 3F_p	0. 2$(D_d/b)F_\beta$

注：齿坯的公差应减至能经济制造的最小值。

4）各表面的粗糙度。齿坯各表面的粗糙度可参考表 6-22 选取。

表 6-22 齿坯各表面粗糙度 ***Ra*** 的推荐值 （单位：μm）

齿轮精度等级	6	7	8	9
基准孔	1. 25	1. 25~2. 5		5
基准轴颈	0. 63	1. 25	2. 5	
基准端面	2. 5~5		5	
顶圆柱面	5			

（2）齿面粗糙度　齿面粗糙度影响齿轮的传动精度（噪声和振动）和表面承载能力（如点蚀、胶合和磨损）等，所以必须加以限制。表 6-23 是轮齿表面 *Ra* 的推荐值，可供选用时参考。

表 6-23 轮齿齿面粗糙度 *Ra* 的推荐值（摘自 GB/Z 18620.4—2008）（单位：μm）

等级	*Ra*		
	模数 *m*/mm		
	m≤6	6<*m*≤25	*m*>25
1	—	0.04	—
2	—	0.08	—
3	—	0.16	—
4	—	0.32	—
5	0.5	0.63	0.80
6	0.8	1.00	1.25
7	1.25	1.6	2.0
8	2.0	2.5	3.2
9	3.2	4.0	5.0
10	5.0	6.3	8.0
11	10.0	12.5	16
12	20	25	32

6.1.6 齿轮精度设计举例

6.5 齿轮精度设计实例

【例 6-1】 某减速器的一直齿圆柱齿轮副，$m=3\text{mm}$，$\alpha=20°$。小齿轮结构如图 6-34 所示，$z_1=32$，$z_2=70$，齿宽 $b=20\text{mm}$，小齿轮孔径 $D=40\text{mm}$，圆周速度 $v=6.4\text{m/s}$，小批量生产。试对小齿轮进行精度设计，并将有关要求标注在齿轮工作图上。

解：（1）确定检验项目 必检项目应为单个齿距偏差、齿距累积总偏差、齿廓总偏差和螺旋线总偏差。除了这 4 个必检项目外，由于是批量生产，还可以检验径向综合总偏差和一齿径向综合偏差，作为辅助检验项目。

（2）确定精度等级 参考表 6-2、表 6-3，考虑到减速器对运动准确性的要求不高，影响运动准确性的项目（如 F_P、F''_i）取 8 级，其余项目取 7 级，即

$$8(F_P)、7(f_{pt}、F_\alpha、F_\beta)\ \text{GB/T 10095.1—2008}$$

$$8(F''_i)、7(f''_i)\ \text{GB/T 10095.2—2008}$$

（3）确定检验项目的允许值

1）查表 6-4 得 $f_{pt}=+12\mu m$。

2）查表 6-5 得 $F_p=53\mu m$。

3）查表 6-6 得 $F_\alpha=16\mu m$。

4）查表 6-7 得 $F_\beta=15\mu m$。

5）查表 6-12 得 $F''_i=72\mu m$。

6）查表 6-13 得 $f''_i=20\mu m$。

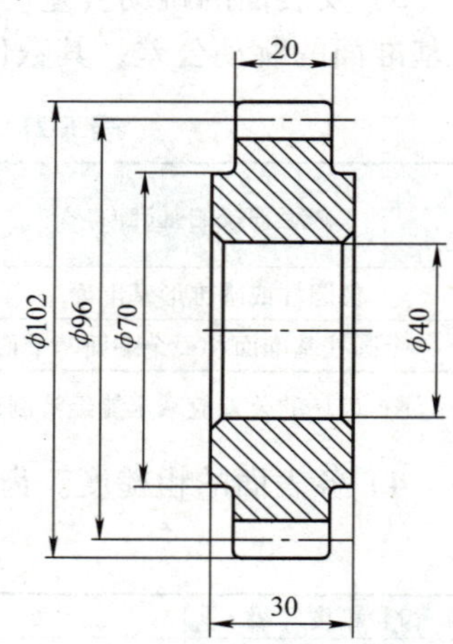

图 6-34 齿轮结构图

（4）确定齿厚极限偏差

1）确定最小法向侧隙 j_{bnmin}。采用查表法，已知中心距

$$a=\frac{m}{2}(z_1+z_2)=\frac{3}{2}(32+70)\text{mm}=153\text{mm}$$

由式（6-6）得

$$j_{bnmin}=\frac{2}{3}(0.06+0.0005|a_i|+0.03m_n)$$

$$=\frac{2}{3}\times(0.06+0.0005\times153+0.03\times3)\text{mm}=0.151\text{mm}$$

2）确定齿厚上偏差 E_{sns}。采用简易计算法，并取 $E_{sns1}=E_{sns2}$，由式（6-8）得

$$E_{sns}=-j_{bnmin}/2\cos\alpha_n=-0.151/2\cos20°\text{mm}=-0.080\text{mm}$$

3）计算齿厚公差 T_{sn}。查表 6-14（按 8 级查）得 $F_r=43\mu\text{m}$。

查表 6-18 得 $b_r=1.26\times\text{IT9}=1.26\times87\mu\text{m}=109.6\mu\text{m}$，代入式（6-10）得

$$T_{sn}=(\sqrt{F_r^2+b_r^2})2\tan\alpha_n=(\sqrt{43^2+109.6^2})2\tan20°\mu\text{m}=85.703\mu\text{m}\approx86\mu\text{m}$$

4）计算齿厚下偏差 E_{sni}。由式（6-9）得

$$E_{sni}=E_{sns}-T_{sn}=(-0.080-0.086)\text{mm}=-0.166\text{mm}$$

（5）确定齿坯精度　根据齿轮结构，齿轮内孔既是基准面，又是工作安装面和制造安装面。

1）齿轮内孔的尺寸公差。参照表 6-19，孔的尺寸公差为 7 级，取 H7，即 $\phi40\text{H7}\,(^{+0.025}_{\ \ 0})$。

2）齿顶圆柱面的尺寸公差。齿顶圆是检测齿厚的基准，参照表 6-19，齿顶圆柱面的尺寸公差为 8 级，取 h8，即 $\phi102\text{h8}\,(^{\ \ 0}_{-0.054})$。

3）齿轮内孔的形状公差。由表 6-20 可得圆柱度公差为 $0.1F_p=0.1\times0.53\text{mm}=0.0053\text{mm}\approx0.005\text{mm}$。

4）两端面的跳动公差。两端面在制造和工作时都作为轴向定位的基准，参照表 6-21，选其跳动公差为 $0.2(D_d/b)F_\beta=0.2\times(70/20)\times0.015\text{mm}=0.0105\text{mm}\approx0.011\text{mm}$。参考表 3-9，此精度相当于 5 级，不是经济加工精度，故适当放大公差，改为 6 级，公差值为 0.015mm。

5）顶圆的径向圆跳动公差。齿顶圆柱面在加工齿形时常作为找正基准，按表 6-21，其跳动公差为 $0.3F_p=0.3\times0.053\text{mm}=0.0159\text{mm}\approx0.016\text{mm}$。

6）齿面及其余各表面的粗糙度。按照表 6-22 和表 6-23 选取各表面的粗糙度。

（6）绘制齿轮工作图　齿轮工作图如图 6-35 所示，有关参数列表放在图样的右上角。

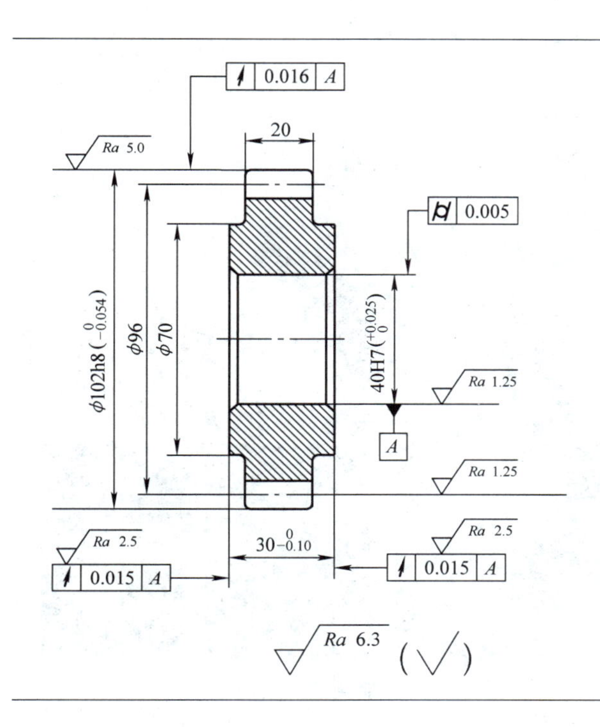

法向模数	m_n	3
齿数	Z	32
齿形角	α	20°
齿顶高系数	h_a	1
螺旋角	β	0
径向变位系数	x	0
齿厚及其极限偏差	$S_{E_{sni}}^{E_{sns}}$	$4.712^{-0.080}_{-0.166}$
精度等级： $8(F_p)$、$7(f_{pt}$、F_α、$F_\beta)$ GB/T 10095.1 $8(F_i'')$、$7(f_i'')$ GB/T 10095.2		
检验项目	代号	允许值/μm
单个齿距偏差	$\pm f_{pt}$	±12
齿距累积总偏差	F_p	53
齿廓总偏差	F_α	16
螺旋线总偏差	F_β	15
径向综合总偏差	F_i''	72
一齿径向综合偏差	f_i''	20

图 6-35　齿轮工作图

6.2　齿轮偏差测量

6.6　齿距偏差测量

本节涉及的被测齿轮都是指直齿圆柱齿轮。

6.2.1　用万能测齿仪测量齿距偏差

1. 测量目的

1）了解万能测齿仪的结构及测量原理。

2）掌握万能测齿仪测量单个齿距偏差f_{pt}及齿距累积总偏差F_p的方法。

3）掌握用表格法和作图法求齿距累积偏差F_p的方法。

2. 仪器及测量原理说明

齿轮单个齿距偏差f_{pt}及齿距累积总偏差F_p通常用相对测量法通过齿距仪或万能测齿仪进行测量。相对测量法是以被测齿轮上任一实际齿距作为基准，将仪器指示表调为零（该齿距又叫调零齿距），然后沿整个齿圈依次测出其他实际齿距与作为基准的调零齿距的差值（称为相对齿距偏差）经过数据处理求出单个齿距偏差f_{pt}、齿距累积偏差F_{pk}和齿距累积总偏差F_p。由于相对法所得的测量数据（相对齿距偏差）是各个齿距相对于调零齿距的偏差，因而每个数据中都含有调零齿距本身对公称齿距的偏差K，这个K就是一个定值系统误差，在数据处理时，应将各读数值减去这个差值K，得到各齿距对于公称齿距的偏差，即齿距偏差。根据齿距偏差累积值中最大值与最小值的代数差，得出齿距累积总偏差。

若测得的相对齿距偏差为Δ_1，Δ_2，…，Δ_z，则每个齿的齿距偏差为

$$\Delta f_{pt1}=\Delta_1-K$$
$$\Delta f_{pt2}=\Delta_2-K$$
$$\vdots$$
$$\Delta f_{ptz}=\Delta_z-K$$

将等式两边值分别相加得到

$$\Delta f_{pt1}+\Delta f_{pt2}+\cdots+\Delta f_{ptz}=\Delta_1+\Delta_2+\cdots+\Delta_z-zK$$

因为齿轮一周齿距偏差之和等于零，则

$$K=\frac{\Delta_1+\Delta_2+\cdots+\Delta_z}{z}=\frac{\sum_{i=1}^{z}\Delta_i}{z}$$

这说明调零齿距偏差K等于所有相对齿距偏差的平均值。

图6-36所示为万能测齿仪的外形，仪器指示表的分度值为0.001mm，测量范围模数为1～10mm，以齿顶圆作为测量基准。

3. 测量步骤

1）安装被测齿轮。首先转动手轮，使弓形支架上两顶尖的连线与底座垂直，让支架侧面的读

图6-36　万能测齿仪结构

1—手轮　2—弓形支架　3—底座　4—测量工作台　5—螺旋支承轴　6—千分表　7—测头

数对准零。松开螺钉，将被测齿轮顶在两顶尖之间，控制预紧力大小，使齿轮能灵活转动，然后锁紧螺钉。

2）安装测头。选择测量齿距的球形测头，安装在测头夹子上。

3）指示表调零。以任一齿距作为基准齿距，又叫调零齿距，将指示表对准零位。

4）测量。拉动工作台前后移动的手柄，将齿轮转动一个齿，此时记下千分表的读数。逐个轮齿依次测量各齿距相对于调零齿距的偏差，将测得数据记入表中。

5）数据处理。用表格法或作图法算出单个齿距偏差f_{pt}和齿距累积总偏差 F_p，填写测量记录表，判断被测齿距是否合格。

【例 6-2】 用万能测齿仪检测某一齿轮的齿距偏差和齿距累积总偏差（设齿数 $z=16$）。

解法一：用表格法计算，见表 6-24。

表 6-24　表格法

序号	读数值/μm	读数累积值/μm	单个齿距偏差f_{pt}(读数值$-K$)/μm	齿距累积总偏差 F_p($\sum f_{pt}$)/μm
1	0	0	+0.125	+0.125
2	+2	+2	+2.125	+2.25
3	+3	+5	+3.125	+5.375
4	+1	+6	+1.125	+6.49
5	−1	+5	−0.875	+5.615
6	−3	+2	−2.875	+2.74
7	−2	0	−1.875	+0.865
8	+2	+2	+2.125	+2.99
9	+1	+3	+1.125	+4.115
10	+5	+8	+5.125	+9.24
11	+2	+10	+2.125	+11.365
12	−3	+7	−2.875	+8.49
13	−4	+3	−3.875	+4.615
14	−1	+2	−0.875	+3.74
15	0	+2	+0.125	+3.865
16	−4	−2	−3.875	0
备注	修正值 K $K=z$ 个读数值之和$\div z$ $=-2\div16=-0.125$		$f_{pt}=+5.125$	$F_p=F_{pmax}-F_{pmin}$ $=11.365-0\approx11.4$

解法二：用作图法求齿距累积总偏差 F_p，如图 6-37 所示。

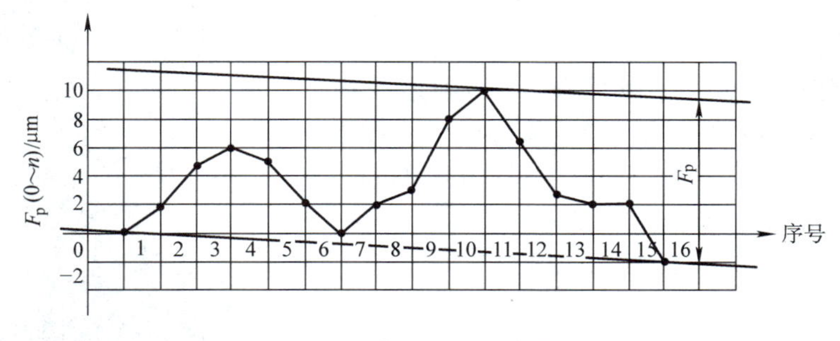

图 6-37　齿距累积误差曲线

在图 6-37 中，纵坐标数据取自表 6-24 中“读数累积值”一栏。将各点（包括坐标原点）依次连成折线，用直线连接坐标原点与最后一点。做两条与上述直线平行且距离最近、包容图中折线的直线。这两条直线在纵坐标上的截距所代表的数值，即为齿距累积总偏差 F_p。

由图可知，$F_p=11.4\mu m$。

6.2.2 用齿厚游标卡尺测量齿厚偏差

1. 测量目的

1）熟悉测量齿轮齿厚的方法及有关参数的计算。

2）加深理解齿厚偏差 f_{sn} 的定义及其对齿轮传动的影响。

3）熟悉齿厚游标卡尺的使用方法。

2. 计量器具及测量原理

齿厚偏差 f_{sn} 是分度圆柱面上法向齿厚的实际值与公称值之差。齿厚偏差 f_{sn} 可用齿厚游标卡尺在分度圆上测量。

因分度圆上的弧齿厚不便测量，故一般用分度圆上的弦齿厚来评定齿厚偏差。理论上应以齿轮旋转中心确定分度圆的位置，而在实际测量时由于受齿厚游标卡尺结构的限制，只能根据实际齿顶圆来确定分度圆，即测量弦齿高位置处的弦齿厚偏差，如图6-38所示。

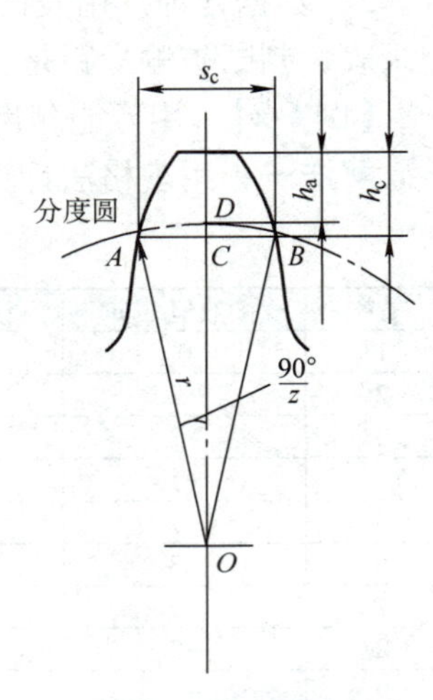

图6-38　分度圆弦齿厚

当测量一压力角为20°的非变位直齿圆柱齿轮时，其弦齿高和弦齿厚分别按下式计算。

弦齿厚为

$$s_c=\overline{AB}=2\,\overline{AC}=2r\sin\frac{90°}{z}=mz\sin\frac{90°}{z}$$

弦齿高为

$$\begin{aligned}h_c&=h_a+\overline{CD}=h_a+(r-\overline{CO})\\&=h_a+r-r\cos\frac{90°}{z}=h_a+\frac{mz}{2}\left(1-\cos\frac{90°}{z}\right)\\&=r_a-r+\frac{mz}{2}\left(1-\cos\frac{90°}{z}\right)=m\left[1+\frac{z}{2}\left(1-\cos\frac{90°}{z}\right)\right]\end{aligned}$$

式中，m 为模数；z 为齿数；r 为分度圆半径；r_a 为齿顶圆半径；h_a 为齿顶高，$h_a=r_a-r$。

齿厚游标卡尺的外形结构如图6-20所示。它主要由两个互相垂直的游标卡尺组成：垂直游标卡尺用以控制测量部位（分度圆至齿顶圆），即确定弦齿高；水平游标卡尺用以测量弦齿厚。通过标尺读数原理进行毫米标记的细分读数，其分度值均为0.02mm。测量范围为模数 $m=1\sim16$mm。

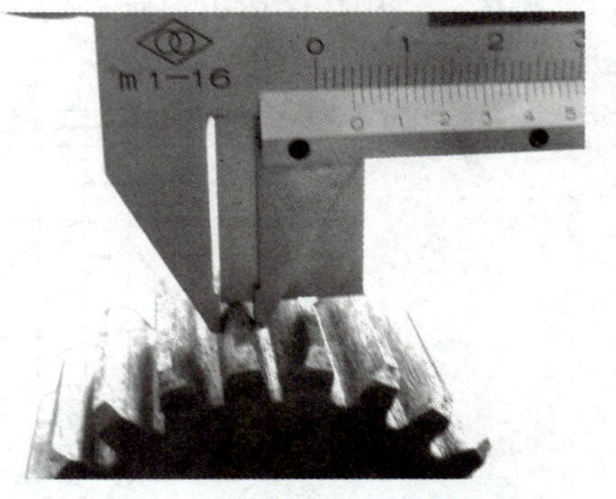

图6-39　齿厚游标卡尺测量齿厚

3. 测量步骤

1）确定齿轮模数 m 和齿数 z。

2）计算公称弦齿厚 $s_c=mz\sin\frac{90°}{z}$ 和弦齿高 $h_c=m+\frac{mz}{2}\left(1-\cos\frac{90°}{z}\right)$。也可查表6-25，查出 $m=1$ 时弦齿厚和弦齿高的值。

3）根据确定的弦齿高 h_c 值，将垂直尺准确定位到弦齿高处，并把螺钉拧紧。

4）将卡尺置于齿轮上，使垂直尺顶端与齿顶圆接触，然后将量爪靠近齿廓，从水平游标尺上读出分度圆弦齿厚的实际值 s_{cact}，如图 6-39 所示。在测量时一定要使量爪测量面与被测齿面保持良好接触，否则将产生较大的测量误差。接触良好与否可以用透光法加以判断。

5）在齿轮圆周的几个等距离位置上重复测量 4~5 次，取平均值，得出 $\bar{s}_{cact}$。

6）按下述条件判断齿厚偏差是否合格：

$$E_{sni} \leqslant f_{sn} = \bar{s}_{cact} - s_c \leqslant E_{sns}$$

式中，E_{sns} 为齿厚上偏差，E_{sni} 为齿厚下偏差。

7）填写检测报告。

表 6-25　$m=1$ 时的弦齿高和弦齿厚值

z	$z\sin\frac{90°}{z}$	$1+\frac{z}{2}\left(1-\cos\frac{90°}{z}\right)$	z	$z\sin\frac{90°}{z}$	$1+\frac{z}{2}\left(1-\cos\frac{90°}{z}\right)$	z	$z\sin\frac{90°}{z}$	$1+\frac{z}{2}\left(1-\cos\frac{90°}{z}\right)$
11	1. 5655	1. 0560	26	1. 5698	1. 0237	41	1. 5704	1. 0150
12	1. 5663	1. 0513	27	1. 5698	1. 0228	42	1. 5704	1. 0146
13	1. 5669	1. 0471	28	1. 5699	1. 0220	43	1. 5705	1. 0143
14	1. 5673	1. 0440	29	1. 5700	1. 0213	44	1. 5705	1. 0140
15	1. 5679	1. 0111	30	1. 5701	1. 0205	45	1. 5705	1. 0137
16	1. 5683	1. 0385	31	1. 5701	1. 0199	46	1. 5705	1. 0134
17	1. 5686	1. 0363	32	1. 5702	1. 0193	47	1. 5705	1. 0131
18	1. 5688	1. 0342	33	1. 5702	1. 0197	48	1. 5705	1. 0128
19	1. 5690	1. 0321	34	1. 5702	1. 0181	49	1. 5705	1. 0126
20	1. 5692	1. 0308	35	1. 5703	1. 0176	50	1. 5705	1. 0124
21	1. 5693	1. 0291	36	1. 5703	1. 0171	51	1. 5705	1. 0121
22	1. 5694	1. 0280	37	1. 5703	1. 0167	52	1. 5706	1. 0119
23	1. 5695	1. 0268	38	1. 5703	1. 0162	53	1. 5706	1. 0116
24	1. 5696	1. 0257	39	1. 5701	1. 0158	54	1. 5706	1. 0114
25	1. 5697	1. 0217	40	1. 5701	1. 0154	55	1. 5706	1. 0112

6. 2. 3　用公法线千分尺测量公法线长度偏差

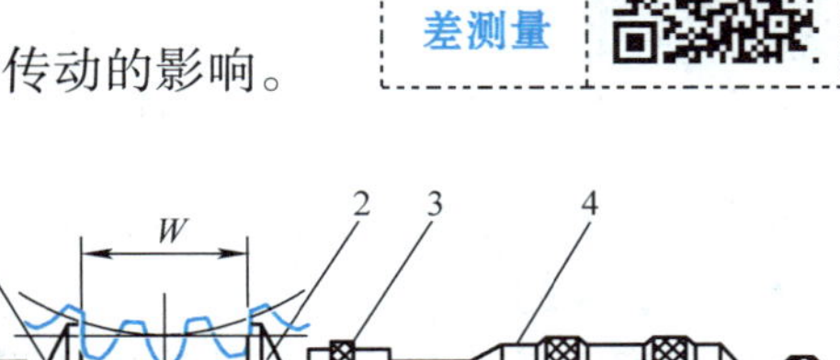

1. 测量目的

1）熟悉公法线千分尺的使用方法。

2）加深理解公法线长度偏差的定义及其对齿轮传动的影响。

2. 计量器具及测量原理

公法线长度通常用公法线千分尺或公法线指示卡规或万能测齿仪测量，公法线千分尺是在普通千分尺上安装两个大平面测头，其读数方法与普通千分尺相同。其外形结构如图 6-40 所示。

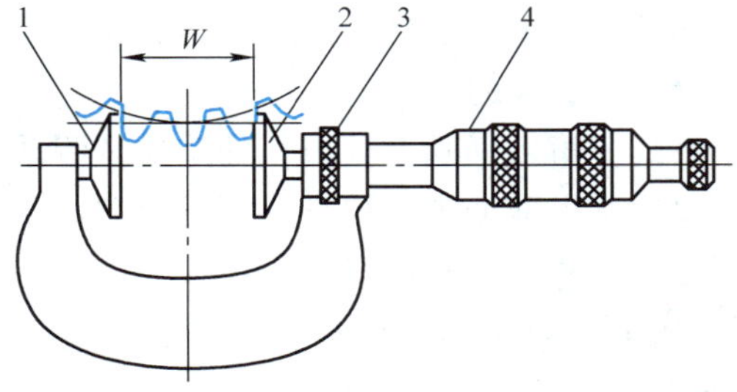

图 6-40　公法线千分尺

1—固定测头　2—活动测头　3—锁紧螺母　4—微分筒

公法线长度偏差是指在被测齿轮一转范围内，各部位公法线的平均值与公称值之差。公法线长度偏差主要反映被测齿轮的齿侧间隙。

3. 测量步骤

1）确定被测齿轮的模数 m、齿数 z 及跨齿

数 k，并计算公法线公称长度 W_k。当测量一压力角为 20°的非变位直齿圆柱齿轮时，$W_k=m[1.476(2k-1)+0.014z]$，跨齿数 $k=z/9+0.5$（取整数）。

为了使用方便，对于 $\alpha=20°$，$m=1$ 的标准直齿圆柱齿轮，按上述公式计算出的 k 和 W_k 可查表 6-26。

2）根据所得的公法线公称长度选择与测量范围相适应的公法线千分尺，并校对零位。

3）根据选定的跨齿数 k 用公法线千分尺沿被测齿轮圆周依次测量每条公法线的长度 W_{kact}，如图 6-41 所示。

4）计算公法线长度偏差，并按下式判断是否合格：

$$E_{bni} \leqslant f_{bn} = \overline{W}_{kact} - W_k \leqslant E_{bns}$$

式中，E_{bns} 为公法线长度上偏差，E_{bni} 为公法线长度下偏差。

5）填写检测报告。

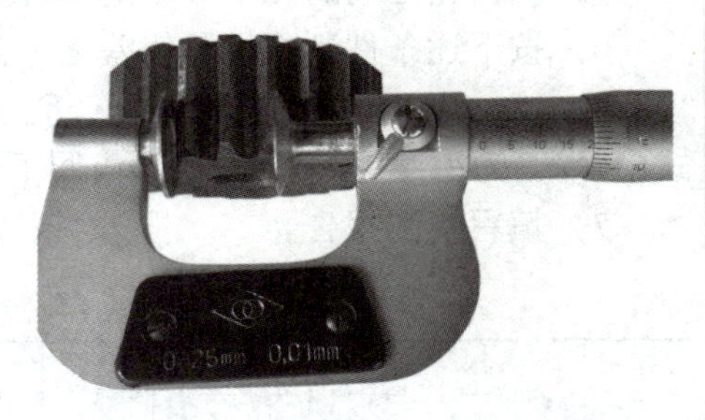

图 6-41　公法线千分尺测量公法线

表 6-26　标准直齿圆柱齿轮跨齿数和公法线长度的公称值（$\alpha=20°$，$m=1$，$x=1$）

齿数	跨齿数	公法线长度 W/mm	齿数	跨齿数	公法线长度 W/mm
17	2	4.666	34	4	10.809
18	3	7.632	35	4	10.823
19	3	7.646	36	5	13.789
20	3	7.660	37	5	13.803
21	3	7.674	38	5	13.817
22	3	7.688	39	5	13.831
23	3	7.702	40	5	13.845
24	3	7.716	41	5	13.859
25	3	7.730	42	5	13.873
26	3	7.744	43	5	13.887
27	4	10.711	44	5	13.901
28	4	10.725	45	5	16.867
29	4	10.739	46	6	16.881
30	4	10.753	47	6	16.895
31	4	10.767	48	6	16.909
32	4	10.781	49	6	16.923
33	4	10.795	50		

6.2.4　用双面啮合检查仪测量径向综合偏差

6.9　齿轮径向综合偏差测量

1. 测量目的

1）了解双面啮合检查仪的结构及测量原理。

2）掌握双面啮合检查仪测量径向综合偏差的方法。

2. 仪器及测量原理

如图 6-42 所示，以被测齿轮 1 的回转轴线为基准，通过径向拉力弹簧 5 使被测齿轮与标准齿轮 2 做无间隙的双面啮合传动，该传动将被测齿轮的双啮误差转化为双啮中心距 a 的连续变动，通过测量滑架 3 和测微装置 4 反映出来，将这种连续变动按被测齿轮回转一周（360°）排列，记录径向偏差曲线，如图 6-16 所示，按误差曲线定义在该偏差曲线图上

取径向综合总偏差 F''_i 和一齿径向综合偏差 f''_i。

双面啮合综合检查仪（简称双啮仪）用于检测齿轮径向综合偏差，其外形与结构如图 6-43 所示。被测齿轮 12 安装在固定轴上，标准齿轮 9 安装在可径向滑动的轴上，借助弹簧力使齿轮形成无侧隙双面啮合。在测量时转动齿轮，浮动滑板 7 位置的变动即为双啮中心距的变动。其数值可从指示表上读出，也可通过记录装置记录偏差曲线。

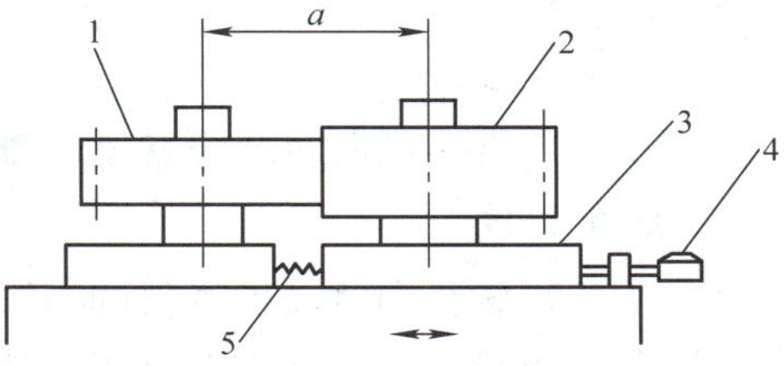

图 6-42　双啮仪测量原理

1—被测齿轮　2—标准齿轮　3—测量滑架　4—测微装置　5—径向拉力弹簧

从双面啮合综合检查仪上可实现连续测量，但其测量状态与工作状态不同，只能反映径向综合偏差。双面啮合综合检查仪通常能测量模数为 1～10mm、直径不大于 185mm 的中等精度齿轮。

3. 测量步骤

1）如图 6-43 所示，在浮动滑板和固定滑板的心轴上分别装上标准齿轮 9 和被测齿轮 12。

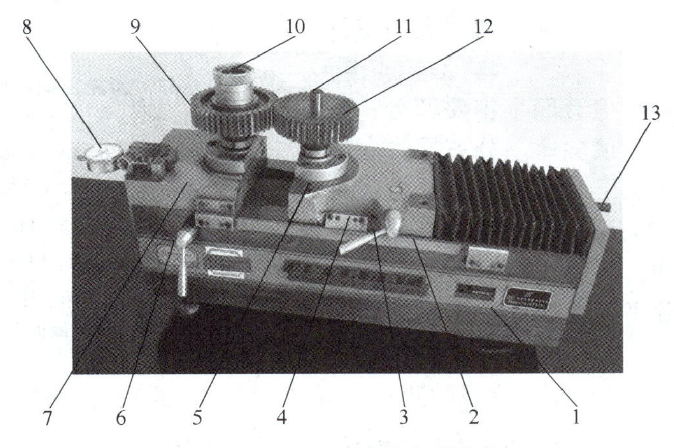

图 6-43　双面啮合综合检查仪

1—底座　2—刻度尺　3—锁紧手柄　4—游标尺　5—固定滑板　6—偏心手轮　7—浮动滑板
8—指示表　9—标准齿轮　10—固定齿轮螺母　11—心轴　12—被测齿轮　13—位置调整手轮

2）转动偏心手轮 6，将浮动滑板大约调整在浮动范围内，再旋转位置调整手轮 13，使两齿轮双面啮合，如图 6-44 所示，然后锁紧固定滑板。

3）放松偏心手轮 6，由于弹簧力的作用，两齿轮始终保持双面啮合状态。

4）调节指示表 8 的位置，使指针压缩 1～2 圈，并对准零位。

5）在被测齿轮转一齿距角时，从指示表中读出双啮中心距的最大变动量，即为一齿径向综合偏差 f''_i。在被测齿轮转一圈时，从指示表中读出双啮中心距最大值与最小值之差，即

图 6-44　齿轮双面啮合

为齿轮径向综合总偏差 F_i''。也可以从记录曲线上求得 f_i'' 和 F_i''，如图 6-16 所示。

6）填写检测报告。

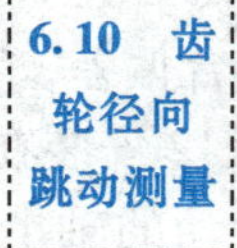
6.10 齿轮径向跳动测量

6.2.5 用齿轮径向跳动检查仪测量齿轮径向跳动

1. 测量目的

1）了解齿轮径向跳动检查仪的结构及测量原理。

2）掌握齿轮径向跳动检查仪测量径向跳动的方法。

2. 仪器及测量原理

齿轮径向跳动 F_r 可用齿轮径向跳动检查仪、万能测齿仪或偏摆检查仪等仪器检测。齿轮径向跳动检查仪的外形结构如图 6-45 所示。

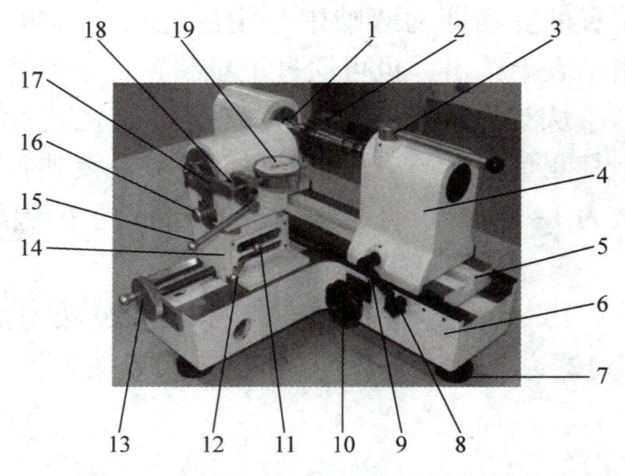

图 6-45　齿轮径向跳动检查仪结构

1—顶尖　2—被测齿轮轴　3—顶尖后退手柄　4—顶尖座　5—滑板　6—底座　7—调平地脚螺钉　8—滑板锁紧螺钉　9—顶尖座锁紧手柄　10—滑板移动手轮　11—转角锁紧手柄　12—测量滑座锁紧手柄　13—手轮　14—测量滑座　15—测头后退手柄　16—测头定位机构　17—测量板　18—保护螺钉　19—指示表

齿轮径向跳动检查仪是通过两个高精度的顶尖来定位齿轮，两顶尖具有较高的同轴度，其连线与滑板的平行度与测量方向的垂直度都有较高的要求，并保证测头与齿轮中心等高，测头在齿轮径向移动，同时带动指示表测量其跳动值。

齿轮径向跳动检查仪有四个主要部分：底座、测量滑座、滑板、顶尖座。分三层：底层底座、中间层滑板和上层两顶尖座。顶尖座可在滑板上自由滑动，以适应不同的齿轮轴长度；滑板可在底座上滑动，可使测头对准齿轮的不同轴向位置；测量滑座可在底座上滑动，以适应不同直径的齿轮。

不同模数的齿轮应选用不同直径的测头，可按下面的公式进行计算

$$D_p = D_b \times [\tan(\alpha + 90°/z) - \tan\alpha]$$

也可按简化公式计算

$$D_p \approx (1.5 \sim 1.8) \times m_n$$

式中，D_p 为测头直径；m_n 为齿轮法向模数；D_b 为齿轮基圆直径；z 为齿轮齿数；α 为压力角。

测头直径推荐值见表 6-27。

表 6-27　测头直径推荐值

模数/mm	0.3	0.5	0.7	1	1.25	1.5	1.75	2	3	4	5
测头直径/mm	0.5	0.8	1.2	1.7	2.1	2.5	2.9	3.3	5.0	6.7	8.3

3. 测量步骤

（1）选择测头　根据被测齿轮模数选择合适的测头装在主机上，拧紧顶丝。图 6-46 为测头外形。

（2）安装被测齿轮　调整两顶尖座的间距，以适应被测齿轮轴的长度，并在该位置锁紧顶尖座锁紧手柄。将被测齿轮顶在两顶尖之间，用顶尖后退手柄控制预紧力的大小，使齿

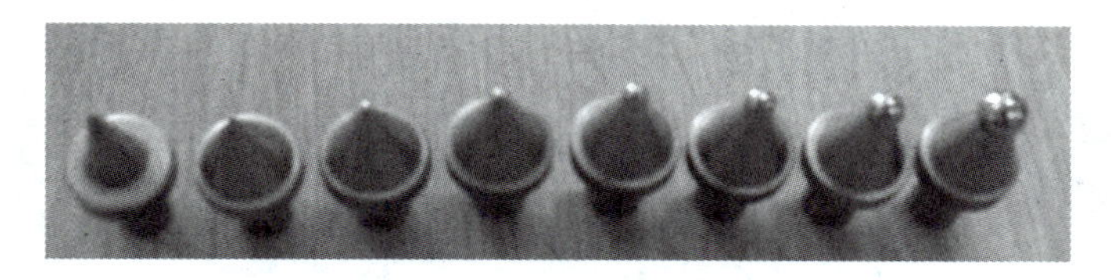

图 6-46　测量齿轮径向跳动的测头外形

轮轴能灵活转动，并且无轴向间隙。调整保护螺钉，使测量板离开初始位置约 5mm。调节测力螺钉，保证被测齿轮心杆无变形，同时测头能定位在齿槽的最低点。

（3）安装指示表　将指示表插入表座，用螺钉紧固，指示表测头与测杆相接触。再调保护螺钉，使之在指示表满量程前约 0.01mm 时相接触，起到保护指示表的作用。松开转角锁紧手柄，转动测量滑座，使测头与齿槽母线垂直后再锁紧。松开滑板锁紧手轮，转动滑板移动手轮，使测头对准齿轮待测位置后，锁紧两侧滑板锁紧手轮。

（4）测量　松开测量滑座锁紧手柄，转动手轮，向前移动测量滑座，使测头与齿槽相切，指示表示值约在半量程时锁紧测量滑座锁紧手柄。此时记下指示表的读数。

拉动测头后退手柄，退出测头，同时转过一个齿槽，松开手柄，测量下一个齿槽的位置值，记下指示表读数，按同样的方法依次测量每个齿槽的位置值，直至被测齿轮轴转过一周，指示表在测量位置时的最大变动量即为该齿轮的径向跳动误差值 F_r。

测量时，每转过一个齿，须抬起手柄 4，使指示表测头离开齿槽。依次测量一圈，指示表指针变动的最大差值即为被测齿轮径向跳动值。

（5）数据处理　判断该齿轮径向跳动是否合格，填写测量记录表。

6.3　想一想、做一做

1. 齿轮传动的使用要求有哪几项？
2. 评定单个齿轮有哪些偏差项目？其代号分别是什么？
3. 齿轮副的精度评定指标有哪些？
4. 影响齿轮副侧隙大小的因素有哪些？
5. 径向综合总偏差 F''_i 的定义是什么？它属于控制齿轮哪方面使用要求的指标？
6. 一齿切向综合偏差 f'_i 与切向综合总偏差 F'_i 的区别是什么？
7. 有一直齿圆柱齿轮，$m=5$，$z=40$，$\alpha=20°$，齿宽为 45mm，精度要求为 7GB/T 10095.1—2008，试查表求出 f_{pt}、F_p、F_α、F_β。
8. 某直齿圆柱齿轮精度为 7（F_α、f_{pt}）、8（F_P、F_β）GB/T 10095.1—2008，其模数 $m=3$mm，齿数 $z=60$，齿形角 $\alpha=20°$，齿宽 $b=30$mm。试查出 F_α、f_{pt}、F_p、F_β 的公差或极限偏差值。

第 7 单元　三坐标测量

1. 了解三坐标测量原理及三坐标测量机的类型。
2. 了解三坐标测量机的运行环境及开关机操作。
3. 掌握测头校验的方法和步骤。
4. 掌握建立坐标系的方法和步骤。
5. 掌握特征测量、构造特征及 CAD 辅助测量。
6. 熟悉曲线曲面扫描的原理和操作方法。
7. 掌握尺寸、形状、位置误差的评价及报告输出。
8. 掌握用三坐标测量典型零件参数的步骤。

7.1　三坐标测量概述

7.1 三坐标测量基本知识

三坐标测量机（Coordinate Measuring Machine，简称 CMM）是 20 世纪 60 年代发展起来的一种新型、高效、多功能的精密测量仪器。它的出现，一方面是由于自动机床、数控机床高效率加工以及越来越多复杂形状零件加工需要快速、可靠的测量设备与之配套，另一方面是由于电子技术、计算机技术、数字控制技术以及精密加工技术的发展为坐标测量机的产生提供了技术基础。1963 年，海克斯康 DEA 公司研制出世界上第一台龙门式三坐标测量机。

现代 CMM 不仅能在计算机控制下完成各种复杂测量，而且可以通过与数控机床交换信息实现在线监测，对加工中的零件质量进行控制，并且还可根据测量的数据实现逆向工程。图 7-1 所示为现代三坐标测量机的典型代表。

目前，CMM 已经广泛用于机械制造业、汽车工业、电子工业、航空航天工业和国防工业等行业，成为现代工业检测和质量控制不可缺少的万能测量设备。

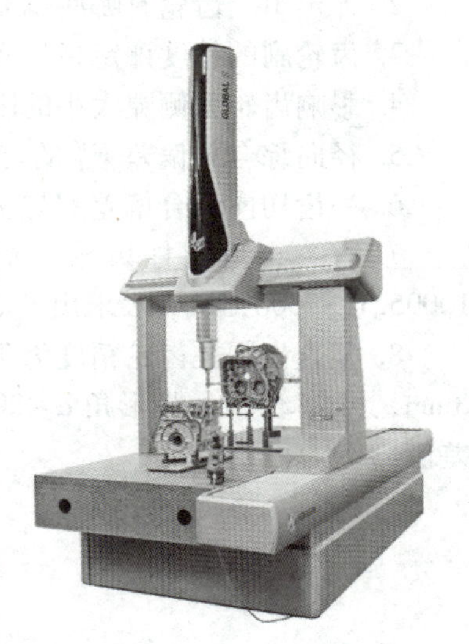

图 7-1　三坐标测量机

7.1.1　三坐标测量机的测量原理

任何形状都是由空间点组成的，所有的几何量测量都可以归结为空间点的测量，因此精确进行空间点坐标的采集，是评定任何几何形状的基础。

三坐标测量机的基本原理是将被测零件放入它允许的测量空间，精确地测出被测零件表面的点在空间三个坐标位置的数值，将这些点的坐标数值经过计算机数据处理，拟合形成测量元素，如圆、球、圆柱、圆锥、曲面等，再经过数学计算得出其形状、位置及其他几

何量数据。

7.1.2　三坐标测量机的类型

三坐标测量机发展至今已经历了若干个阶段，从数字显示及打印型，到带有小型计算机，再到目前的计算机数字控制（CNC）型。三坐标测量机的分类方法很多，其中最常见的是按结构形式分类。

1. 按结构形式与运动关系分类

按照结构形式与运动关系，三坐标测量机可分为移动桥式、固定桥式、龙门式和水平臂式等。不论结构形式如何变化，三坐标测量机都是建立在具有三根相互垂直轴的正交坐标系基础之上的。

2. 按照测量范围分类

按照三坐标测量机的测量范围，可将其分为小型、中型与大型三类。

3. 按测量精度分类

按照三坐标测量机的测量精度，有低精度、中等精度和高精度三类，见表 7-1。

表 7-1　三坐标测量机的类型

应用	结构形式			
	移动桥式测量机	固定桥式测量机	水平臂式测量机	龙门式测量机
通用	√	√	√	×
精确	√	√ 量规测量	×	×
大部件测量	×	×	√ 车身、钣金件	√ 航空结构件，大型柴油机与汽车模具

7.1.3　三坐标测量机的运行环境

由于三坐标测量机是一种高精度的检测设备，其机房环境条件的好坏，对测量机的影响至关重要，其中包括温度、湿度、振动、电源、气源、工件清洁和恒温等因素。

1. 温度

在高精度测量仪器与测量工作中，温度的影响是不容忽视的。温度引起的变形包括膨胀以及结构上的一些扭曲。测量机环境温度的变化主要包括温度范围、温度时间梯度和温度空间梯度。为有效地防止由于温度造成的变形问题和保证测量精度，测量机制造厂商对此都有严格的限定。一般要求如下。

- 温度范围：20℃±2℃。
- 温度时间梯度：≤1℃/h &≤2℃/24h。
- 温度空间梯度：≤1℃/m。

注意：测量机空调全年 24 小时开放，不应受到太阳照射，不应靠近暖气，不应靠近进出通道，推荐根据房间大小使用相应功率的变频空调。在现代化生产中，有许多测量机直接在生产现场使用，鉴于现场条件往往不能满足对温度的要求，大多数测量机制造商开发了温度自动修正系统。温度自动修正系统是通过对测量机光栅和检测零件温度的监控，根据不同金属的温度膨胀系数，对测量结果进行基于标准温度的修正。

2. 湿度

通常湿度对坐标测量机的影响主要集中在机械部分的运动和导向装置方面，以及非接触式测头方面。事实上，湿度对某些材料的影响非常大，为防止块规或其他计量设备的氧化和锈蚀，要求保持环境湿度如下。

空气相对湿度：25%~75%（推荐40%~60%）。

注意：过高湿度会导致机器表面、光栅尺和电机凝结水分，增加测量设备的故障率，降低使用寿命。推荐现场至少配备一个高灵敏度干湿温度计。

3. 振动

由于在生产现场有较多的机器设备，振动成为一个值得重视的问题。比如锻造机、压力机等振动较大的设备在测量机周围将会对测量机产生严重的影响。较难察觉的小幅振动，也会对测量精度产生较大影响。因此，测量机的使用对于测量环境的振动频率和振幅都有一定要求。

如果测量机周围有大的振源，需要根据减振地基图纸准备地基或配置主动减振设备。

4. 电源

电源对测量机的影响主要体现在测量机的控制部分。用户需要注意的主要是接地问题。一般配电要求如下。

- 电压：交流220V±10%。
- 电流：15A。
- 独立专用接地线：接地电阻≤4Ω。

注意：独立专用接地线是指非供电网络中的地线，是独立专用的安全地线，以避免供电网络中的干扰与影响，建议配置稳压电源或UPS。

5. 气源

许多三坐标测量机由于使用了精密的空气轴承而需要压缩空气。应当满足测量机对压缩空气的要求，防止由于水和油侵入压缩空气而对测量机产生影响，同时应防止突然的断气，以免对测量机的空气轴承和导轨产生损害。

气源要求如下。

- 供气压力>0.5MPa。
- 耗气量>150NL/min=2.5dm^3/s（NL：标准升，代表在20℃时，1个大气压下的1升）。
- 含水<6g/m^3。
- 含油<5mg/m^3。
- 微粒大小<40μm。
- 微粒浓度<10mg/m^3。
- 气源的出口温度为20℃±4℃。

注意：测量机的运动导轨为空气轴承，气源决定测量机的使用状况和气动部件寿命，空气轴承对气源的要求非常高，推荐使用空压机+前置过滤+冷冻干燥机+二级过滤。

6. 零件的清洁和恒温

零件的物理形态对测量结果有一定影响，最普遍的是零件表面粗糙度和加工留下的切屑。冷却液和机油对测量误差也有影响。如果这些切屑和油污黏附在探针的宝石球上，就会影响测量机的性能和精度。类似影响测量精度的情况还有很多，但大多数可以避免。建议在测量机开始工作之前和完成工作之后分别对零件进行必要的清洁和保养工作，还要确保在检测前对零件有足够的恒温保存时间。

7.1.4　三坐标测量机的开关机操作

1. 开机

三坐标测量机开始工作前应有以下准备工作。

1）检查机器的外观及机器导轨是否有障碍物。

2）对导轨及工作台进行清洁。

3）检查温度、湿度、气压、配电等是否符合要求，对前置过滤器、储气罐和除水机进行放水检查。

检查确认以上条件都具备后，可进行三坐标测量机开机操作。测量机的开机顺序如下。

1）打开气源，要求测量机气压高于 0.5MPa。

2）开启控制柜电源和计算机电源，系统进入自检状态（操纵盒所有指示灯全亮）。

3）当操纵盒灯亮后按“machine start”按钮加电（急停必须松开）。

4）待系统自检完毕，启动 PC-DMIS 软件，测量机进入回机器零点过程，三轴依据设定程序依次回零。

5）回机器零点过程完成后，PC-DMIS 软件进入正常工作界面，测量机进入正常工作状态。

2. 关机

当完成全部检测任务后，依据三坐标测量机操作使用规范，测量机的关闭顺序如下。

1）关闭系统时，首先将 *Z* 轴移动到安全的位置和高度，避免造成意外碰撞。一般情况下，测头移动到机器的左、前、上位置，测头旋转到 A90B180。

2）退出 PC-DMIS 软件，关闭计算机，关闭控制系统电源和测座控制器电源。

3）关闭计算机电源、除水机电源等，关闭气源开关。

7.2　PC-DMIS 测量软件

7.2　三坐标测量软件认识

7.2.1　软件介绍

Hexagon 三坐标测量机配套的 PC-DMIS 软件是目前领先的通用测量软件，被公认为当今功能最为强大的三坐标测量机测量专用软件，为几何测量提供了完美的解决方案。双击打开 PC-DMIS 测量软件，图 7-2 所示为软件界面。

图 7-2　软件界面

7.2.2 测头校验

1. 测头校验的目的

测头是三坐标测量机数据采集的重要部件，与零件的接触主要通过装配在测头上的测针来完成。

对于不同的零件，测针所使用的直径和长度都有不同的规格，并且对于复杂的零件，可能使用多个测头的角度来完成测量。

测头只起到数据采集的作用，其本身不具有数据分析和计算的功能，需要将采集的数据传输到测量软件中进行分析、计算。

如果不事先定义和校验测头，软件本身就无法获知所使用的测针类型和测量的角度，测量得到的数据自然是不正确的。校验测头之后才能知道所用测针的有效直径以及不同测头角度之间的位置关系，这也是校验测头的目的。

测量机在测量零件时，用测针的宝石球与被测零件的表面接触，接触点与系统传输的宝石球中心点之间的坐标相差一个宝石球的半径，需要通过校验得到测针的半径值，对测量结果进行修正。

在测量过程中，往往要通过不同的测头角度、长度和直径不同的测针组合来测量元素。不同位置的测量点必须经过转化才能在同一坐标下计算，需要测头校验得出不同测头角度之间的位置关系才能进行准确换算。

所以，测量前测头的校验工作是极其必要的。

2. 测头校验的原理

测头校验的基本原理为通过在一个被认可的标准器上测点来得到测头的真实直径和位置关系。一般采用的标准器都是一个标准球（圆度小于0.1μm）。

在经校准的标准球上校验测头时，测量软件首先根据测量系统传送的测点坐标（宝石球中心点坐标）拟合出一个球，计算出拟合球的直径和标准球的球心坐标。这个拟合球的直径减去标准球的直径，就是被校验的测头（测针）的等效直径。

由于测点触发有一定的延迟，以及测针会有一定的弯曲变形，通常校验出的测头（测针）直径小于该测针宝石球的名义直径，所以校验出的直径常称为“等效直径”或“作用直径”。该直径正好抵消测量零件时的测点延迟和变形误差，校验过程与测量过程一致，保证了测量的精度。

不同测头位置所测量的拟合球心坐标反映了这些测头位置之间的关系，通过校验测头保证了所有测头位置互相关联。

校验测头位置时，第一个检验的测头位置是所有测头位置的参照基准，检验测头位置实际上就是校验与第一个测头位置之间的关系。需要注意以下几点。

1）增加校验测头的测点数，有效测针的直径会更加准确。

2）校验测头和检测零件的速度要保持一致。

3）也可以用量规和块规进行测头校验，但是标准球是首选，因为标准球考虑了所有的方向。

3. 校验测头的步骤

校验测头的一般步骤如图7-3所示。

图7-3 校验测头步骤

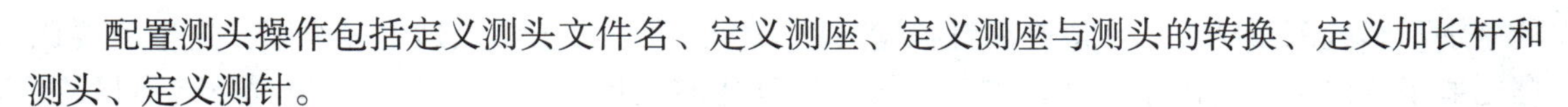

配置测头操作包括定义测头文件名、定义测座、定义测座与测头的转换、定义加长杆和测头、定义测针。

如需添加测头角度，在测头工具框中单击添加角度的按钮，即出现添加新角度的对话框。PC-DMIS 提供了三种添加角度的方法。

1）单个测头位置角度。可在 A 区中“各个角的数据”文本框中直接输入 A、B 角度。

2）多个分布均匀的测头角度。在 B 区的“均匀间隔角的数据”文本框中分别输入 A、B 方向的起始角、终止角、角度增量的数值，软件会生成均匀角度。

3）在 C 区域的矩阵表中，纵坐标是 A 角，横坐标是 B 角，其间隔是当前定义测座可以旋转的最小角度。使用者可以按需选择。

完成角度定义后，单击“确定”按钮即可。完成软件定义设置后开始校验测头，如图 7-4 所示。

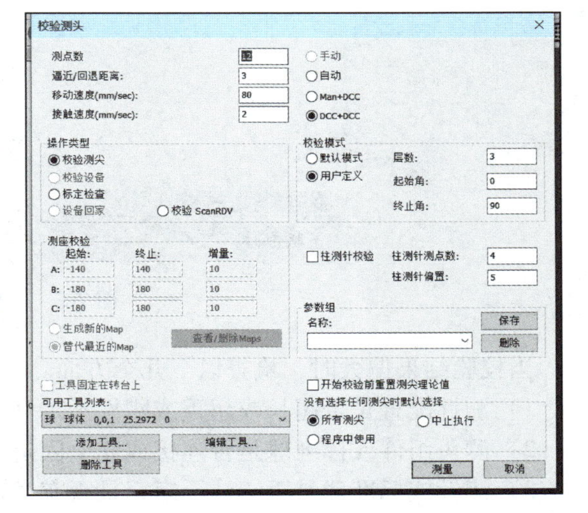

图 7-4　校验测头

1）测点数：校验时测量标准球的采点数。触发式测头，推荐点数为 9；扫描测头，例如 X1、X3、X5 等，推荐点数为 16。

2）逼近/回退距离：测头触测或回退时速度转换点的位置，可以根据情况进行设置，一般为 2~5mm。

3）移动速度：测量时位置间的运动速度。

4）触测速度：测头接触标准球时的速度。

5）控制方式：一般采用 DCC 模式。

6）操作类型：选择“校验测尖”。

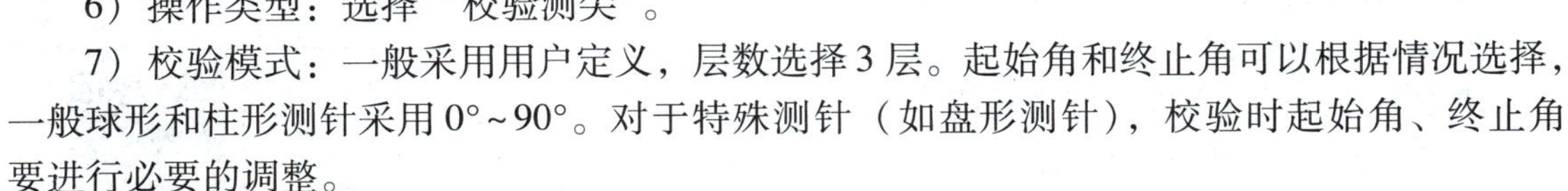

7）校验模式：一般采用用户定义，层数选择 3 层。起始角和终止角可以根据情况选择，一般球形和柱形测针采用 0°~90°。对于特殊测针（如盘形测针），校验时起始角、终止角要进行必要的调整。

8）柱测针校验：对柱测针校验时设置的参数，偏置是指在测量时使用的柱测针的位置。

9）参数组：用户可以把“校验测头”对话框的设置用文件的方式保存，需要时直接选择调用。

10）可用工具列表：是校验测头时使用的校验工具的定义。单击“添加工具”按钮，弹出“添加工具”对话框。在“工具标识”处添加标识，在“支撑矢量”处输入标准球的支撑矢量（指向标准球方向，如（0，0，1），在“直径/长度”处输入标准球检定证书上的实际直径值，单击“确定”按钮。

4. 测头校验的结果查看

校验结束之后，要查看校验结果。图 7-5 所示为 PC-DMIS 软件中看到的校验结果。在校验结果窗口中，理论值是在测头定义时输入的值，实测值是校验后得出的校验结果。其中，X、Y、Z 值是测针的实际位置，由于这些位置与测座的旋转中心有关，所以它们与理论值的差别不影响测量精度；D值是测针校验后的等效直径，由于测点延迟等原因，这个值要比理论值小，由于它与测量速度、测针长度、测针弯曲变形等有关，在不同情况下会有区别，但在同等条件下，相对稳定；StdDev值是校验的形状误差，从某种意义上反映了校验的精度，这个误差应越小越好。

校验结果

测头文件=LSPX5_1　日期=2019/8/20　时间=12:12:12

QIU　中心 X396.819396 Y25.958241 Z-551.283723 D19.049000
TIP1　理论值 X 0.00000 Y 0.00000 Z244.94000 D5.00000
TIP1　快速 X 0.00004 Y -0.00002 Z244.94304 D5.00000 PrbRdv-0.00054
TIP1　实测值 X 0.00000 Y 0.00000 Z244.94000 D5.00000 PrbRdv0.00026 StdDev0.00083

复制　打印　确定　取消

图7-5　校验结果

当校验结果偏大时，检查以下几个方面。

1）测针配置是否超长或超重或刚性不足（测力太大或测杆太细或连接太多）。

2）测头组件或标准球是否连接或完全固定。

3）测针或标准球是否清洁干净，是否有磨损或破损。

5. 测头调用

校验结束之后，在程序中加载测头并调用。

7.2.3　建立零件坐标系

建立零件坐标系有以下三个功能。

1）准确测量二维和一维元素。

2）方便进行尺寸评价。

3）实现批量自动测量。

测量过程中往往需要利用零件的基准建立坐标系来评价误差、进行辅助测量、指定零件位置等，这个坐标系称为“零件坐标系”。建立零件坐标系要根据零件图样指定的A、B、C基准的顺序指定第一轴、第二轴和坐标原点。顺序不能颠倒。零件坐标系的使用非常灵活、方便，可以为测量提供很多便利，甚至可以利用零件坐标系生成测不到的元素。

建立零件坐标系，实际上就是建立被测零件和测量机之间的坐标系矩阵关系；在导入了CAD模型进行测量的时候，同时也建立了被测零件、CAD模型、测量机三者之间的坐标系矩阵关系。

零件坐标系按照坐标系执行的方式分为手动坐标系和自动坐标系：手动坐标系的目的是确定零件的位置，为程序的自动运行做准备，所以通常会测量最少的点数，又称为粗建坐标系；自动坐标系的目的是准确测量相关基准元素，作为后续尺寸评价的基准，所以通常会测更多的点数，又称为精建坐标系，由于自动坐标系在执行时是自动运行的，所以测量元素时需要加上安全移动点。

建立零件坐标系后，测量机可以相对零件做出精密的位置和方向测量，根据图样或 CAD 模型获取被测特征的参数后，测量机就可以对该特征进行自动测量，从而提高测量特征的精度，这是保证测量结果高精度的重要环节。尤其对于大批量的零件检测，通过在装夹零件的夹具上建立夹具的坐标系实现大批量零件的全自动测量。

在建立零件坐标系时，必须使用零件的基准特征。

零件的设计、加工、检测都是以满足装配要求为前提。基准特征可以依据装配要求按顺序选择，同时基准特征应该能确定零件在机器坐标系下的六个自由度。例如，在零件上选择三个互相垂直的平面是可以建立一个坐标系的，如果选择三个互相平行的平面，则不能建立坐标系，因为三个平行的平面只能确定该零件的三个自由度。

通常选择能代表零件方向的主装配面或主装配轴线作为第一基准，在装配时使用以上特征首先确定零件的方向，然后选择装配时的辅助定位面或定位孔作为第二基准方向。有的零件有两个定位孔，此时就应该以两个定位孔的连线作为第二基准方向。坐标系原点也应该由以上特征确定。

基准特征的选取直接影响零件坐标系的精度。零件在设计的时候，会指定某几个特征作为基准特征，建立零件坐标系时，必须使用图样指定的基准特征来建立坐标系。如果设计图样的基准标注不合理或没有标注基准，测量人员不能擅自指定基准特征，而应该将此情况反馈给设计人员或负责该产品设计开发的技术人员，由他们确定好基准特征后才能开始测量。如果被测零件正在开发过程中或是进行试制的新产品，还不能完全确定基准特征，则可以选择加工精度最高、方向和位置具有代表性的几个特征作为基准特征。

在实际应用中，根据零件在设计、加工时的基准特征情况，有以下三种方法建立零件坐标系：3-2-1 法、迭代法和最佳拟合法。

1. 3-2-1 法建立坐标系

3-2-1 法的基本原理是测取 3 点确定平面，取其法向矢量作为第一轴向；测取 2 点确定直线，通过直线方向（起始点指向终止点）作为第二轴向；测取 1 点或点元素作为坐标系零点。

在空间直角坐标系中，任意零件均有六个自由度，即绕 X、Y、Z 轴旋转和沿 X、Y、Z 轴平移，如图 7-6 所示。

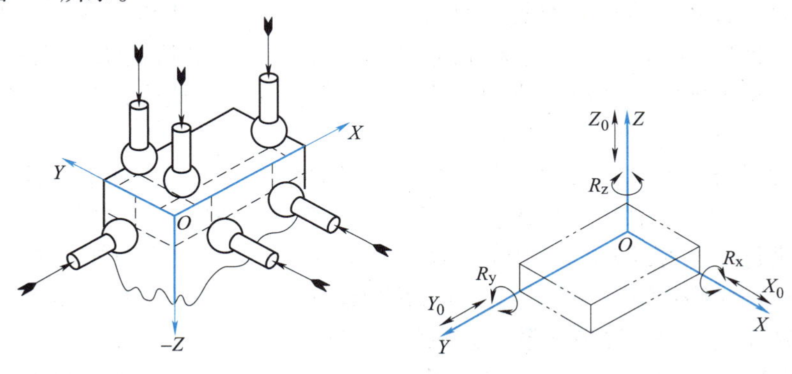

图 7-6　空间自由度

建立零件坐标系就是要确定零件在机器坐标系下的六个自由度，软件界面如图7-7所示。用3-2-1法建立空间直角坐标系分为以下三个步骤。

（1）找正　确定零件在空间直角坐标系下的三个自由度：两个旋转自由度和一个平移自由度。

使用一个平面的矢量方向找正到坐标系的 Z 正方向，这时就确定了该零件围绕 X 轴和 Y 轴的旋转自由度，同时也确定了零件在坐标系 Z 轴方向的平移自由度。零件还有围绕 Z 轴旋转的自由度和沿 X 轴和 Y 轴平移的自由度。

（2）旋转　确定零件在空间直角坐标系下的两个自由度：一个旋转自由度和一个平移自由度。

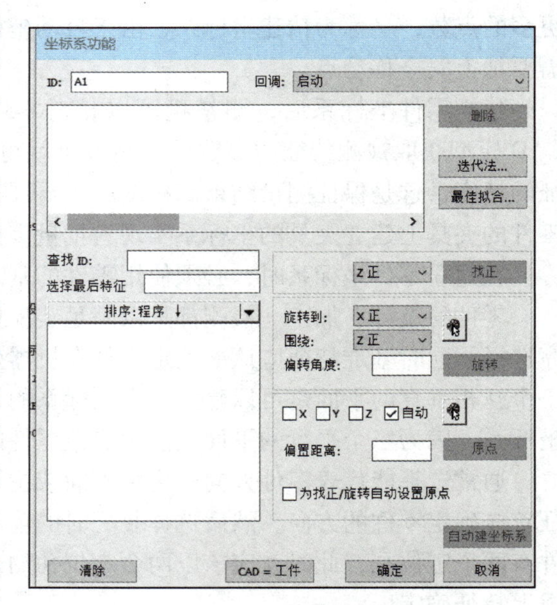

图7-7　3-2-1法建立坐标系

使用与 Z 轴正方向垂直或近似垂直的一条直线旋转到 X 正方向，这就确定了零件围绕 Z 轴旋转的自由度，同时也确定了零件沿 Y 轴平移的自由度。此时，零件还有沿 X 轴平移的自由度。需要注意的是，在确定旋转方向时需要进行一次投影计算，将第二基准的矢量方向投影到第一基准找正方向的坐标平面上，计算与找正方向垂直的矢量方向，用该计算的矢量方向作为坐标系的第二个坐标系轴。这个过程应该由测量软件在执行旋转命令时自动完成计算。

（3）原点　确定零件在空间直角坐标系下的一个自由度：一个平移自由度。使用矢量方向为 X 正或 X 负的一个点就能确定零件沿坐标系 X 轴平移的自由度。

经过以上三个步骤就能建立一个完整的零件坐标系。除了以上三个功能外，测量软件还应该具备坐标系的转换功能。测量人员可以指定坐标系的一个轴作为旋转中心，让坐标系的另外两个轴围绕该轴旋转指定的角度，或是坐标系原点沿某个坐标轴平移指定的距离。

零件坐标系的建立是否正确可以通过观察软件中的坐标值来判断。方法是：将软件显示坐标置于“零件坐标系”方式，查看当前探针所处的位置是否正确，或用操纵杆控制测量机运动，使宝石球尽量接近零件坐标系原点，观察坐标显示，然后按照设想的方向移动测量机的某个轴，观察坐标值是否有相应的变化，如果偏离比较大或方向相反，那就要找出原因，重新建立坐标系。

现在已经发展为多种方式来建立坐标系，如用轴线或线元素建立第一轴和其垂直的平面，用其他方法建立第二轴等。需要注意的是，不一定通过3-2-1法的固定步骤来建立坐标系，可以单步进行，也可以省略其中的步骤。比如回转体零件（圆柱形）就可以不用进行第二步，用圆柱轴线确定第一轴并定义圆心为零点就可以了，第二轴使用机器坐标。用点元素来设置坐标系原点，即平移坐标系，也就是建立新坐标系。

常见的3-2-1法建立坐标系的方法有三个面基准建立坐标系、一面两圆基准建立坐标系和轴类零件建立坐标系等。

2. 迭代法建立坐标系

迭代法建立坐标系常用于汽车钣金件及其模具、检具、工装夹具的 RPS 基准点系统，如图 7-8 所示，这种情况通常使用两种方法建立坐标系，一是构造出偏置平面、偏置直线，用 3-2-1 法建立坐标系，另一种就是迭代法建立坐标系。

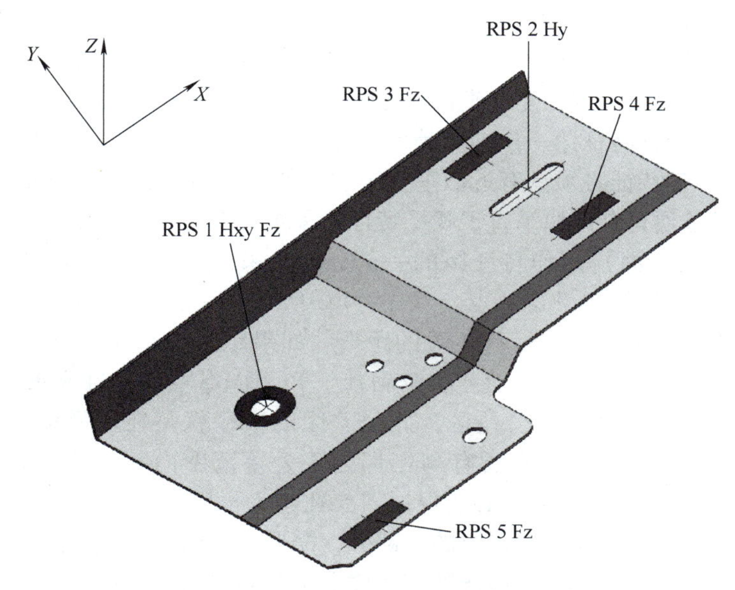

图 7-8　迭代法建立坐标系

迭代法是一种不断用变量的旧值递推新值的过程，跟迭代法对应的是直接法（或者称为一次解法），即一次性解决问题。迭代法又分为精确迭代法和近似迭代法。二分法和牛顿迭代法属于近似迭代法。迭代法是用计算机解决问题的一种基本方法。它利用计算机运算速度快、适合做重复性操作的特点，让计算机对一组指令（或一定步骤）进行重复执行，每次执行这组指令（或这些步骤）时，都从变量的原值推出它的一个新值。

通过迭代法，三坐标测量软件可以将测定数据从三维上“最佳拟合”到理论点（或可用的曲面），此方法需要至少测量三个特征。某些特征类型（如点和直线）的三维位置较差，如果选择这些类型的特征之一，则需要添加其他类型特征才能建立精确的坐标系。

1）第一组特征用平面拟合特征的质心，以建立当前工作平面法线轴的方位。此部分（找平-3+）必须至少使用单个特征。

2）第二组特征用直线拟合特征，从而将工作平面的定义轴旋转到特征上。此部分（旋转-2+）必须至少使用两个特征。如果未标记任何特征，坐标系将使用“找平”部分中的特征。在“找平”部分中利用的两个特征将成为倒数第二个和第三个特征。

3）最后一组特征用于将零件原点平移到指定位置（设置原点-1+）。

如果未标记任何特征，坐标系将使用“找平”部分中的最后一个特征。迭代法建立坐标系主要应用于坐标系的原点不在零件本身，或无法找到相应的基准元素来确定轴向或原点的零件，多为曲面类零件，如叶片。迭代法建立坐标系必须有数模或理论值，尤其要有矢量信息。

用迭代法建立坐标系时，应遵守以下一般规则。对于特征组中的每个元素，PC-DMIS

都需要测定值和理论值。第一组元素的法向矢量必须大致平行（如果特征组中只使用三个特征时不必遵循此规则）。如果使用点特征（矢量、棱、曲面），则需要使用所有三组元素（三个用于找平的特征、两个用于旋转的特征和一个用于设置原点的特征）来定义坐标系。可以使用任何特征类型，但三维元素是定义更完善的元素，因此可以提高精确度。3D特征包括薄壁圆、槽、柱体、球体或隅角点。

注意：对于薄壁圆、槽和柱体至少需要三个样例测点。

使用测点的困难在于只有在建立坐标系后才能知道在何处进行测量，这样导致第一次测量的数据不准确，而3D特征第一次即可精确测量。此外，如果使用点特征（矢量、棱或曲面），旋转特征组中各特征必须具有近似垂直于找平的特征组中各特征矢量的法线矢量，原点特征组中的特征必须具有近似垂直于找平特征组矢量及旋转特征矢量的法线矢量。如果将点特征（矢量、棱或曲面）用作特征组的一部分，当采点位置距离标称位置太远时，PC-DMIS可能会询问是否重新测量这些点。首先，PC-DMIS将测定数据最佳拟合到标称数据，然后，PC-DMIS检查每个测点与标称位置的距离。如果距离大于在点目标半径文本框中指定的量，PC-DMIS将要求重新测量该点。实际上，PC-DMIS会在每个矢量点、曲面点或棱点的理论位置周围设置一个柱形公差区，此公差区的半径就是在对话框中指定的点公差。PC-DMIS将重新测量点特征，直至所有测点都处于公差范围内。公差区只影响测点。PC-DMIS的一项特殊功能是允许槽的中心点根据需要在轴上滑动，因此槽不能用作原点特征组的一部分。如果要将槽作为原点特征组的一部分，需要先用槽构造一个点，然后在原点特征组中使用该构造点。建议不要将槽用作迭代法建立坐标系时原点特征组的一部分。

迭代法建立坐标系的步骤与过程如下，但前提是都在手动模式下。

1）用理论值创建程序，但不选择测量。

2）手动执行程序，取得实测值。

3）迭代法建立坐标系：配置参数后，自动迭代。

常见的迭代元素有：六个点、三个圆（球）、五个矢量点一个圆、三个矢量点两个圆、三个矢量点一个圆一个圆槽等。

3. 最佳拟合法建立坐标系

所谓最佳拟合，是指实际测量结果与理论值整体尽量接近。尽量接近的目的是观察零件与数模的差异。如果只是在数模上取点后再手动测量（类似迭代法初次采点），根本就测不到这些理论点的位置，所谓最佳拟合也达不到目的。这与最佳拟合法建立坐标系取点原则不同，最佳拟合法取点原则是最好采用三轴封闭的点、球心点、圆柱与平面的交点、圆柱交点和隅角点等。

如果确实想用多点（散点）进行最佳拟合，也应在采用适当方式拟合坐标系后，在数模上取得点的理论数据，让测量机自动执行程序测点后，再进行拟合。这样就把坐标系建立过程中出现的误差减少了一些。

最佳拟合法建立坐标系比较方便，但其存在的问题是：把零件的制造误差也分布在坐标系中。不过最佳拟合法中有各点在拟合坐标系时的权重分配，使得建立坐标系时偏向重要基准。取拟合元素时，要尽量分布开，距离远一些更好。

假如检测的模具有三个球，可以首先在数模上测量这三个球，生成测量这三个球的程序语句，然后执行这段程序，用手动的方法测量这三个球（测量的顺序要与测量数模时一致），在程序语句中生成实测值。进入最佳拟合建立坐标系，选择这三个球，设置权重和 3D 等，即可创建。这时最佳拟合建立坐标系就完成了。如果要再精确拟合一次，可以在此坐标系下按上述步骤再次自动测量和拟合。

最佳拟合的另一种方法是把建立坐标系时产生的误差消除掉或不考虑基准，以实际测量元素或点的结果与数模进行最佳拟合。这些都是在使用数模或有理论数据的情况下使用的。

此方法可提高坐标系精度，特别是对于曲线、曲面类零件，通过理论曲线和实际曲线的匹配得到更精确的坐标系。它常用于有 CAD 模型的情况，通过设置所选特征理论值和测定值的加权，并选定不同的拟合方法，来取得不同的拟合效果。

7.3　特征测量

几何特征又称为几何元素或几何要素，简称特征（Feature）元素或要素。常规几何特征包括点、直线、平面、圆、圆柱、圆锥和球。三坐标测量的主要工作是测量各种几何特征，然后进行相关尺寸、形状、位置的评价。几何特征的测量主要有以下几种方法。

1）手动特征：通过手动测量获取的几何特征。

2）自动特征：通过输入理论值生成的几何特征。

3）构造特征：通过已有的几何特征构造出的几何特征，比如中点、交点等。

几何特征的坐标测量点数推荐见表 7-2。

表 7-2　几何特征的坐标测量点数推荐表

几何特征类型	推荐测点数（尺寸位置）	推荐测点数（形状）	说　明
点（一维或三维）	1 点	1 点	手动点为一维点，矢量点为三维点
直线（二维）	3 点	5 点	最大范围分布测量点（布点法）
平面（三维）	4 点	9 点	最大范围分布测量点（布点法）
圆（二维）	4 点	7 点	最大范围分布测量点（布点法）
圆柱（三维）	8 点/2 层	12 点/4 层	为了得到直线度信息，至少测量 4 层
		15 点/3 层	为了得到圆柱度信息，每层至少测量 4 点
圆锥（三维）	8 点/2 层	12 点/4 层	为了得到直线度信息，至少测量 4 层
		15 点/3 层	为了得到圆度信息，每层至少测量 5 点
球（三维）	9 点/3 层	14 点/4 层	为了得到圆度信息，测点分布为 5+5+3+1

7.3.1　手动特征

通过手动使用操纵盒在零件表面进行触测，以得到不同类型的几何特征，叫作手动特征，又称为测量特征或测定特征。通过手动特征来获取几何特征的编程方式常称为自学习编程。

测量手动特征的方法有以下两种，其中第二种方法较为常用。

1）指定元素测量：先指定元素类型，然后进行触测，确定后得到指定类型的测量特征。

2）自动推测测量：不需要指定元素类型，直接触测，确定后软件根据测点位置和方向，自动推测出测量特征的类型，如果特征类型不太明确可能出现误判。比如，一个比较窄的平面可能会被判断为直线，这时可以通过替代推测功能来更改特征类型。

下面以圆为例介绍手动测量的步骤。

1）确认工作平面为Z+。

2）移动测头到“圆1”第1个测点上方合适高度处，按PRINT键加一个移动点。

3）往下运动到距第1个测点回退方向5mm左右，按下SLOW键切换到慢速触测，触测后回退5mm左右，取消SLOW键，移动到距第2个测点回退方向5mm左右。

4）用同样的方法完成第2、3、4点的触测。

5）确认状态窗口中测点数为4，状态窗口显示误差正常，按下DONE键生成“圆1”。

6）快速抬起到合适位置，加入一个移动点。

如果状态窗口显示的形状误差偏大，说明有测点误差偏大，在按下DONE键前，可以通过DELPNT键删除，每按一次删除一个，可以从状态窗口观察测点数的变化。按下DONE键之后，只能删除该特征重新测量。

坐标测量软件显示的元素特征都是由采集的点拟合获得的，因此，在进行手动元素采集操作时尤其需要注意数据点采集的位置，尽量均匀分散从而更好地反映元素特征。

使用手动方式测量零件时，为了保证所得数据的精确性，要注意以下几个方面的问题。

1）要尽量测量零件的最大范围，合理选取测点位置和测量点数。

2）触测时的方向要尽量沿着测点的法向矢量，避免测头“打滑”。

3）触测时应按下慢速键，控制好触测速度，测量各点时的速度要一致。

4）测量二维元素时，须确认选择了正确的工作（投影）平面。

5）测量点时，必须要找正，保证被测表面与某个坐标轴垂直。

7.3.2　自动特征

生成自动特征的过程是操作者在软件界面中输入几何特征的属性参数，或在CAD模型上选取几何特征后由软件自动读取特征属性，由程序自动生成测点和运动轨迹。

没有CAD模型时，一般根据图样将相关理论数据按照自动特征的需要填写到自动特征界面中。程序自动生成运动轨迹和测点，驱动测量机进行测量。

下面以圆为例介绍自动测量的步骤。

从“自动特征”工具栏选择“自动圆”图标，打开“自动特征”对话框，如图7-9所示。

根据图样在“特征属性”选项组中输入圆的理论中心位置X、Y、Z，曲面矢量I、J、K，角度矢量，内/外类型，直径等信息，并设置测点数、深度、样例点数、间隙，选择避让距离，设置距离。

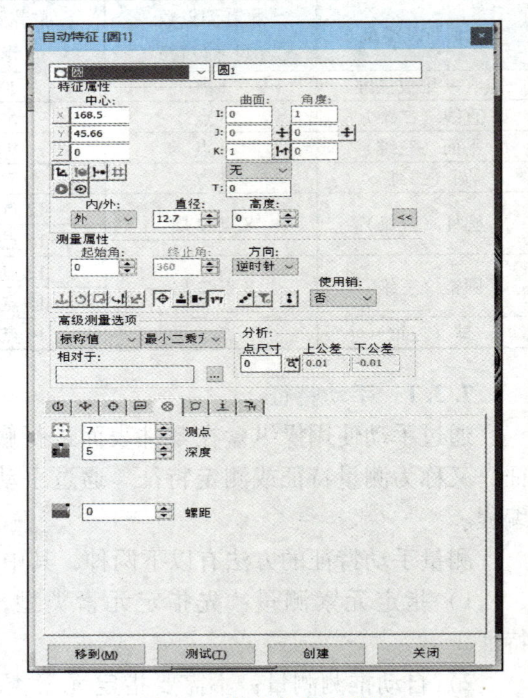

图7-9　自动特征测量圆

7.6　自动测量圆

7.7　自动测量圆柱

7.8　自动测量圆锥 & 球

检查各参数正确与否，执行“测量现在目标”操作，单击“创建”按钮，此时机器将会自动测量当前圆。

7.3.3　构造特征

在日常的检测过程中，有些特征无法直接测量得到，必须使用构造功能来构造相应的特征，才能完成对特征的评价。常用的构造方法有最佳拟合、最佳拟合重新补偿、相交、中分、坐标系和偏置等。

构造特征的具体步骤如下。

1）选择需要得到的特征。

2）选择 2D 或 3D（对于直线、圆等二维特征，2D 是指计算时投影到工作平面，3D 是空间特征）。

3）选择用于构造的特征。

4）选择相应的构造方法，或按默认方式自动创建。

构造点、直线、平面、圆的构造方法和特征见表 7-3~表 7-6。

表 7-3　构造点特征

方法	输入特征数	特征 1	特征 2	特征 3	注　释
套用	1	任意	—	—	在输入特征的质心构造点
隅角点	3	平面	平面	平面	在单个平面的交叉构造点
垂射	2	任意	锥体、柱体、直线、槽	—	第一个特征垂射到第二个直线特征上
相交	2	锥体、柱体、直线、槽	锥体、柱体、直线、槽	—	在两个特征的线性属性交叉处构造点
中点	2	任意	任意	—	在输入的质心之间构造中点
矢量距离	2	任意	任意	—	利用任意两个特征质心点构造第三点，在两个质心点连线方向上，以第二个特征的质心为基准构造点
偏置点	1	任意	—	—	需要对应于输入元素 X、Y 和 Z 的坐标值的三个偏置量
原点	0	—	—	—	在坐标系原点处构造点
刺穿	2	锥体、柱体、直线、槽	锥体、柱体、平面、圆、椭圆	—	在特征 1、刺穿特征 2 的曲面处构造点，选择顺序很重要。如果第一个特征是直线，则方向很重要
投射	1 或 2	任意	平面	—	输入特征 1 的质心投影到特征 2 或工作平面上

表 7-4　构造直线特征

方法	输入特征数	特征 1	特征 2	注　释
坐标轴	0	—	—	构造通过坐标系原点的直线
最佳拟合	至少需要两个输入特征	任意	任意	使用输入来构造最佳拟合直线
最佳拟合重新补偿	至少需要两个输入特征（其中一个必须是点）	点	任意	使用输入来构造最佳拟合直线
套用	1	任意	—	在输入特征的质心构造直线
相交	2	平面	平面	在两个平面的相交处构造直线
中分	2	直线、锥体、柱体、槽	直线、锥体、柱体、槽	在输入特征之间构造中线
偏置	至少需要两个输入特征	任意	任意	构造一条相对于输入元素具有特定偏移量的直线
平行	2	任意	任意	构造平行于第一特征，且通过第二个特征的直线
垂直	2	任意	任意	构造垂直于第一特征，且通过第二个特征的直线
投影	1 或 2	—	平面	使用一个输入特征将直线投影到特征2或工作平面上
翻转	1	直线	—	利用翻转矢量构造通过输入特征的直线
扫描段	1	扫描	—	由开放路径或闭合路径扫描的一部分构造直线

表 7-5　构造平面特征

方法	输入特征数	特征 1	特征 2	特征 3	注　释
坐标轴	0	—	—	—	在坐标系原点处构造平面
最佳拟合	至少需要三个输入特征	任意	任意	任意	利用输入特征构造最佳拟合平面
最佳拟合重新补偿	至少需要三个输入特征（其中一个必须是点）	点	任意	任意	利用输入特征构造最佳拟合平面
套用	1	任意	—	—	在输入特征的质心构造平面
高点	一个特征组（至少使用三个特征）或者一个扫描	如果输入为特征组，则使用任意特征；如果输入为扫描，则使用片区扫描	—	—	利用最高的可用点来构造平面
中分面	2	任意	任意	—	在输入特征的质心之间构造中平面
偏置	至少需要三个输入特征	任意	任意	任意	构造偏置于每个输入特征的平面
平行	2	任意	任意	—	构造平行于第一个特征，且通过第二个特征的平面
垂直	2	任意	任意	—	构造垂直于第一个特征，且通过第二个特征的平面
翻转	1	平面	—	—	利用翻转矢量构造通过输入特征的平面

表 7-6　构造圆特征

方法	输入特征数	特征 1	特征 2	特征 3	注　释
最佳拟合	至少三个输入特征	任意	任意	任意	利用输入的特征构造最佳拟合圆
最佳拟合重新补偿	至少三个输入特征（其中一个必须为点特征）	点	任意	任意	利用输入的特征构造最佳拟合圆
套用	1	任意	—	—	在输入特征的质心构造圆
圆锥	1	锥	—	—	在锥体指定的直径或高度构造圆
相交	2	圆，球，锥或柱	面	—	在圆弧特征与平面、锥体或圆柱相交处构造圆
		面	圆，球，锥或柱	—	
		锥	锥或柱	—	
		柱	锥	—	
投影	一个或两个输入特征	任意	面	—	一个输入特征将会向工作平面投影构造圆
翻转	1	圆	—	—	翻转矢量后构造圆
两条线公切	2	直线	直线	—	构造出与两条直线都相切的圆。注意两条直线的矢量方向与构造出的圆的位置有关
三条线公切	3	直线	直线	直线	构造出与三条直线都相切的圆
扫描片段	1	扫描特征	—	—	利用开线扫描或闭线扫描的一部分构造圆

7.3.4　CAD 辅助测量

1. CAD 的导入和操作

PC-DMIS 对于导入 CAD 模型的数据文件提供了多种主流数据类型。

选择“文件”→“导入”，如图 7-10 所示，可以看到支持的数据类型。

首先，选择所要导入的数据类型——“IGES”。其次，在“查找范围”下拉菜单中选择导入文件所在的文件夹。再次，选择导入模型的名称，最后单击“导入”按钮，就可以在图形窗口中看到导入的 CAD 模型了。

单击图形视图切换按钮显示不同的视图，可切换实体模式和线框模式。

更改模型颜色，如图 7-11 所示，选择“编辑”→“图形显示窗口”→“CAD 元素”。

2. CAD 坐标系的拟合

方法 1：使用 3-2-1 法建立坐标系，然后使用“CAD=PART”(选项位置为“操作”→“图形显示窗口”→“CAD 拟合零件”)，这种拟合实际上是平移拟合，必须保证零件上的坐标系方向和原点与模型坐标系一致，才能使用“CAD=PART”。

方法 2：使用迭代法或最佳拟合法建立坐标系，可以实现旋转和平移的拟合。迭代法可以看作一种特殊的最佳拟合，并且其中集成了迭代逼近等功能，主要用于 RPS 参考点系统的坐标系建立。

如图 7-12 所示，单击测头形状的“程序模式”图标切换到程序模式，此时可以在模型上使用鼠标采点，相当于使用操纵盒在零件上采点。通过这种方法，可以脱机在 CAD 上自己学习编程。实际使用中，经常把程序模式和自动特征结合起来用于 CAD 辅助测量。

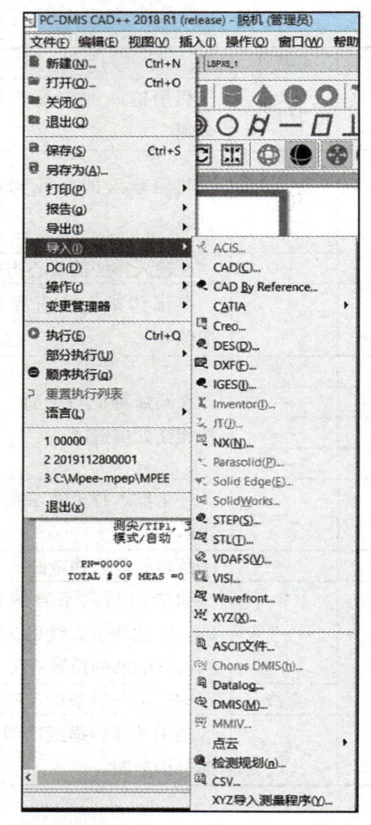

图 7-10　导入 CAD 模型

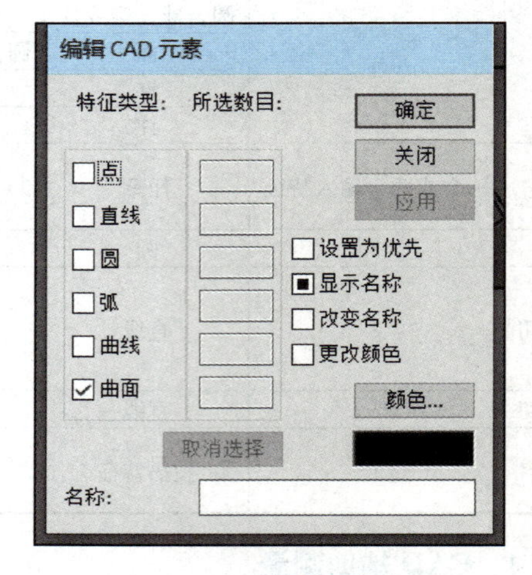

图 7-11　更改模型颜色

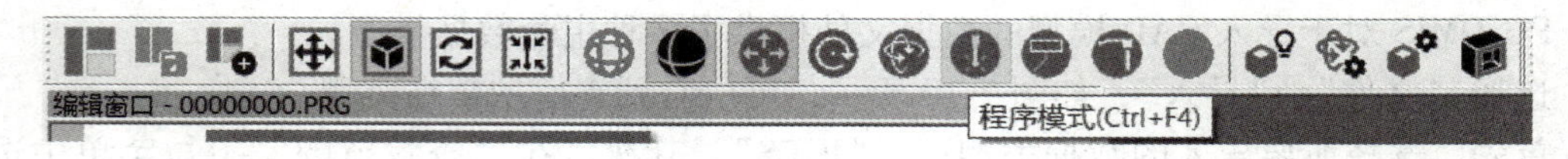

图 7-12　CAD 辅助测量

3. CAD 的自动特征

如果零件测量提供 CAD 模型，可以直接用鼠标单击选取测量对象，从而填写特征测量界面中的位置坐标和矢量参数。相比提供图样的测量，利用 CAD 模型的测量过程更加方便、快速、准确。数据的接收格式根据使用的软件不同而有所不同，一般都支持 IGES、DXF、DES、STEP 等。

PC-DMIS 软件系统下，有 CAD 模型的测量，特征设置界面与前述测量方法相同。图 7-13 所示为自动测量圆柱，可以在 CAD 模型上选取测量对象，在操作界面上自动生成特征的位置和矢量参数。其他特征的测量也都可以通过软件自动判断后生成测量指令。

7.3.5　曲线曲面扫描

1. 扫描的原理和应用

零件扫描是指用测头在零件上通过不同的触测方式采集零件的表面数据信息，用于分析或 CAD 建模。

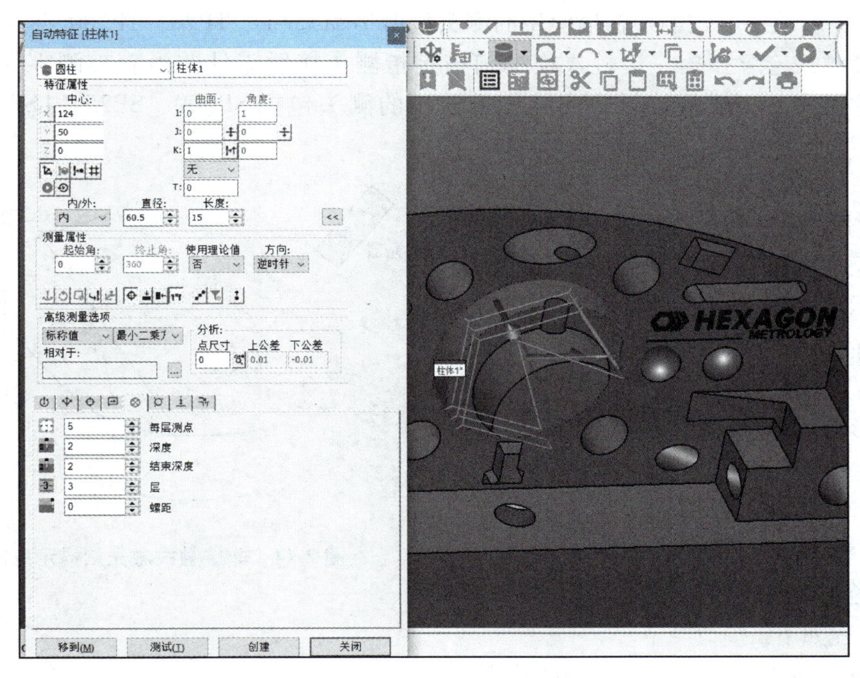

图 7-13　自动测量圆柱

扫描技术主要依赖于三维扫描测头技术，因为三维测头可以通过三维传感器感受测量过程中的瞬时受力方向，调整对测量机 X、Y、Z 三轴电机的速度分配，使得测头的综合变形量始终保持在某一恒定值附近，从而自动跟踪零件轮廓形状的变化。

三坐标测量机的扫描应用测量软件在被测物体表面的特定区域内进行数据点采集，该区域可以是一条线、一个面片、零件的一个截面、零件的曲线或距边缘一定距离的周线等。

扫描主要应用于以下两种情况。

1）对于未知零件数据：只有零件、无图样、无 CAD 模型，应用于测绘。

2）对于已知零件数据：有零件、有图样或 CAD 模型，用于检测轮廓度。

在测量软件中，扫描类型与测量模式、测头类型以及是否有 CAD 文件等有关，控制屏幕上的“扫描”（Scan）选项由状态按钮（手动/自动）决定。

1）若采用自动方式测量，又有 CAD 文件，则可供选用的扫描方式有“开线”（OpenLinear）、“闭线”（ClosedLinear）、“片区”（Patch）、“截面”（Section）和“周线”（Perimeter）扫描及“UV”扫描。

2）若采用自动方式测量，只有线框型 CAD 文件，则可选用“开线”（OpenLinear）、“闭线”（ClosedLinear）和“面片”（Patch）扫描方式。

3）若采用手动测量模式，则只能使用基本的“手动触发扫描”（ManualTTPScan）方式。

根据扫描测头的不同，扫描可分为接触式触发扫描、接触式连续扫描和非接触式激光扫描。

（1）接触式触发扫描　接触式触发扫描是指测头接触零件并以单点的形式获取数据的

测量模式。一般的接触式触发扫描使用的测头包括 Tesastar-P、TP20、TP200 等。

（2）接触式连续扫描　接触式连续扫描是指测头接触零件并沿着被测零件获取测量数据的测量模式。一般的接触式连续扫描使用的测头包括 SP600、SP25、LSP-X3、LSP-X5 等。

（3）非接触式激光扫描　非接触式激光扫描是指使用激光测头沿着零件表面获取数据的测量模式。非接触式激光扫描示意图如图 7-14 所示。

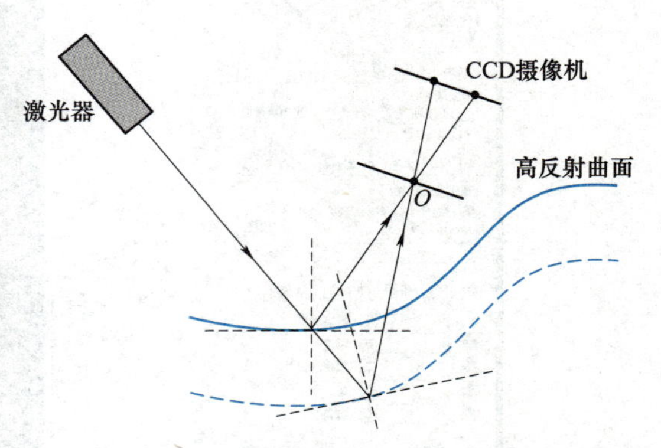

图 7-14　非接触式激光扫描示意图

连续扫描比触发式扫描速度要快，可以在短时间内获取大量的数据点，真实反映零件的实际形状，特别适合对复杂零件的测量。激光测头的扫描取样率高，在 50 次/s 到 23000 次/s 之间，适用于表面形状复杂、精度要求不特别高的曲面位置。

2. 扫描的操作方法

扫描过程如下。

1）定义扫描的起始点、方向和终止点。

2）测头从起始点开始测量，按照扫描方向向终止点扫描。

3）计算机实时读取传感器信号和光栅尺数据，并进行分析。

4）控制系统根据传感器信号控制测头的运动方向随着零件表面变化而变化。

7.4　评价与报告

7.4.1　尺寸误差评价

PC-DMIS 软件支持所有类型的尺寸、形状、位置误差评价。图 7-15 所示为尺寸评价快捷图标，其中最后一个图标为输入尺寸，用于将其他检测设备检测的尺寸或计算出的尺寸输出到 PC-DMIS 测量报告上。

图 7-15　尺寸评价快捷图标

1. 位置

位置尺寸用于评价几何特征的属性，如坐标、矢量、直径、半径、角度、长度等。

图 7-16 所示为位置尺寸评价对话框。评价步骤如下。

1）打开位置尺寸评价对话框。

2）在特征选择框中选择被评价特征。

3）在坐标轴中选择要评价的几何特征属性。

4）输入公差、标称值或选择 ISO 公差等级。

5）单击“创建”按钮。

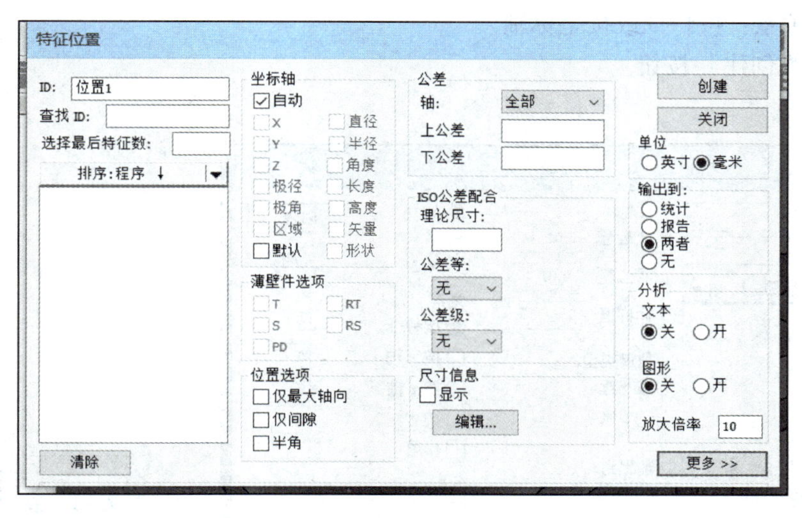

图 7-16　位置尺寸评价对话框

尺寸评价对话框的公共选项如图 7-17 所示。

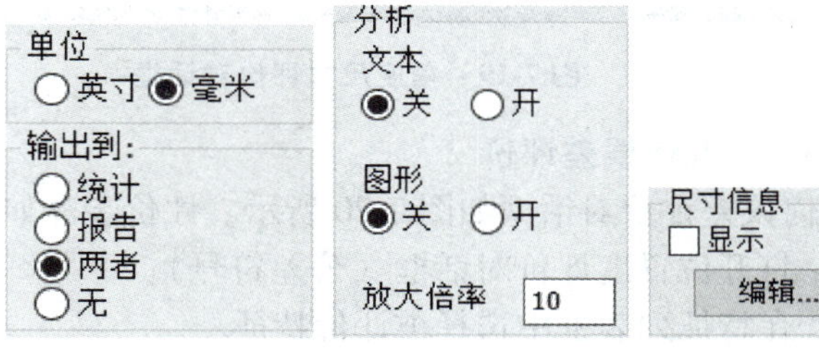

图 7-17　尺寸评价对话框公共选项

1）单位：可选择英寸或毫米。

2）输出到：包括统计软件、测量报告、两者、无输出。

3）分析：在文本报告中显示尺寸文本分析，在图形显示窗口中显示尺寸图形分析。

4）信息：在图形显示窗口中显示尺寸信息。

2. 距离

距离尺寸评价对话框如图 7-18 所示。评价步骤如下。

1）打开距离尺寸评价对话框。

2）选择被评价特征。

3）输入公差、标称值，选择距离类型。

4）根据需要选择关系、方向、圆选项，不需要则跳过这一步。

5）单击“创建”按钮。

图 7-18　距离尺寸评价对话框

3. 角度

角度尺寸评价对话框如图 7-19 所示。评价步骤如下。

1）打开角度评价对话框。

2）选择被评价特征。

3）输入公差、标称值，选择角度类型。

4）选择关系：按特征或按坐标轴。

5）单击“创建”按钮。

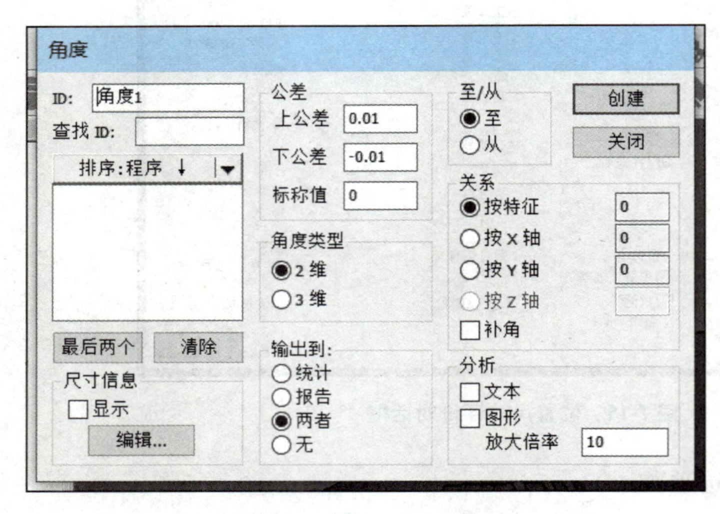

图 7-19　角度尺寸评价对话框

7.10　角度评价

7.4.2　几何误差评价

几何误差评价对话框如图 7-20 所示。评价步骤如下

1）打开位置度评价对话框（公差符号）。

2）在特征列表框中选择被评价特征。

7.11　位置评价

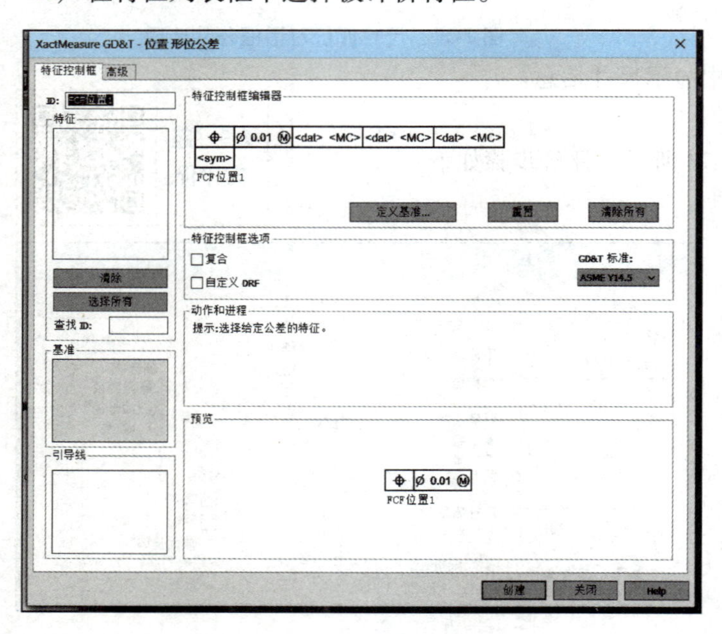

图 7-20　几何误差评价对话框

7.12　形状公差评价

7.13　垂直度评价

7.14　位置度评价

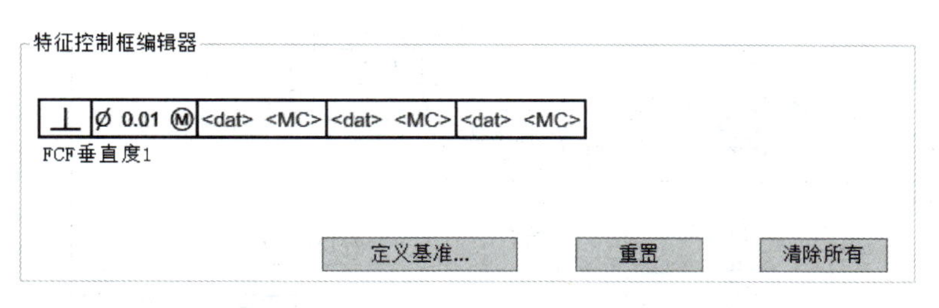

图 7-21　特征控制框

3）定义基准，如果之前已经定义好则跳过这一步。

4）在特征控制框编辑器中进行选择/输入，如图 7-21 所示，包括公差带形状、公差、实体条件、投影长度、基准。

5）根据需要设置其他选项，如评价标准、高级等，不需要则跳过这一步。

6）单击“创建”按钮。

7.4.3　报告查看及输出

1. 测量报告查看

单击“视图”→“报告窗口”选项或单击工具栏中的“报告窗口”图标即可查看报告。

2. 测量报告输出

测量报告输出文件支持 PDF 和 RTF 格式，也可以输出到打印机，在“输出配置”对话框中设置好后，每次执行完程序都会自动根据设置进行打印或输出，或者手动在报告上方单击“打印”按钮，如图 7-22 所示。

图 7-22　报告输出设置

7.5　零件测量实例

7.17 评价报告

三坐标测量步骤如下。

1）图 7-23 所示为实例零件图样，找到图样上的基准 *A*、*B*、*C*。

2）使用基准 *A* 上三个点，基准 *B* 上两个点，基准 *C* 上一个点，应用 3-2-1 法粗建坐标系，三点找正，确定一个方向原点，两点围绕找正的方向旋转，再确定一个方向原点，最后一个点确定最后一个方向的原点。至此，粗建坐标系就完成了。

3）将模式从手动转换到自动，自动测量三个面后，应用 3-2-1 法建立精确坐标系。自动模式下，机器采点一般都是走直线，注意点与点之间是否需要增加移动点。

4）建立精确坐标系后，测量图样要求的特征元素。

如图 7-23 所示，参数⑥是四个圆心所在大圆的圆度，要分别测量每个圆。先从图样中

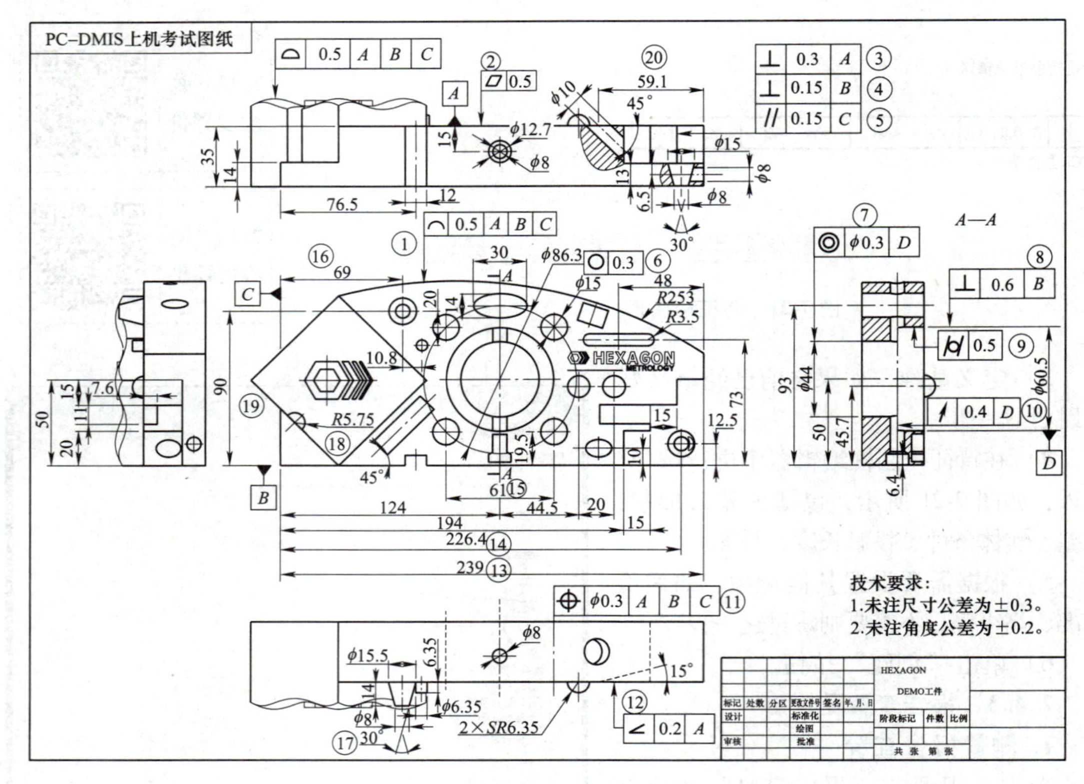

图 7-23　零件图样

获取左上第一个圆的圆心和直径，它是内圆，深度2mm（根据实际情况选择深度），后面的三个圆可以使用“编辑”→“阵列”命令，改变第一个圆的X或Y值参数，得到另外三个圆。测完全部四个圆之后，使用构造圆命令，选中四个圆，自动（软件会使用最佳拟合、最小二乘法）构造出圆5，圆5就是需要评价圆度的圆了，如图7-24所示。

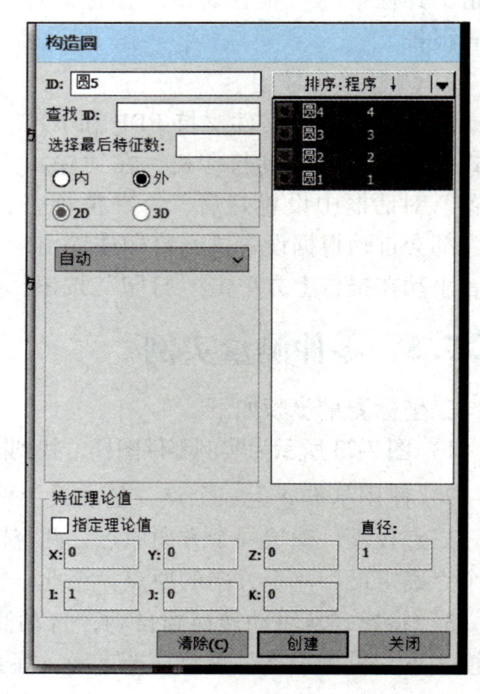

图 7-24　构造圆

图7-23中的参数⑦是测量 $\phi44$ 圆柱孔关于基准 D 的同轴度，D 是直径 $\phi60.5$ 的圆柱孔。首先分析图样得到圆柱截面的圆心，圆心可以在上底面或者下底面上，选择不同的圆心，圆柱的矢量就会不同，圆柱的矢量方向是第一个圆心指向最后一个圆心，矢量方向同时决定两者（指测量圆柱前后的两个安全避让点），所以选择合适的圆心、矢量方向是测量圆柱的关键。此例中选择图7-25所示的参数就会得到相应的路径线，绿色线即为测头移动的路径。

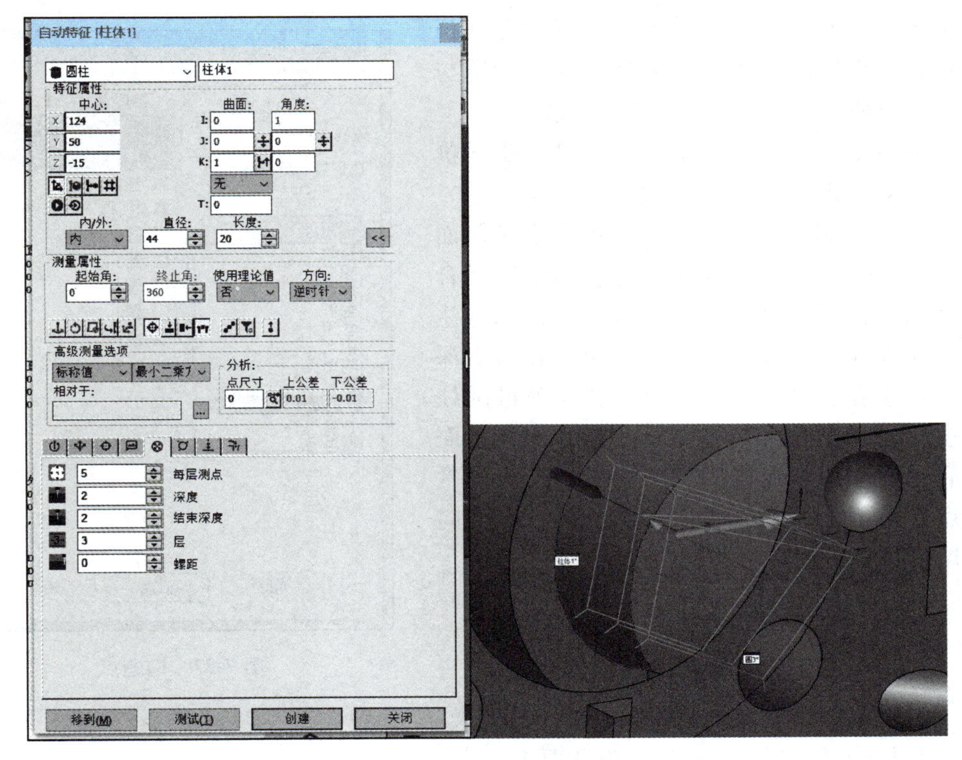

图 7-25　圆柱特征测量

测量完两个圆柱之后，打开图 7-26 所示的同轴度测量对话框，单击“定义基准”按钮，

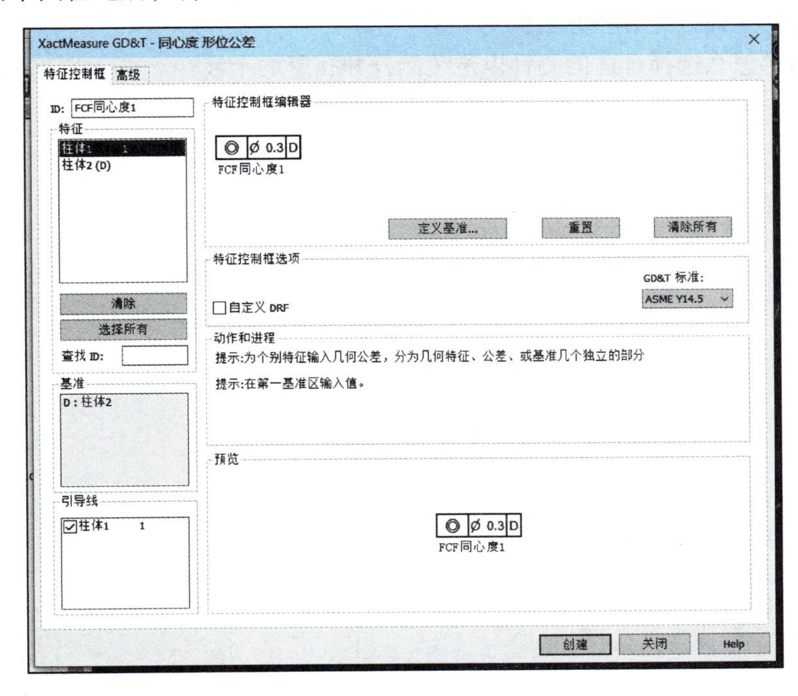

图 7-26　评价同轴度

选择 ϕ60.5 的圆柱为基准 D，然后选择需要评价的 ϕ44 圆柱，设置的参数如图 7-25 所示，预览与图样要求一致即可进行创建，评价同轴度。

对于参数⑧、⑨、⑩，需要测量出需要评价的元素，定义基准 A、D 后评价即可。

尺寸 20 是斜圆柱轴线和平面 A 的交点到侧面的距离。首先测量斜圆柱，测量之前需要选择合适的测针角度，否则测针无法深入孔中；同时注意圆柱的深度和结束深度，错误的深度和结束深度会使采点不在零件上，软件会报错。测量圆柱之后，使用图 7-27 所示的构造点功能，选择平面和圆柱后，再选择刺穿或相交都会得到轴线和平面的交点（点 1），然后评价点 1 到侧面的 X 方向的距离即可。

5）对测量的特征元素进行评价。

6）输出报告，保存程序。

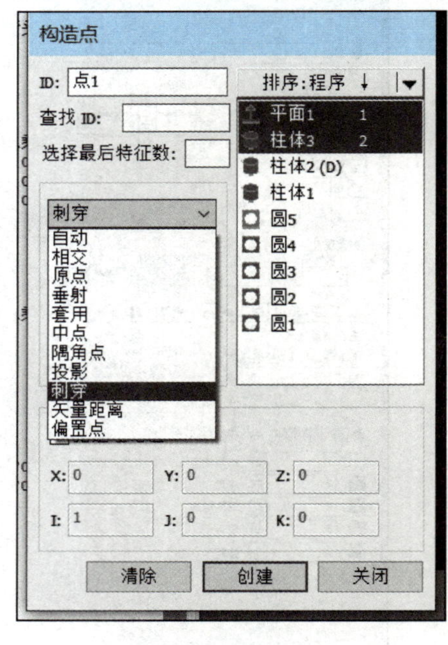

图 7-27　构造点

7.6　想一想、做一做

1. 三坐标测量机对运行环境有哪些要求？
2. 三坐标测量机的开关机操作有哪些要求？
3. 用三坐标测量机测量前为什么要校验测头？
4. 建立零件坐标系有哪些方法？
5. 深孔测量怎么选择合适的测针以避免测杆和孔壁的干涉？

参　考　文　献

[1] 赵贤民．机械测量技术［M］．北京：机械工业出版社，2010.
[2] 邬建忠．机械测量技术［M］．北京：电子工业出版社，2013.
[3] 马德成．机械零件测量技术及实例［M］．北京：化学工业出版社，2012.
[4] 边兵兵．互换性与测量技术［M］．西安：西北工业大学出版社，2009.
[5] 王伯平．互换性与测量技术基础［M］．5 版．北京：机械工业出版社，2021.
[6] 张泰昌．几何量检测 1000 问：下册·工程测量［M］．北京：中国标准出版社，2006.
[7] 张泰昌．齿轮检测 500 问［M］．北京：中国标准出版社，2007.
[8] 杨昌义．极限配合与技术测量基础［M］．北京：中国劳动社会保障出版社，2007.
[9] 张国雄．三坐标测量机［M］．天津：天津大学出版社，1999.
[10] 罗晓晔，王慧珍，陈发波．机械检测技术［M］．杭州：浙江大学出版社，2015.
[11] 施文康，余晓芬．检测技术［M］．4 版．北京：机械工业出版社，2015.